The Journey of
'Science of Science'

科学计量与知识图谱系列丛书

The Journey of 'Science of Science'
科学学的历程

蒋国华 ◎ 著

首都经济贸易大学出版社
Capital University of Economics and Business Press

·北京·

图书在版编目（CIP）数据

科学学的历程／蒋国华著．--北京：首都经济贸易大学出版社，2024.6
ISBN 978-7-5638-3652-9

Ⅰ．①科⋯ Ⅱ．①蒋⋯ Ⅲ．①科学学-研究 Ⅳ．①G301

中国国家版本馆 CIP 数据核字（2024）第 026645 号

科学学的历程
KEXUEXUE DE LICHENG
蒋国华　著

责任编辑	薛晓红
封面设计	砚祥志远·激光照排　TEL：010-65976003
出版发行	首都经济贸易大学出版社
地　　址	北京市朝阳区红庙（邮编 100026）
电　　话	（010）65976483　65065761　65071505（传真）
网　　址	http://www.sjmcb.com
E - mail	publish@cueb.edu.cn
经　　销	全国新华书店
照　　排	北京砚祥志远激光照排技术有限公司
印　　刷	唐山玺诚印务有限公司
成品尺寸	170 毫米×240 毫米　1/16
字　　数	309 千字
印　　张	18.25
版　　次	2024 年 6 月第 1 版　2024 年 6 月第 1 次印刷
书　　号	ISBN 978-7-5638-3652-9
定　　价	72.00 元

图书印装若有质量问题，本社负责调换
版权所有　侵权必究

敬献给我的恩师赵红州先生

科学计量与知识图谱系列丛书

丛书顾问

蒋国华　邱均平

丛书编委会

主　编 李　杰

编　委（按姓氏首字母排序）

白如江	步　一	陈凯华	陈　悦	陈云伟	陈祖刚	杜　建
付慧真	侯剑华	胡志刚	黄海瑛	黄　颖	贾　韬	李际超
李　睿	梁国强	刘桂锋	刘俊婉	刘维树	刘晓娟	毛　进
欧阳昭连	冉从敬	任　珩	舒　非	宋艳辉	唐　莉	魏瑞斌
吴登生	许海云	杨冠灿	杨立英	杨思洛	余德建	余厚强
余云龙	俞立平	袁军鹏	曾　利	张　琳	张　薇	章成志
赵丹群	赵　星	赵　勇	周春雷			

科学计量与知识图谱系列丛书

◎ BibExcel 科学计量与知识网络分析（第三版）

◎ CiteSpace 科技文本挖掘及可视化（第三版）

◎ Gephi 网络可视化导论

◎ MuxViz 多层网络分析与可视化（译）

◎ Python 科学计量数据可视化

◎ R 科学计量数据可视化（第二版）

◎ VOSviewer 科学知识图谱原理及应用

◎ 专利计量与数据可视化（译）

◎ 引文网络分析与可视化（译）

◎ 现代文献综述指南（译）

◎ 科学学的历程

◎ 科学知识图谱导论

◎ 科学计量学手册

◎ 科学计量学导论

前　言

际此旧作《科学学的起源》[①] 盛情受邀再版，收入首都经济贸易大学出版社 "科学计量与知识图谱丛书"，该丛书主编李杰博士更热情地建议把书名改为《科学学的历程》，并建议增添了上次出版后的若干新著，我是举双手赞同的。李白诗云："宣父犹能畏后生，丈夫未可轻少年。"斯言信夫。李博士青春年少，才情俱佳，建议把"起源"二字改成"历程"后，立马感觉天高地阔了。兹循着李博士建议变更的"历程"二字，简要地讲一讲我的科学学历程，同时，借以表达对红州恩师的追忆和怀念，某种意义上，亦不失是对我国科学学创始人之一的张碧晖教授念兹在兹的中国科学学发展史研究，特别是早期史料的一点补充。

我的科学学历程

宋代理学大师、湖湘学派创立者胡宏有句名言，"水有源，故其流不穷；木有根，故其生不穷"。我的科学学历程的"源"和"根"就是我国著名科学学家、科学计量学家、我的恩师赵红州教授，是他把我引上科学学/科学计量学研究的学术道路。

我记得非常清楚，一次改变我一生学术研究路径的谈话。

那是 1978 年的春末夏初。于光远亲率龚育之、何祚庥、查汝强、李宝恒、罗劲柏诸导师，组成导师组，在中国科学院研究生院联合招收 10 名自然辩证法研究生（据刘二中教授在《中国科学院大学人文学院院庆纪念册

[①] 本书是《科学学的起源》（2001）的再版，其中对原书的结构和内容做了很大的调整，并在李杰博士的建议下，命名为《科学学的历程》。

（1978—2023）》中的回忆文章，当年实际招收了 14 名①）。大约是一个下午，地点是中国科学院物理研究所十三研究室，亦即引力波实验室。尽管我的考试成绩出来，据说还不错，红州告诉我，据他了解，我的总分排第三名，外语（俄语）成绩在是年中国科学院考研系统全国第一名。虽然顺利进入了复试，然而，遗憾的是，复试放榜结果我还是名落孙山了。据说，理由是政审不合格。当此之时，红州像兄长大哥般，一边安慰和鼓励，一边径直问："跟我一起搞科学学，怎么样？"尽管那时我第一次听说还有"科学学"这么一门学问，但我还是爽快地答应了！②

自此之后，我们俩虽不能说形影不离，但每周见一次是必须的，有时几乎是三天两头都会见面。其时，红州家住沙滩北街甲 2 号，红旗杂志社职工宿舍，原是一个 2 居室，分配给了两家住，合用一个很小的厨房。我家住朝阳门北顺城街 79 号大杂院里一间 15 平方米的平房。20 世纪八九十年代，一般家里没有资格装电话，不远，三四站路，骑车一刻多钟的路程。毛主席说过，事情都是逼出来的，没有电话之类的通讯工具，要交流只有迈开两条腿，登门求教，恰似我国数学泰斗华罗庚先生终身座右铭表述的那样："见面少叙寒暄话，多把学术谈几声"③。

红州在决定接受我这个学徒之初，也是经历了一番测试的。头几次见面聊天，看似海阔天空，实则是考察我的科学素养、哲学功底，文字能力，翻译水平，当然还包括待人接物等，用现今的语言讲，就是品格与情商。比如，有一次我们几乎就唐诗宋词谈了大半天，颇有投缘之感。我回家便学汤显祖《牡丹亭》集唐人诗句的写法给红州凑了一首"诗"，以表心迹：

东风渐暖满城春（张籍），

与君相见即相亲（王维）；

若许移家相近住（白居易），

看吐高花万万层（韩愈）。

"面试"通过之后，红州是这样带我开始我们/我的科学学历程的：

---

① 参见刘二中：《老文件引发的回忆——自然辩证法教学部意气风发的十年》，中国科学院大学人文学院院庆纪念册（1978—2023）。
② 蒋国华. 红州创新精神是最可宝贵的精神遗产——纪念恩师红州逝世 20 周年［J］. 科学学研究，2017，35（12）：1767-1772.
③ 华罗庚的数学之路，2021 年 10 月 20 日，https：//baijiahao.baidu.com/s?id=1714134677642731521&wfr=spider&for=pc.

第一，带我参加科学学学术会议/学术活动/学术组织。

追随红州学习科学学研究，基本上就是践行了毛主席的一段著名的话，这就是《中国革命战争的战略问题》中的一段话："读书是学习，使用也是学习，而且是更重要的学习。从战争学习战争——这是我们的主要方法。没有进学校机会的人仍然可以学习战争，就是从战争中学习。革命战争是民众的事，常常不是先学好了再干，而是干起来再学习，干就是学习。"① 我的印象中，他没有给我专门讲过科学学的入门课，不过，凡是邀请他出席的所有科学学的活动，红州都让我跟着他去，包括外地讲课。这使我赢得了中国科学学诞生和发展史上多个"第一"——第一批参与者的名声，诸如，"全国第一次科学学学术讨论会"（1979）、全国第一个科学学联络组织——"中国科学院科学学全国联络组"（1979）、全国第一个科学学研究机构——"北京技术经济和管理现代化研究会科学学研究组"（1979）、全国首届科学学人才学未来学学术研讨会（1980）、全国科学学理论专题讨论会（1982）、中国科学学与科技政策研究会成立大会（1982）等等。

作为我国科学学诞生和发展史上的重要文献资料，兹附上几幅文献照片和科学学研究组名单（参见图1）。

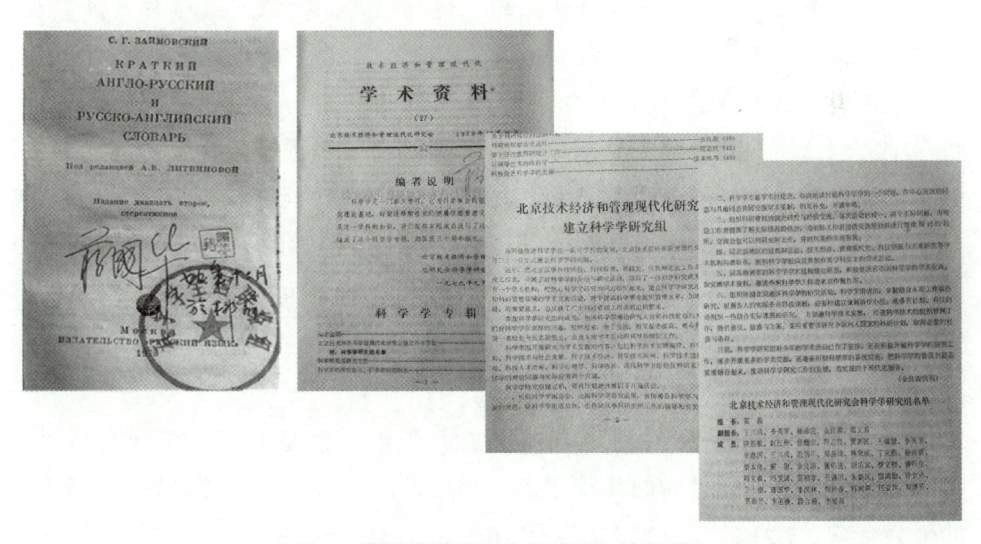

图1 我国科学学诞生的重要历史文件

---

① 毛泽东.中国革命战争的战略问题 [M]//毛泽东选集（第一卷）.人民出版社，1936：174.

"北京技术经济和管理现代化研究会科学学研究组"于1979年7月21日正式成立，举办单位是清华大学经济管理学霍俊教授为会长的北京技术经济和管理现代化研究会。

组　长：霍俊；

副组长：王兴成、李秀果、杨沛庭、金良浚、周文森；

组　员：骆茹敏、赵红州、徐耀宗、符志良、贾新民、王敏慧、李秀果、李惠国、王兴成、范岱年、郑慕琦、韩秉成、丁元煦、杨沛庭、柴本良、霍俊、金良浚、崔佑铣、胡乐真、蔡文煦、曹听生、周文森、冯至诚、雷祯孝、王通讯、朱新民、邸鸿勋、许立达、王士德、蒋国华、李汉林、刘仲春、桂树声、任亚玲、刘泽芬、莫惠芳、李连馥、段合珊、李延高。

第二，带我阅读/翻译科学学经典名著。

红州没有给我开过该读的书单，但在我日常工作交流中，他常常引证经典名著和权威学者的观点，恰如信手拈来，着实令人感佩不已，于是，我遂悟到，真要把科学学作为毕生研究领域，就要像红州那样，需要学习和提升，在诸如马克思主义科学观、科学史、科学哲学、管理科学、科技政策研究等理论功底上狠下功夫。

鉴于改革开放之初，除商务印书馆、科学出版社出版了贝尔纳《科学的社会功能》（1982）、《历史上的科学》（1959）及《科学学译文集》（1981）外，可以说，有关科学学的译著非常之少。红州开始让我阅读和翻译俄文的科学学文献，诸如凯德洛夫、米库林斯基等的论文和著作，后来则是英文文献，比如，我俩硬着头皮翻译了为纪念贝尔纳《科学的社会功能》出版25周年而结集出版的、科学学经典文献《科学的科学——技术时代的社会》，该译著1985年6月由科学出版社出版，并荣获科学出版社1984—1985年度优秀图书奖。

第三，带我拜访科学家名师。

红州有一句口头禅："哪里有知识就到哪里去。"这是在改革开放初期，特别是全国科学大会之后的几年里，红州总是用这句话鼓励我跟着他，远些的坐公交车，近些的骑自行车，去拜访大家、大学者。诸如，去礼士胡同拜见过中国科学院院士、著名科学史家席泽宗教授，借全国哲学会议之际去友谊宾馆拜访过中国现当代著名哲学家与哲学史家、华东师范大学冯契教授，借中国物理学会研讨会议，去京西宾馆拜见过中国科学院院士、我国著名物理学家、金属和晶体材料学家、南京大学物理学院教授冯端先生。尤其值得多说几句的是上海社会科学院哲学研究所著名科学哲学家纪树立研究员（库恩《科学革命的结构》的翻译者），有次他来京赴会，会后他住在当时还是偏远的他姐姐家里。好像是那时的公交非常不便，我们是骑车去的，从北沙滩过去，骑了有一小时。红州大约为激励我追寻科学应该不畏难，记得那时他是第一次对我说"哪里有知识就到哪里去"这句话。顺便说一句，本书的核心部分的第一章"科学学的历史源流"，就是在席泽宗院士主动送给我们的格雷厄姆的文章"盖森的社会政治根源：苏联马克思主义和科学史"的基础上[1]，经拓展和研究而写成的。

第四，带我学做大科学家的秘书工作。

为了锻炼我的笔头，红州还经常尽可能地给我"揽活"——为大科学家和老领导整理录音和撰写讲话稿。当然，按我俩的文字惯例，都要经红州阅改和审定后才能交差。不要小看了这一点，正是这样的文字交流，使我受益匪浅，且是受益终身，不仅学习和领悟了红州的学术思想，而且极大而又极快地提升了我的文字能力。到后来，我俩发表的文章连我们的亲朋挚友都猜不准谁是起草者[2]。

众所周知，这既是一件费时费力又费智力的"苦差事"，又是一个不可多得的向大科学家学习和历练自己的宝贵机会。兹举其要者，以资参阅。

第一次接受任务是1981年在北京友谊宾馆中国科学院"全国科学学联络组"主持召开的"全国科学学理论专题讨论会"上，我国原子弹之父、时任中国科学院副院长的钱三强到会做了阐述他科学学思想的专题报告。由于其时，三强同志大病初愈，语言表达不甚连贯，事先没有讲稿，又非常重要，必须成文发表，怎么办？红州力荐由我承担录音整理和成文，于是，"全国科学学联络组"负责人之一李秀果研究员几乎手把手地教我：第一步，听录音，一字不落地记下来；第二步，反复读三五遍，完整正确弄懂钱老的思想观点；第三步，按照学术论文的规范，再创作成文。钱老是大科学家，给他的支持新生学科的文章怎么起名呢？我把文章标题空着，红州阅改后说：就用"可算找到老家了"吧！这个标题还引出一个故事呢。钱老审定并赞赏我为他整

---

[1] Graham L R. The socio-political roots of Boris Hessen：Soviet Marxism and the history of science [J]. Social Studies of science, 1985, 15（4）：705-722.
[2] 赵红州、蒋国华. 在科学的交叉处探索科学——从科学学到科学计量学 [M]. 红旗出版社，2002：671.

理得好，随即发表在《自然辩证法通讯》杂志1982年第1期上①。在不久的一次中国科协常委会上，严济慈老先生拿着这本杂志问钱三强："小钱，这个文章和标题是你写的吗？"在他老师严老面前，三强连声说道："是的，是的。"

第二次是1980年11月，全国首届科学学人才学未来学学术研讨会（简称"三学会议"，实际是三个新生学科分别开会）召开。"全国科学学联络组"办公会决定，约请钱三强为全国第二次科学学学术讨论会写个贺信。谁来执笔呢？红州紧接着说："还是由小蒋来写吧。"千字文不好写，尤其是为饮誉国内外的大科学家写。因为我在贺信的最后一段借用了黄梅戏《天仙配》的一句唱词"天赐良机莫迟疑"，中国科学院学部办公室副主任汪敏熙大姐说："三强文章从不用文学/戏曲语言的，这么写，不知三强是否同意？""全国科学学联络组"牵头负责人赵文彦同志则表示同意呈送，由三强自己定夺。

当然，结果非常顺利和圆满，钱老批转同意了。大会作为简报发出后，受到了普遍赞扬，有人还问："这是谁给钱老起草的呀？真棒！"

第三次录音整理并改写则是最艰巨，工作量也最大。那是1985年4月17日至18日，全国首届交叉科学学术讨论会在北京友谊宾馆召开，堪称"少长咸集，群贤毕至"，尤其是钱学森、钱三强、钱伟长，世称"三钱"同台出席，据说在新中国科学史上非常罕见②。会后，红州又为我承接了钱学森、钱三强、钱伟长、田夫四位的发言按录音整理成文的任务。记得夜以继日，连续开了几个夜车，终于圆满完成。不久，连同龚育之同志的"从交叉科学看教育改革"，光明日报以整版的篇幅，隆重刊发。为了纪念这次完成任务的成就感，迄今我还保留着我为"三钱"和田夫同志的成文的最后手稿（参见图2）。

第五，带我学习走上讲台，敢于张嘴，敢于独立讲课。

毕竟我1970年毕业离校到工厂，大约10年时间做的是与工人、设备打交道，是技术工作，离学术研究差别甚巨，遑论上台做学术报告了。红州看到了我的这块短板，他时不时鼓励我要敢于面对公众场合，开口讲话。一方面，他以自己曾经怯场的经历缓解我的紧张心理，另一方面，他多次建议我

---

① 钱三强. 可算找到老家了 [J]. 自然辩证法通讯，1982（1）.
② 中国科学技术培训中心. 迎接交叉科学新时代 [M]. 光明日报出版社，1986.

读一读毛主席的《中国革命战争的战略问题》，其中毛主席说过："从'老百姓'到军人之间有一个距离，但不是万里长城，而是可以迅速地消灭的"①。

图 2　全国首届交叉科学学术讨论会"三钱"和田夫发言手稿

记得红州第一次"逼"我上讲台是 1980 年的夏秋之交，中国科协干部管理学院本来慕名请他去做科技管理主题报告的。鉴于对象是全国各地科协机关行政干部的"学经济 学科技 学管理"培训班，属普及性讲座，他就抓住这次机会，推托他有事排不开，便竭力推荐我顶上。还好，初次登讲台，确乎紧张不已，但还算基本应付了下来。紧接着第二次是是年晚些时候，当时的杭州大学盛邀红州做有关科学学的专题报告，他就趁便为我特别申请安排了一个小会场报告，主题是"谈谈科学基金会的引进与建设"。因为那时我俩的论文《论科学基金会》刚刚完稿，尚未发表②。虽然已是 40 多年前的事了，但我依然记得，讲了 2 个小时，讲课酬金 10 元。

再后来，红州还创新了锻炼我讲演能力的合讲模式。1990 年 1 月号，中国科协主办的《科技导报》刊登了我俩的文章"大科学时代更需要科学帅才"。著名科学家、中国导弹之父钱学森写信给我们，给予这篇文章很高评价，并向同年 3 月出席全国政协科技委员会全体会议的委员们推荐，说"值得我们看看"。其时，航空航天工业部副部长何文治委员聆听了钱老的讲话，便立马让秘书联系我们，请我们到位于京北小营的航空航天科学技术研究院，

---

① 毛泽东. 中国革命战争的战略问题 [M]//毛泽东选集（第一卷）. 人民出版社，1936：174.
② 蒋国华、赵红州. 论科学基金会，红旗杂志社《内部文稿》，1983：15.

给航空航天科学家工程师做一场报告。这是一场别开生面的学术报告会，红州讲了几句开场白，接着他说："下面，请我学弟主讲。"最后，他做总结讲话。此次合作演讲非常成功，当场我国的航空航天科学家工程师们非常兴奋，提了好多问题，现场互动交流热烈。

第六，带我学做科学学会议的会务工作。

马克思说过："人的本质是人的真正的社会联系，所以人在积极实现自己本质的过程中创造、生产人的社会联系、社会本质"[①]。有人循着马克思主义的这个观点和逻辑给出了一个推论：人的本质是人的自然属性与社会属性的统一，在其现实性上是一切社会关系的总和，社会就是人与人交往不断累积的产物；就是你过去见过的人，经历过的事，以及读过的书的总和[②]。

事实上，一个科学研究者的本质亦然，现实性上是其一切科学社会关系的总和，特别是学术社会圈子里人与人交往的渐次累积。现在回过头来看，红州正是这样指导并为我这个当初还是科学学研究的初学者而争取历练机会的。

在中国科学学与科技政策研究会尚未成立之前，我国已举办过两次全国性的科学学学术讨论会[③]。第一次科学学讨论会是 1979 年 7 月在北京友谊宾馆召开的，那时我还在北京二七机车车辆厂上班。第二次科学学讨论会则是 1980 年 11 月在安徽合肥稻香楼宾馆召开的，红州便力荐我代表中国科学院科学学全国联络组，作为会务先遣小组，跟随其时国家科委政策局局长吴明瑜以及邓楠、张登义先一天到达。这一次合肥稻香楼会议，学术界简称为"三学会议"，是后来先后正式成立的中国科学学与科技政策研究会、中国未来学研究会、中国人才学研究会三个新生交叉学科，在国家科委引导和支持下，联合一起在安徽召开的我国改革开放史上一次重要的交叉科学会议。我既是科学学会议的会务组组长，亦是整个稻香楼"三学会议"会务组成员。

中国科学学与科技政策研究会成立大会于 1982 年 6 月 9 日至 12 日在安徽佛名四海的九华山举行。也是红州建议，中国科学院科学学全国联络组委派

---

① 马克思，詹姆斯·穆勒．《政治经济学原理》艺术摘要［M］//马克思恩格斯全集（第 42 卷），人民出版社，1972：24.
② 你气质里藏着你读过的书，新东方（上海），2017 年 7 月 31 日。http://sh.xdf.cn/zhongxue/cz/bkzhinan/201707/8353700.html
③ 张碧晖等．科学学在中国［M］．知识产权出版社，2009：43.

我跟随《自然辩证法通讯》杂志社任丰平社长，作为会务先遣小组，先飞到合肥，然后，省科委张副主任陪同我们，坐汽车经安庆，摆渡过长江，到九华山。这次会议盛况空前，来自全国20多个省市的170名代表出席，我国著名学者和科技部门领导人童大林、于光远、吴明瑜、龚育之等出席会议并讲了话。会议收到论文168篇。至今思九华，作为中国科学学与科技政策研究会成立大会的参与者和见证者，不亦油然而生一种与有荣焉、幸甚至哉的骄傲。

第七，带我学习做科学的组织者，尊敬、竭诚而又谦卑的为科学学师长、同行、友人服务。

我们写"大科学时代更需要科学帅才"那篇文章，乃是与红州对诺贝尔物理学奖得主、著名苏联物理学家卡皮查这一个学术观点非常欣赏、认同和思考有关。

卡皮查在1966年写道："任何新的科研课题的解决，都必须找到它自己适当的组织形式。作为一个大科学的领导者，即使他本人不直接参加科研工作，他也必须是一位具有巨大创造性天才的人。我不知道，像发射第一颗人造卫星这样辉煌成就的领导者，为什么不能获得诺贝尔奖奖金？"他还继续写道："大科学家也就是集团科学劳动的大组织家。比如，罗瑟福和费米，就是这样的多才多艺的科学家。"①

众所周知，改革开放之初，百废待兴，用邓小平同志的话说，"社会主义的初级阶段，就是不发达的阶段"②。在科教界，特别是年轻学者和新生学科，比如像科学学、人才学、未来学等，不要说申请研究课题、出版著作，就是想开个哪怕是小型座谈会、研讨会，报批都是困难重重的。当此之时，红州便带着我，艰苦奋斗，自力更生，学习并担负起科学学、科学计量学活动的组织工作。红州拿大主意，是设计者，我则是助理、帮衬，是施工者。

我们组织的第一件大事，红州称之为"无形学院"。1978年党的全国科学大会迎来了科学的春天，整个科技界春潮涌动、思想活跃，一派"逢草逢花报发生"的生机勃勃的景象③。"无形学院"名称借自英国皇家学会1662年7月15日正式成立前的史话和爱因斯坦的"奥林匹亚科学院"，恰似著名科

---

① 戈德史密斯，马凯. 科学的科学——技术时代的科学［M］. 科学出版社，1985：110-111.
② 刘霞. 高瞻远瞩筑通途——记党在社会主义初级阶段基本路线的确立［N］. 光明日报，2011-06-16.
③ 钱起，春郊. 全唐诗，卷二百三十九，钱起四［M］. 中华书局，1960：2688.

学社会学家默顿所定义的"地理上分散的科学家集簇",科学计量学之父普赖斯称之为"非正式的学术交流群体"①。开始只有三五人,后来发展到七八个,有时多至十余人。这个"无形学院"最成功的就是孵化出了科学计量学、政治科学现象/政治科学学、领导科学。

第二件大事是白手起家,自力更生,为科学学、科技政策、科学哲学等新生学科的研究同仁,组织出版了两套交叉科学文库/丛书②和一套"毛泽东与科学丛书"③。要知道,这件事起始于20世纪80年代中期啊!

我记得,红州平日里经常对我提起古人"三不朽"(即立德立功立言)的人生价值追求,另一个就是他非常赞赏20世纪二三十年代的"王云五文库",即王云五主持的、商务印书馆出版的、史称"万千新知,兼收并蓄"的"万有文库"。在他的成名作《科学能力学引论》付梓出版之后(参见图3)④,其时,几乎绝大多数年轻的新生交叉科学研究者都没有机会出版自己的"立名作"(红州偏爱这个名称),于是,我俩商议不知多少回,试图用出版"文库"即团队的力量,去感动出版社。谈来谈去,还是一个"钱"字。为此,我俩便奔赴天津,求助时任天津市纺织研究所所长的张国玉。正是张所长赞助的10万元,并在上海科学学研究所冯之浚所长、特派教授张念椿的精心运作下,第一套"交叉科学文库"13本由光明日报出版社先后成功出版。

---

① 转引自:百度文库,https://wenku.baidu.com/view/103d5655a02d7375a417866fb84ae45c3b35c2d1.html? _

② 一是"交叉科学文库",光明日报出版社1987年10月第1版,计13本,分别为:《科学 哲学 社会》(龚育之)、《科学教育与科技进步》(张碧晖)、《科学学与我的工作》(张国玉)、《论智力开发》(夏禹龙、刘吉、冯之浚、张念椿)、《科学学与系统科学》(王兴成)、《现代综合进化论》(卢继传)、《物理学的哲学思考》(柳树滋)、《管理 管理 管理》(何钟秀)、《论战略研究》(夏禹龙、刘吉、冯之浚、张念椿)、《信息的科学》(钟义信)、《科技经济学探索》(胡乐真)、《论科技政策》(夏禹龙、刘吉、冯之浚、张念椿)、《论领导科学》(夏禹龙、刘吉、冯之浚、张念椿)。

二是"交叉科学新视野丛书",河北教育出版社2001年10月第1版,计8本,分别为:《科学的力量》(龚育之、王志强)、《科学的历史沉思》(董光璧)、《对历史的宏观思考》(丁伟志)、《科学史数理分析》(赵红州)、《科学学的起源》(蒋国华)、《科学的精神与价值》(李醒民)、《"三文"文化论》(朱进选)、《生态文化论》(余谋昌)。

③ "毛泽东与科学丛书"由中共中央党校出版社于1993年出版,共计7本,分别为:《万物皆有道——毛泽东与自然科学》、《自然最和平——毛泽东与科学家》(孔令华、蒋国华)、《管理的哲学——毛泽东与管理科学》、《帅才的理论——毛泽东与领导科学》(超英、瑞英)、《无私玉万家》、《科学和革命》(赵红州)、《学习的社会》(蒋国华、蔡棋瑞)。

④ 赵红州.科学能力学引论[M].科学出版社,1984.

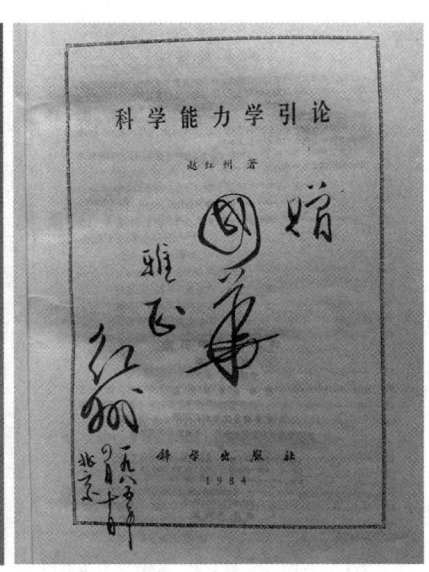

图3　恩师红州赠送的《科学能力学引论》

为了成功出版，我俩事先与诸位作者取得共识：一是没有稿费，只是给每位作者20本书；二是当然也没有主编/编辑费什么的。光明出版社说纸张紧张，我还跑到541厂（国家印钞厂）去找厂领导帮忙过。当时说没有纸，红州与我急得没有办法，即所谓急来抱佛脚吧！

第二套"交叉科学新视野丛书"，共8本，是1995/1996年我俩和河北教育出版社谈妥的，遗憾的是红州没有亲眼看到它的正式出版。

"毛泽东与科学丛书"由中共中央党校出版社赞助出版，主编是孔令华，副主编李敏，我们则是执行主编，共计7本。

此外，我们还组织编著了《交叉科学词典》[①]、《政治科学现象》[②] 等。比如，特邀哈尔滨工业大学管理学院院长姜振环教授主编的《交叉科学词典》，在其"内容简介"中就写道："本辞典是在1985年'全国首届交叉科学学术讨论会'后，由中国管理科学研究院院长田夫、人民出版社社长兼总编薛德震以及金春峰、吴学金，中国管理科学研究院科学学研究所赵红州、蒋国华倡导发起，在人民出版社领导的支持下，编委会及撰稿人历经两年多的努力编写成的。"

---

① 姜振环. 交叉科学词典 [M]. 人民出版社, 1990.
② 赵红州, 蒋国华, 李瑞英. 政治科学现象 [M]. 中共中央党校出版社, 1993.

第八，带我学会"放眼世界"，和世界权威科学学家/科学计量学家联系、交流、学习。

红州把目光投向世界，渴望和世界权威科学学家/科学计量学家联系、交流，始于世界公认的科学计量学之父普赖斯。那是在1979年，普赖斯把他的著作《小科学，大科学》赠寄钱学森，钱老马上全本复印，并转赠给了其时挂靠中国科学院学部办公室的"科学学全国联络组"的赵红州教授；正是有此机缘并在钱老的支持下，开始了我们和普赖斯（默顿和加菲尔德在普赖斯身后联名敬称他为"科学计量学之父"）之间差不多四年的交往和友谊，直到1983年9月3日他不幸因心脏病突发辞世。众所周知，钱老转赠普赖斯著作，正值科学的春天刚刚重回华夏大地，科学学、科学计量学在中国亦只是在萌芽时期。由于钱老的引领，不仅使红州和我占得先机，而且影响和帮助我们下定决心，此后把主要精力放在科学学特别是科学计量学的开拓和研究上。

尤其值得指出的是，经普赖斯亲手修改的《科学劳动的智力常数》一文在匈牙利《科学计量学》杂志发表之后①，"赵红州万万没有想到，索求该文抽印本的索取卡，竟像雪片一样从世界各地飞来。一篇国际上无名之辈的小作，引起了全世界包括苏联、匈牙利、美国、英国等27个国家、49个大学或研究所的科学家的关注，也许在国际科学史上也不一定是常见现象"②。初战的胜利极大地鼓舞了我俩的斗志。一方面，邀请贝尔纳的博士学生、英国皇家学会会员、伦敦大学著名结晶学物理学家马凯教授，《科学计量学》杂志主编、匈牙利罗兰大学放射化学家布劳温教授等国际著名科学家来华讲学。另一方面，和各国著名学者保持密切的联系，诸如美国《科学引文索引（SCI）》创始人加菲尔德、俄勒冈大学莫拉夫西克教授、日本汤浅光朝、日本东洋大学八木江里、苏联莫斯科大学纳利莫夫、苏联科学院科学史研究所海通研究员、乌克兰科学院多勃罗夫研究员、印度拉赫曼教授、瑞典隆德大学厄尔英加教授、德国万英加特教授等等。

正是红州带我一起在开拓和持续地与世界权威科学学家/科学计量学家的学术交流过程中，使我增长了学问，也练就了我的外语能力。当时，我家里

---

① Hong-Zhou Z. An intelligence constant of scientific work [J]. Scientometrics, 1984 (6): 9–17.
② 蒋国华. 赵红州与中国科学学 [J]. 中国建设, 1986 (4). (《中国建设》为多语种外文期刊, 1952年由宋庆龄创办)

有两架打字机，一架是英文，另一架是俄文，因为红州所有外文交流都是由我完成的。

第九，带我不仅学习而且创新，始终努力把这两者辩证融合，所以才学得更好些。

红州经常给我讲一些科学史上的故事和趣闻，比如，诺贝尔获奖史上的"科坛无双父与子"，即英国物理学家1915年诺贝尔物理学奖得主——亨利·布拉格、劳伦斯·布拉格。

劳伦斯·布拉格作为诺贝尔奖得主又是剑桥大学卡文迪许实验室主任，完全可以用其自己创立的布拉格方程继续扩展和推进，即研究各种各样的无机晶体和金属结构，这在当时依然不失为科学前沿范畴，但他不，非要劝说英国医学研究委员会支持他认为的一个"勇敢尝试"——开展对蛋白质结构的全新研究和探索，并创设了后来大名鼎鼎的剑桥大学生物学实验室。

红州把老布拉格的这种创新实践和创新精神看得非常重，悟得非常深。他常跟我说，咱们要像布拉格父子那样，尽力开垦新领域，捡麦穗的工作就由别人去干吧。

红州也正是这样，用他短暂的一生，扎扎实实践行了他自己立下的科学诺言。他不仅是中国科学学、科学计量学的主要奠基人，而且他身后给学术界留下了一众已经开垦和值得后人继续开垦或"拣麦穗"的新学科、新领域，诸如潜科学及潜科学政策研究、社会物理学、领导科学、知识结晶学、政治科学学、知识波普结构学、知识单元研究、物理学定律静智荷假设及规律研究、科学发现采掘模型研究、大科学时代科学帅才研究等等。正因为此，在他去世之后，我和郑文艺作为他的学生和弟子写了悼念文章，题目就取为——《中国需要有理论勇气的科学家　纪念著名科学学专家赵红州教授逝世一周年》[1]。

中国科学学的历程

科学学界的同仁友人都夸赞红州和我整整20年的合作与成果，这是因为我俩合作的成果和过程不仅与科学学在中国的诞生与发展同寿，而且红州带着我恰好处在我国科学学萌芽、成长与发展的中心。

---

[1] 蒋国华，郑文艺. 中国需要有理论勇气的科学家　纪念著名科学学专家赵红州教授逝世一周年[J]. 中国软科学，1998（5）.

科学学的历程 The Journey of 'Science of Science'

中国科学学与科技政策研究会第三任理事长冯之浚教授指出："中国的科学学是在改革开放后科学的春天里诞生，在改革开放的奔涌大潮中成长起来的。"① 研究会第五届理事会常务副理事长张碧晖教授创意、主持、组织编写的《科学学在中国》②，已经非常翔实而又"全景式地展示了科学学这一学科在中国产生和发展的历程，主要内容包括：科学学在中国前史、科学学的学科建设、科学学期刊发展、科学学在大学、科学计量学在中国、科学学领域的国际交流、科学学与科技政策研究会发展史以及大事记等"。老朽本已无复赘言的，只是李杰主编叮嘱的"再版序言"行文至此，作为科学学进入中国初创岁月的参与者和过来人，还是觉得应该说几句，以资后人参考和批判。

中国科学学发展的起点是钱学森 1977 年 12 月 9 日在《人民日报》发表的题为《现代科学技术》的著名论文，其中指出："当现代科学技术已经发展到高度综合而又有基础到应用的严密结构的体系，就应该有一门代替消亡了的自然哲学的学问，它专门研究科学技术体系的组织结构，研究体系的逻辑性和严谨性，研究科学技术与哲学的联系等。这也可以称为'科学的科学'。这门学问在以前不会有，因为自然科学没有形成体系，当然也不会有研究体系的学问"③。

1982 年是个转折的年份，这一年的 6 月 9 日至 12 日，中国科学学与科技政策研究会在安徽九华山正式成立。此前，属前科学阶段，或用赵红州、柳树滋、申先甲三位教授发明的话说，叫潜科学阶段。此后，则进入显科学，即常规科学阶段。诸如科学学研究所/研究中心在各地建立、科学学专业期刊获批出刊、科学学课程进高校、科学学/科学计量学硕士点博士获批设立、国际科学计量学与信息计量学学会（ISSI）授权两届 ISSI 大会在中国召开（2003 年第 9 届北京和 2017 年第 16 届武汉）等等，就是最好的证明。

展望未来，愿借用最近一位著名经济学家的一句话——"增长故事中容易的部分已经结束"④，送给科学学研究同行。这是因为，窃以为，科学学半个多世纪在中国的"增长故事"，大抵亦然如此。

---

① 张碧晖．科学学在中国［M］．知识产权出版社，2009：4.
② 张碧晖．科学学在中国［M］．知识产权出版社，2009.（参见该书扉页里"内容简介"）
③ 钱学森．现代科学技术［N］．人民日报，1977-12-9.
④ 辜朝明．中国经济增长故事中容易的部分已经结束，2023 年 12 月 16 日 09：27. https：//baijiahao. baidu. com/s? id=1785424821576066357&wfr=spider&for=pc.

达沃斯世界经济论坛创始人兼执行主席克劳斯·施瓦布在其《第四次工业革命：转型的力量》的论述非常经典，他说："如今我们正在经历第四次工业革命，它不再局限于某一特定领域……它是整个系统的创新，极具颠覆性……这场科技革命不只是改变我们的工作内容和工作方式，而且也改变我们自身、生活以及我们看世界的方式……第四次全球科技革命正是让所有人看到了希望"[1]。毫无疑问，"这场科技革命""必须有一种全然不同的新学问来指导。这就是建立在科学学基础之上的科研战略学"[2]。

中国和世界正面临一个"百年未有之大变局"。这是一个需要科学学的时代，因而也必定是一个科学学家足以大显身手的伟大时代！

怀念红州，感恩红州

今年恰好是我入学清华大学60周年。在我们上学的年代，清华大学是一所纯理工大学，1964年8月30日到学校新生报到时，在清华礼堂大草坪南端的迎新大红横幅就是："美丽的清华园——工程师的摇篮"。我于1970年毕业离校，在北京二七机车车辆厂整整10年，从事的就是技术工作。是红州的引导和培养把我从工程师变成了一个科学学/科学计量学研究者。

刘则渊教授，对我国30年科学学发表文章数在9篇以上的17位作者做过一个计量分析，他发现，作者中大多是我国科学学的开创者[3]。非常荣幸的是，我居然位列榜首（参见图4）。

在2022年9月24日第十三届全国科学计量学与科教评价研讨会上，由"邱均平计量学奖"评审委员会和全国科学计量学信息计量学专业委员会授予我科学计量学"终身成就奖"和"杰出计量学家"称号；2022年12月25日中国科学学与科技政策研究会学术年会上，研究会薛澜副理事长宣读了研究会决定：授予蒋国华中国科学学与科技政策研究会"终身成就学者"奖。在郑州金桥商务酒店举办的第十三届全国科学计量学与科教评价研讨会上，我发表的获奖感言的题目就是："钱学森赵红州引领我科学学/科学计量学研究"；我感言的第一句话是："今天这个奖项应该是我替代我的恩师赵红州教授领的！"

---

[1] 克劳斯·施瓦布. 第四次工业革命：转型的力量 [M]. 北京：中信出版集团，2016：5.
[2] 戈德史密斯，马凯. 科学的科学——技术时代的社会 [M]. 科学出版社，1985：255.
[3] 刘则渊. 在第八届中国科技政策与管理学术研讨会上的报告. 2012-11-24.

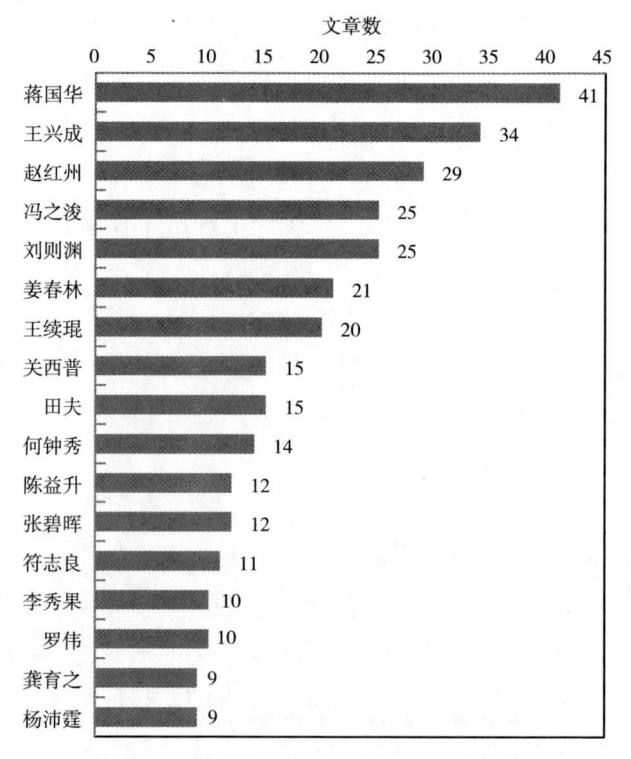

图 4 我国 30 年科学学、科学计量学主题文献的作者分布

在我这本小册子再版之际，首先要怀念和感谢恩师赵红州教授。同时，亦向本丛书主编李杰博士表示由衷的谢忱，没有他的鼓励和编辑上的巨大帮助，本书很难与读者见面。

2024 年 4 月 30 日星期二

目 录

第一篇 科学学的起源 ····················· 1

第1章 科学学的历史源流 ····················· 2
第一节　伦敦科学史大会及苏联代表团 ········· 2
第二节　盖森论文的内容梗概 ················· 5
第三节　盖森论文的历史影响 ················· 7
第四节　盖森的学术生涯与其牛顿论文的关系 ··· 10
第五节　盖森论文产生的国内背景 ············· 12
第六节　盖森论文国际影响的根源分析 ········· 18
第七节　"盖森事件"与贝尔纳的科学学思想 ··· 22
第八节　"盖森事件"的启示 ················· 25

第2章 科学学应当干什么 ····················· 27
第一节　马克思主义是贝尔纳科学学思想的
　　　　出发点 ··························· 27
第二节　贝尔纳论马克思与科学 ··············· 28
第三节　贝尔纳论科学学 ····················· 30
第四节　贝尔纳论学科建设 ··················· 31

第3章 科学学家谈科学学 ····················· 34

第4章 凯德洛夫论自然科学与社会科学的汇流 ··· 39
第一节　马克思论未来一门科学 ··············· 40
第二节　根据马克思的方法，看当代科学的汇流和
　　　　统一问题 ························· 43
第三节　自然科学与社会科学汇流的前景 ······· 48

第四节　简短的结论 ………………………………………… 51

第二篇　科学学的思考与探索 ……………………………… 55

第 5 章　科学学研究会的名称与学科建设 …………………… 56
第一节　历史的回顾 ………………………………………… 57
第二节　处理好几个关系 …………………………………… 59

第 6 章　再谈科学学的学科建设 ……………………………… 61

第 7 章　《科学学》在中国 15 年 ……………………………… 64
第一节　它是一面历史的镜子 ……………………………… 64
第二节　它有一笔历史的功绩 ……………………………… 65
第三节　它也有一定的历史局限性 ………………………… 66
第四节　它还有一点历史的危机 …………………………… 68
第五节　它有着一个光明的未来 …………………………… 69

第 8 章　《科学学》在中国 20 年 ……………………………… 71

第 9 章　指数规律与知识结晶学 ……………………………… 73

第 10 章　重视科学发明的年龄定律 ………………………… 76

第三篇　政治科学学与科学基金 ……………………………… 79

第 11 章　研究政治科学学 …………………………………… 80

第 12 章　论政治科学现象 …………………………………… 82
第一节　政治科学事件 ……………………………………… 82
第二节　政治科学运动 ……………………………………… 83
第三节　政治科学建制 ……………………………………… 84

第 13 章　科学学能为政治做些什么 ………………………… 85

第 14 章　论科学基金会 ……………………………………… 89
第一节　科学基金会：通向国家资助的历史
　　　　桥梁 …………………………………………… 89
第二节　科学基金会的经济本质：资本增殖的
　　　　"催化剂" ……………………………………… 93

　　　　第三节　科学基金会的社会功能：先导、补充、
　　　　　　　调节、摇篮 …………………………………… 96
　　　　第四节　我国科学基金会势在必行 …………………… 100

第四篇　科学计量学的起源 …………………………………… 105

第15章　科学计量学的历史与现状 ……………………………… 106
第16章　再论科学计量学的历史与现状 ………………………… 120
　　　　第一节　什么是科学计量学 …………………………… 120
　　　　第二节　科学计量学的方法和成就 …………………… 123
　　　　第三节　科学引文——科学计量单元 ………………… 126
　　　　第四节　加菲尔德的《科学引文索引》 ……………… 128
　　　　第五节　引文计量的应用 ……………………………… 131
　　　　第六节　布劳温与科学计量学 ………………………… 133
第17章　科学计量学和情报计量学的今天和明天 ……………… 136
　　　　第一节　普赖斯后的科学计量学 ……………………… 137
　　　　第二节　科学计量学、情报计量学日趋成熟 ………… 143
　　　　第三节　大科学计量学和小科学计量学的
　　　　　　　辩证统一 ……………………………………… 154
　　　　第四节　科学计量学、情报计量学的未来 …………… 169
第18章　浅谈文献计量学 ………………………………………… 172
第19章　海通博士论科学学与科学计量学 ……………………… 174
　　　　第一节　科学计量学的定义问题 ……………………… 174
　　　　第二节　科学学与科学的定量研究 …………………… 175
　　　　第三节　科学结构与科学计量学 ……………………… 177
　　　　第四节　科学学计量学向何处去 ……………………… 178
第20章　普赖斯奖获得者论科学计量学和科学学 ……………… 179
第21章　科学计量学与同行评议 ………………………………… 186
　　　　第一节　同行评议的由来与当代实践 ………………… 186
　　　　第二节　同行评议并非无懈可击 ……………………… 188
　　　　第三节　科学计量学的崛起 …………………………… 190

　　　　第四节　科学计量学与同行评议的有机结合 ……… 192
　　第 22 章　科学计量学与我国基础科学的发展趋势………… 195
　　第 23 章　影响中国科学计量学发展的若干国际
　　　　　　　交往纪事 …………………………………………… 198

第五篇　普赖斯与科学计量学　207

　　第 24 章　普赖斯评传 ………………………………………… 208
　　第 25 章　普赖斯与科学计量学术贡献述评 ……………… 215
　　第 26 章　普赖斯与科学计量学研讨会综述 ……………… 220
　　第 27 章　普赖斯科学计量学奖 …………………………… 227

第六篇　赵红州与中国科学学　231

　　第 28 章　赵红州与科学学研究回顾 ……………………… 232
　　第 29 章　赵红州与《科学计量学》杂志 ………………… 237
　　　　第一节　布达佩斯的飞鸿 ……………………………… 237
　　　　第二节　《科学计量学》杂志 ………………………… 237
　　　　第三节　布劳温其人 …………………………………… 238
　　　　第四节　出任科学期刊国际编委的意义 ……………… 239
　　第 30 章　赵红州的《科学能力学引论》………………… 241
　　第 31 章　赵红州的《大科学观》………………………… 244
　　　　第一节　《大科学观》的国际地位 …………………… 244
　　　　第二节　大科学观与当代的两大成果 ………………… 246
　　第 32 章　赵红州是一位有理论勇气的科学家 …………… 249
　　第 33 章　赵红州科学学的学术历程 ……………………… 252

第一篇　科学学的起源

　　要想把科研效率略微提高一点点儿，就必须有一种全然不同的新学问来指导。这就是建立在科学学基础上的科研战略学。

——J.D.贝尔纳

第 1 章　科学学的历史源流[①]

图 1-1　盖森
(Бори́с Миха́йлович Ге́ссен,
1893—1936)[②]

1931 年，苏联物理学家盖森（旧译为格森，见图 1-1）向第二届国际科学技术史大会（The Second International Congress on the History of Science and Technology, 1931 年，伦敦）递交了一篇题为《牛顿力学的社会经济根源》的论文。文章对科学与社会、经济关系的马克思主义辩证分析，对西方科学家，尤其是英国科学家产生了始料未及的剧烈震动。这就是著名的"盖森事件"（Hessen Episode）。"盖森事件"是马克思主义同自然科学相结合的产物，同时亦是科学学产生的重要历史原因。研究"盖森事件"，可以提供马克思主义与科学技术结合的许多历史经验和教训。

第一节　伦敦科学史大会及苏联代表团

1931 年 6 月 29 日至 7 月 3 日[③]，第二届国际科学技术史大会在英国伦敦南肯辛顿科学博物馆讲演厅举行。

那个时候，科学家还很少考虑自己的社会责任，只有少数激进分子（如

[①] 原载于《科学学研究》1988 年第 1 期。收入本书时文字略有改动。
[②] Oliveira, A. Boris Hessen's Participation in the Second International Congress on the History of Science and Technology（1931）[J]. Advances in Historical Studies, 2022, 11: 46-56. doi: 10.4236/ahs.2022.112005. 维基百科也有对他个人的详细介绍：https://en.wikipedia.org/wiki/Boris_Hessen.
[③] 会议临时增加了 Special Session: Science at the Crossroads, 并于 7 月 4 日上午由苏联代表团进行会议报告。

贝尔纳）开始感到自己作为一名科学家对社会及科学自身所负有的责任。科学史作为一个学术研究领域，最初只被看作是退休或将要退休的科学家的一种愉快惬意的消遣。专业科学史研究人员，在全世界算起来也只是一个小群体。因此，在一般人看来，即将召开的第二届国际科学史大会不过是一帮学究的例行公事式的会议，各国科学史家和科学家聚集在一起，大多各自固守于自己的研究领域，偶尔才考虑诸研究领域相互之间的关系。

可是，随着苏联代表团的出席，情形立刻发生了根本的变化。这次苏联代表团的来到，是典型俄国式的：他们总是在临开会前的最后时刻才到达会场。他们的出席，给大会组织者来了个措手不及，也给会务工作增添了不少麻烦。尽管如此，在西方科学家眼里，苏联代表团依然是一个重要的代表团，其成员都是严肃的科学家，并十分了解科学在社会主义社会中的作用，而且其中几位还是负责干部。出席这次科学史大会的苏联代表团由八名成员组成，团长是布哈林。他们是：布哈林、约飞、鲁宾施坦、札瓦多夫斯基、瓦维洛夫、米特克维奇、科尔曼和盖森。布哈林是一位马克思主义经典思想家，1925—1928年和斯大林一起是苏联共产党的领导人，1926—1929年是共产国际的领袖。当他飞赴伦敦开会时，他是一位公认的苏联科学界的决策者和发言人。他当时是苏维埃最高经济委员会下设的工业研究部的主任、苏联科学院院士，以及苏联科学院知识史委员会主席、苏联大百科全书主编。

苏联代表团成员中有物理学家约飞。约飞当时是苏联科学院院士、列宁格勒物理技术研究所所长。大约在1951年，约飞还访问过美国，去伯克贝克学院拜访过贝尔纳，并且他以自己正在进行的把半导体技术应用于农业的研究为题，发表了演讲。约飞的工作是带有创造性的，他把政治需要同基础物理（即晶体管的研究与开发）结合了起来。

鲁宾施坦是一位经济学家，一直活到了20世纪50年代，他还为贝尔纳的著作《历史上的科学》（1954年）写过一则书评。

代表团成员中，还有生理学家札瓦多夫斯基和植物遗传学家瓦维洛夫。瓦维洛夫是苏联科学院院士，他在"李森科事件"中曾是一位中心人物，受到20世纪30年代苏联部分假遗传学家的攻击。瓦维洛夫于1942年曾被选为英国皇家学会国外会员。他的兄弟谢尔盖·瓦维洛夫则是一位著名的物理学家，是盖森的同事。

代表团成员中还有技术科学家米特克维奇。他是一位电气工程师、苏联科学院院士、列宁格勒工业大学教授。他曾参加过俄罗斯电气化规划草案的起草工作，并于1928年荣获列宁奖金、1943年荣获斯大林奖金。

最富于传奇色彩的是科尔曼。他是列宁的同事，1919年入党。他还是数学家、科学哲学家以及严谨的党的科学理论家。他在捷克斯洛伐克工作过很长一段时间，那里是他的祖国。他在莫斯科生活了许多年。不过，在斯大林时代，他在监狱里度过了漫长的岁月。1965年，科尔曼作为苏联代表团成员，出席了在波兰华沙举行的国际科学史大会。1977年，他出席了在莫斯科举行的第十三届国际科学史大会。

最后一位是盖森。盖森是一位理论物理学家，但他的主要贡献不在物理方面，而是在科学史方面。关于他的情况，将在后面"盖森的学术生涯"那一小节做详尽介绍。

也许是苏联代表团到达较迟的缘故，大会日程表上没有给他们安排正式发言的时间。后来为了满足他们的要求，大会特地延长了整整半天（即7月初的第一个星期六的上午）来听他们的报告。显然，要让八个人都做充分发言，半天时间是不够的。幸好，大会决定，将苏联学者的论文全部译成英文。可以想象，在很短时间内，把每篇论文一行一行地译成英语，是一件多么繁重而艰难的工作。令人吃惊的是，苏联代表团的全部论文（约合中文20多万字）竟在五天内翻译完毕！尔后十天，一本满是语法错误和打字错误的书出版问世了，这就是著名的《走到十字路口的科学》（见图1-2）①。20世纪70年代初，英国还再版了这本书。书中部分章节的俄译本始见于1933年，1934年又出

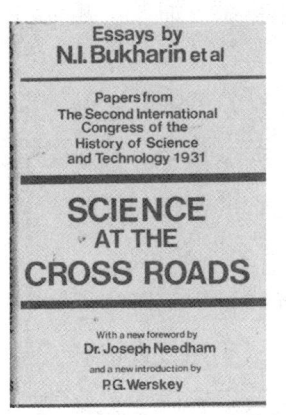

图1-2 《走到十字路口的科学》封面

---

① 《走到十字路口的科学》包括十一篇论文，具体为：布哈林的《从辩证唯物主义立场看理论和实践》，约飞的《物理学和技术》，鲁宾施坦的《在资本主义国家和苏联：科学技术与经济关系》，札瓦多夫斯基的《有机体进化过程中的"物理因素"与"生物因素"》，科尔曼的《物理学和生物学中的动力学与统计规律性》，瓦维洛夫的《世界农业起源问题：最近的调查研究》，米特克维奇的《法拉第电能应用研究及其当代进展》，鲁宾施坦的《电气化是苏联技术重建的基础》，盖森的《牛顿力学的社会经济根源》，科尔曼的《数学的当代危机及其重建的一般构想》，科尔曼的《马克思关于数学、自然科学、技术及其这三者历史的未发表论著的简介》。Science At the Cross Roads Papers Presented to the International Congress of the History of Science and Technology Held in London from June 20th to July 3rd 1931 Bukharin, N. I., Needham, Joseph & P. G. Werskey. https：//www.abebooks.com/first-edition/Science-Cross-Roads-Papers-Presented-International/31458000831/bd.

了第二版。苏联著名科学家米库林斯基在其著作《科学学基础》（1985）中称：1934 年俄文版的盖森论文《牛顿力学的社会经济根源》，要比 1931 年的英文版详细得多。

第二节　盖森论文的内容梗概

为了便于说明和理解盖森论文发表后所引起的长时间深刻反响，首先让我们对盖森论文本身做一个简要的介绍。

英文版的盖森论文《牛顿力学的社会经济根源》（1931），约合中文五万字左右。英文本原名应译作《牛顿原理的社会经济根源》，新中国成立前的译本就译作了"牛顿原理"。现在通行的译法"牛顿力学"大概是 20 世纪 50 年代从俄文译来的（俄文版封面见图 1-3），因为俄文版盖森论文的题目便是"牛顿力学"。

盖森的论文分为五章：

第一章，"绪论：马克思关于历史发展过程的理论（Introduction. Marx's Theory of the Historical Process）"。在这一章中，盖森指出，自己文章的"任务是应用马克思所创立的辩证唯物主义及其关于历史发展过程的思想，把牛顿力学放到牛顿本身生活与工作的时代背景中，去分析牛顿工作的发生与发展"。在简要地阐述了马克思、列宁关于认识论和历史唯物论的思想和论述之后，盖森进而指出，"要对牛顿的活动做马克思主义的分析，最重要的是要把牛顿以及牛顿的工作和他的世界观，都作为他那个时代的产物而加以认识和理解"。

图 1-3　盖森论文俄文版原版封面和目录[1]

---

[1] Hessen B. The social and economic roots of newton's principia in: freudenthal, G., McLaughlin, P. (eds) The social and economic roots of the scientific revolution, Boston Studies in the Philosophy of Science 278. Springer, Dordrecht. 41-101. 英文版下载地址：https://link.springer.com/chapter/10.1007/978-1-4020-9604-4_2. 俄文版地址：http://www.ihst.ru/projects/sohist/books/hessen.pdf.

第二章，"牛顿时代的经济状况、物理学及技术（The Economics, Physics, and Technology of Newton's Period）"。在这一章中，盖森从马克思关于中世纪和近代私有财产发展史的三阶段思想出发，详尽地考察了牛顿活动所处第二阶段的社会经济系统，其中包括水陆交通、工业和军事，以及由"经济任务和技术任务所决定的物理学研究纲要"。通过对比分析，得出了牛顿力学主要内容与上述物理学研究纲领"完全符合"的结论。这一章是盖森论文的核心部分。

第三章，"英国革命时期的阶级斗争与牛顿的哲学观（The Class Struggle during the English Revolution and Newton's philosophic outlook）"。在这一章里，盖森分析的是牛顿所处时代英国资产阶级革命中的阶级斗争状况，以及在阶级斗争中反映出来的从培根到休谟的政治哲学及宗教观念。由此，一方面阐述牛顿研究工作的发展条件及其物理学、哲学成果的特征；另一方面，揭示出牛顿哲学观不彻底的必然性。结论是，"历史发展过程中，最终决定因素是实际生活的创造和再创造，但这绝不意味着经济因素是唯一的决定因素"，"牛顿的唯心主义见解不是偶然的，而是和他的宇宙观有机相联的"。

第四章，"恩格斯关于能量守恒与转换的思想与牛顿没有认识到能量守恒定律（Engels' Conception of Energy and Newton's Lack of the Law for the Conservation of Energy）"。这一章讨论的是，蒸汽机、热力学发展史与工业资本主义的关系，进而证明马克思、恩格斯、列宁关于能量的概念乃是认识历史发展进程及研究物质运动形式的钥匙。而"牛顿之所以没有认识到而且也不曾解决能量守恒定律，并不是他的天才不够伟大"，而是牛顿所处时代的生产力和生产关系还没有历史地提出要解决它的要求。

第五章，"牛顿时代的机器破坏者与当代的生产力创造者（The Machine-Breakers of Newton's Epoch and the Present Day Wreckers）"。这一章里，对牛顿所处时代工人破坏机器与当代无产阶级作为新生产力代表，盖森都做了马克思主义的分析，并且指出，"无产阶级不仅不怕生产力的发展，同样也为科学的发展创造出一切条件"，"如同在一切时代中一样，人类亦将在改造社会关系的过程中改造科学本身"。盖森在文章最后一句中写道："只有在社会主义社会里，科学才能真正地成为全人类的财富。崭新的发展道路正展现在科学的面前。在无限的空间里，或是在无限的时间里，没有什么力量能阻挡科学胜利前进的步伐。"

总而言之，盖森坚决主张，要想知道牛顿这样的大科学家何以取得如此伟大的成就，答案最好从产生这些成就的社会背景中去寻找。盖森不仅把他借助 17 世纪英国的社会、政治和经济背景解释牛顿力学的成功尝试献给了科学史，更为重要的是，他把马克思主义的科学观和唯物辩证法介绍给了欧美科学家。

第三节　盖森论文的历史影响

今天，世所公认，盖森提交给第二届国际科学技术史大会的这篇关于牛顿的论文，乃是这次科学史大会上所有论文或报告中最有影响的一篇。李约瑟回忆说，盖森论文乃是吹响的一声号角，是科学史上真正具有巨大影响的"外在论"的宣言书。

从盖森论文发表的 20 世纪 30 年代起直至 20 世纪 80 年代，贝尔纳、普赖斯、克劳瑟、利维、李约瑟、默顿、图尔明、拉维茨、马凯、戈德史密斯，以及其他许多学者，其中也包括苏联学者，如米库林斯基、罗德内、尤金、普洛特金等，都曾郑重地指出，在把马克思主义应用于科学方面，盖森的著作占有重要的历史地位。贝尔纳认为，英国科学家"对辩证唯物主义的兴趣，真正开始于 1931 年伦敦召开的国际科学技术史大会"，尤其是"盖森关于牛顿的文章，对英国来说，是对科学史重新评价的起点"；正是这些苏联人，使西方科学家"第一次真正地发现了在西欧沉睡了半个世纪而无人加以赏识的马克思的辩证唯物主义的理论基础"。为此，英国人把 1931 年看成是英国科学发展的转折点。从这一年开始，一种新的科学哲学和科学史学开始影响部分英国科学家。8 年后，亦即 1939 年，贝尔纳曾向韦布说过，1931 年科学史大会给他和其他两位著名的左翼科学家以极其深刻的影响。贝尔纳指出："我可以说，对我自己工作的激励，以及对科学同行中其他几位，如突出地对霍尔丹和霍格本的激励，肯定可以追溯到 1931 年一群马克思主义科学家访问科学史大会。当时，我们完全不理解他们所说的那一套。事实上，我现在猜想，他们自己也对自己说的根本不甚了了。可我们必须承认，这其中有许多新东西，包含有运用到整个思想界的巨大可能性。我们还觉得，只要弄清楚他们提出的种种建议，我们认识的整个领域，实际上可以成倍地扩展。"

在伦敦科学史大会期间，英国内政部对苏联代表团的政治影响亦是十分关注的。尤其这是发生在1924年伪造季诺维也夫通信事件之后。通过常设监测装置，内政部还截获了苏联《消息报》记者从伦敦发回国内编辑部的电报。其中有一封关于此次大会的电报，表现了记者相当深刻的洞察力。电报写道："这次科学史大会，很可能将成为一次历史性会议。这是因为，它不自觉地为英国，尤其是为成长中的一代科学工作者学习辩证唯物主义，提供了巨大的推动力。"

半个多世纪以后，苏联著名科学史家、科学学家米库林斯基在其名著《科学学基础》中指出，盖森的《牛顿力学的社会经济根源》赢得了世界进步科学家"特殊的共鸣"。日本著名科学史家汤浅光朝则说，它具有一种"犹如爆炸式的作用"。在整个20世纪30年代的英国，一批宣扬马克思主义科学观的演说、报告、文章和书籍，接二连三地从左翼科学家那里发表出来，形成了一股传播广泛的小潮流。

除了左翼进步科学家以外，当时英国的有些科学组织和协会，亦不同程度地受到马克思主义思想影响。比如，英国科学工作者协会自1932年起就公开声明，它拥护马克思主义科学观。其他诸如工程师经济学和政治经济规划研究组织、新费边主义研究社、反对营养不良委员会等，都开始独立地组织科学研究，并促进应用科学去造福人类。

盖森论文不仅赢得了世界进步科学家的共鸣，而且也开创了科学史外在论研究的新时代。

盖森以前的科学史研究，人们注重的是对科学史实的繁琐考证和对抽象逻辑的主观猜测。当时的科学界，称科学史是一座迷宫，而且是一座枯燥无味的迷宫。盖森论文的发表，为当时的科学史研究投进了一束清亮的曙光，指出了一条走出枯燥无味迷宫的光明大道。

盖森自己也许没有创造出"外在论"这个术语。可是，人们将永远把他看作是这个名词的创始人之一。他从17世纪英国社会、政治和经济的角度来解释牛顿力学的尝试，尽管在当时研究牛顿的专家看来似乎是多有不足的，但是，它确确实实是一项开创性的工作。英国著名科学记者克劳瑟说过："盖森论文对我来说，是向我展示了一种进行科学史研究的方法。科学史要比通常理解的精深得多。我立刻想到，可以应用这种方法到英国科学的其他时期。"于是，克劳瑟迅速工作起来，"生怕别人会赶在他的著作《十九世纪的英国科学家》之前"。这本书花去克劳瑟整整四年的时间，最终写成并出版了。

另外，英国著名数学家利维的一段关于盖森报告的回忆，亦很说明问题。利维说，在盖森宣读他的论文之时，"听众感到稍有不快。会议主持者还是希望大家礼貌地注意听讲，听听这些外国人到底讲些什么。当然不是说，他们要说的一切都会是重要的。不过人们马上发现，苏联人提出的观点是如此之新颖和富有革命性，以至于很难做出评判，或做出理论上的反驳。总之，在那个特定时刻，在我们中间，除了那些早就开始按这个思路思考过的人以外，多数人对盖森提出的思想观点感到新颖，感到无法吸收。当然，亦是因为时间仓促，无法做严肃思考或讨论。当最后一位苏联人发言完毕并开始讨论时，我们中间有些本来准备发言的人，突然感到张口结舌，难以启齿，感到无力弥合苏联人与大多数听众之间的巨大鸿沟。大多数人只好表示容忍而默不作声，因为他们的思想太奇特了"。

不过，这次科学史大会为英国科学家播下了一颗能生根、发芽、成长的马克思主义的种子，从此，开辟了一条科学史学上的新的道路。这条路，正是克劳瑟、李约瑟、贝尔纳走的路。他们主张，应当借鉴苏联"迅速发展的相对有效的规划化的科学"，来对照检查显著无效的资产阶级科学。

在仔细研究盖森的论文之后，贝尔纳觉察到，苏联人的论点有两条线路。第一条线路是对实际科学中的发现，尤其是详细地对牛顿的科学发现，做了历史分析。从而证明，牛顿思想首先有赖于他那个时代的根本性的技术问题，如航海学、弹道学、冶金学等，其次有赖于当时流行的政治和宗教之间的斗争。牛顿的工作，则以科学的方式，反映英国人在两种哲学之间的妥协立场，这两种哲学是古罗马亚里士多德哲学和奥弗顿及其平等派的等级唯物主义。第二条线路则是苏联人证明，在苏联的计划工业中，科学与技术是密切相关的。"在这种相关关系中，科学与技术双方面相互受益。工业从科学那里得到的好处是，采取新流程，提出合理化建议，迅速解决自己的问题。而科学从工业那里得到的益处，则是在研究课题上的巨额投资，一贯到底的组织系统，以及在大规模工厂生产线上从事实验活动，这种实验活动，绝大多数是由实际生产中提出的，而且有工人参加智力协作"。因此，我们就不难理解，尽管在伦敦科学史大会上，绝大多数与会代表对盖森为代表的思想不予接受，但是，仍然有许多人对此表示同情。尤其是一批年轻的激进分子，他们当时都是30岁左右的青年科学家，这就是贝尔纳、利维、霍格本、霍尔丹和李约瑟等。正是盖森的那篇论文，使他们大吃一惊，以致使李约瑟认为，这是"俄国人的杰出贡献"。

直到现在，世界权威刊物和参考文献，还在继续不断地引证盖森的论文。这件事本身就更进一步证明，盖森论文在科学史的发展上占有举足轻重的地位。从普赖斯的科学计量学的观点来看，盖森论文理应属于"经典论文"之列。撒克雷在保罗·德宾主编的《科学、技术、医药文明指南》（1980）的第一章中，称盖森的论文乃是一项"创建规范的研究工作"，并且引述了它在英国和北美所产生的广泛影响。在《科学史词典》（1981）中，有一条介绍"外在论"的条目。该条目不仅把盖森论文引作它的首篇参考文献，而且断言，"外在论"作为科学史的诸多重要阐释性概念之一，乃是历史地同盖森的名字联系在一起了。

盖森论文的影响，还强烈地表现在1981年举行的"伦敦科学史大会五十周年纪念会"上。50多年过去了，科学史家们对这件事依然记忆犹新。比如，科学史杂志《艾西斯》（I-sis）曾在那期杂志的封面上，特别刊登了一幅以马克思主义与科学特别讨论为特征的大奖章图案，借以纪念1931年伦敦科学史大会。

由于盖森论文有如此深远的影响，它不仅有英文版、俄文版，而且有日文版、中文版。我国的盖森论文单行本译文最早出现于1937年，何封译，上海新知书店出版。1946年，澳大利亚共产党还把盖森论文翻印成小册子发行。

第四节　盖森的学术生涯与其牛顿论文的关系

在莫斯科的列宁图书馆手稿部，藏有记载盖森生平的传记资料。可是，对我国科学工作者来说，这也许如同遥远星球发出的光。因此，即使是对"盖森事件"或是1931年伦敦科学史大会感兴趣的专家，对盖森其人亦是知之甚少，甚至是一无所知的。

盖森1893年出生于俄国伊丽莎白格勒的一个中产阶级犹太家庭里。伊丽莎白格勒，曾名基洛夫格勒，是乌克兰基洛夫格勒州首府。该城是一个具有悠久历史传统的城市。18 世纪,这里曾是军事要塞;1775 年,为了纪念俄国女皇伊丽莎白而命名为伊丽莎白格勒。十月革命后,因为季诺维也夫也诞生于此城,1924 年一度改称季诺维也夫斯克。1934 年基洛夫遇刺身亡,为了纪念他,1939 年遂更名为基洛夫格勒。2016 年,该城市又更名为克洛佩夫尼茨基。

盖森的父亲是一位银行雇员。当盖森还在家乡上中学的时候,他就开始同进步的政治活动有了联系。1913—1914 年盖森曾在英国著名的爱丁堡大学读书,攻读物理。适逢第一次世界大战爆发,盖森被迫辍学,并回到祖国的彼得格勒大学继续学习。

十月革命后,盖森加入红军队伍,并在家乡伊丽莎白格勒一带参加过打击白匪军的战斗。后来,他去莫斯科,在红军部队中担任教员。在国内战争结束后,盖森又进入莫斯科红色教授学院继续学习。20 世纪 20 年代初,盖森逐渐在物理学领域获得了专业声望。

1924 年,苏联共产主义学院成立自然科学与精密科学研究室,盖森即来该室工作。1931 年,盖森被任命为莫斯科大学物理学教授。这一年,正是盖森去伦敦参加科学技术史大会的那年。回国后不久,他又被遴选为权威的苏联科学院通讯院士。1932 年 2 月,在知识史委员会的基础上,苏联科学院建立了科学技术史研究所,盖森在该所任学术委员会委员。后来,他又担任苏联科学院物理问题研究所副所长。当时,该所所长是谢尔盖·瓦维洛夫。1945 年起,谢尔盖·瓦维洛夫任苏联科学院院长。他的主要工作领域是微观光学,如在他的指导下发现了"切连科夫—瓦维洛夫效应"。

从盖森的简历中,我们不难想象,盖森是一位拥护十月革命,受到马克思主义训练,并且信仰马克思主义的革命者。尽管在去伦敦参加科学史大会之前和之后,他均未发表过任何有关科学与社会的关系的论文。可是,作为一位具有深厚的马克思主义理论修养的物理学家,他是有能力把马克思主义辩证唯物论应用到物理学史研究中去的。

那么在参加伦敦科学史大会之前,盖森做了些什么科学工作呢?经初步了解,1927—1929 年间,盖森本人或与同事合著的论文如下:

(1)盖森:《各态历经论假说的理论概率证明》,《物理学成就》1926 年第 5 期,第 600-629 页。

(2)盖森:《相对论的基本思想》,莫斯科工人出版社,1928 年。

(3)盖森:《〈爱因斯坦和 J. J. 汤姆逊论文集〉的序言》,《在马克思主义旗帜下》1927 年第 4 期，第 152-165 页。

（4）盖森：《物理学统计方法和米泽斯概率论新证》，《自然科学与马克思主义》1929 年第 1 期，第 3-58 页。

（5）盖森：《机械唯物论与现代物理学》，《在马克思主义旗帜下》1928 年第 7、8 期合刊，第 5-47 页。

（6）盖森：《现代物理学中的唯心主义思潮及同它的斗争》，《青年近卫军》1929 年第 3 期。

（7）盖森：《斯莫卢霍夫斯基逝世十周年》，《在马克思主义旗帜下》1927 年第 9 期，第 144-148 页。

（8）盖森、波德瓦洛茨基：《右倾机会主义的哲学根源》，《在马克思主义旗帜下》1929 年第 9 期，第 1-29 页。

（9）盖森、叶戈尔申：《论季米里亚泽夫与现代科学的关系》，《在马克思主义旗帜下》1927 年第 2、3 期合刊，第 188-199 页。

（10）盖森、卢波尔：《谈谈青年科学工作者中的学习辩证唯物主义小组问题》，《共产主义革命》1928 年第 14 期。

（11）盖森、叶戈尔申：《第五次俄罗斯物理学家代表大会》，《在马克思主义旗帜下》1927 年第 1 期。

由此可见，在参加伦敦科学史大会以前，盖森的科学活动是活跃的，论文产量是不低的。不过，他确实没有撰写过有关科学的社会背景的分析性的论文。相反，他的活动中心，他的笔端所指，主要在为相对论和量子力学做激烈的辩护，反对当时的苏联学术界对这些物理学重大成就提出的批评。盖森所阐述的观点是，在一种科学理论的理性内容和产生这种理论的社会背景之间，是可以做某种区分的。显然，他的目的是为爱因斯坦的相对论做辩护。正是由于这一点导致了盖森后来的不幸。

第五节　盖森论文产生的国内背景

盖森是一位物理学家。按照科学学的科学创造最佳年龄规律，1931 年正是他的科学盛年，他理应全力从事物理学研究。那么，他为什么写关于牛顿力学的文章？他为什么能够写出这样的文章？这是人们殊为关切的问题。

研究表明，盖森论文首先是苏联十月革命胜利后社会主义科学传统的产物。这个传统不是别的，就是科学和马克思主义的紧密结合。它既是西方"观察家对苏联科学所不理解的一个方面"，又是社会主义国家科学发展最显著的特征之一。

十月社会主义革命的伟大胜利，从根本上确立了科学在苏联社会中的作用和地位。一方面，苏维埃政权要发展科学、规划科学，使科学为社会主义建设需要服务；另一方面，作为工人阶级的一部分，苏联科学家接受马克思主义，学习辩证唯物主义，借以指导自己的科学研究。1920 年，列宁提出"共产主义就是苏维埃政权加全国电气化"的宏伟蓝图。同年，列宁亲自领导 200 多名科学家和技术专家制定具体的全俄电气化规划，由此再到 1931 年 4 月举行的布哈林领导的苏联第一次全国科学规划会议，大致勾画出了苏联科学家活动的舞台和前进方向。

十月社会主义革命和苏联社会主义建设的实践，不仅使管理科学活动的研究变得十分必要，而且为这种研究创造了相应的条件。早在 1918 年至 1922 年间，列宁在《苏维埃政权当前的任务》《科学技术工作计划草案》《共青团的任务》等重要著作中，就提出了科学技术发展是社会主义国家建设的组成部分的思想。尤其在《科学技术工作计划草案》中，列宁全面推出了在整个国家规模上组织和规划科学发展、把科学和社会主义结合起来的思想。为了实现列宁的思想，一方面，苏联共产党和国家制定了一系列具体措施和办法；另一方面，苏联还培养和造就了一代应用马克思主义辩证唯物论研究科学技术、规划和管理科学技术的科学组织家、科学理论家，诸如布哈林、韦尔纳茨基、季米里亚杰夫、斯特鲁米林、鲍里切夫斯基、魏因贝格等。

历史表明，几乎整个 20 世纪 20 年代都是苏联科学成长的黄金时代。在此期间，辩证唯物主义和历史唯物主义极大普及，为科学学思想的诞生，即把科学作为社会现象来研究，提供了充分条件和可能性。为了能对苏联当时关于科学规划的思想有一种明显而又具体的印象，下面我们试举布哈林等人的论述，以详加佐证。

布哈林的论述，出自他同普列奥布拉任斯基合著的一本小册子，题目是《共产主义 ABC》（1921 年）。布哈林在该书中强调，在计划经济的国家里，科学占有重要的地位。他说："我们必须竭尽全力，促进科学与技术的联合，科学与生产组织的联合。共产主义即意味着理解地、有目的地，因而也是科学地生产。因此，我们要在我们的权力范围内尽一切可能，为解决科学地组织生产的问题而努力。"1931年，在全苏科学规划会议上，布哈林还说："甚至，我们必须要以比社会主义重工业主要部门更快的速度，来发展科学研究的网络系统。"1961年，苏联科学院院长凯尔迪什说："在新的历史条件下……我们的技术应该而且必须比重工业发展得更快，而自然科学，作为技术进步的最重要的基础和深奥技术思想的主要源泉，同样应该而且必须超过技术发展的速度。"凯尔迪什的这番话，显然不过是重申了早在30年前布哈林就宣布过的科学政策。

在20世纪20年代，苏联领导人对发展科学的思想，还表现在下面这段话里边："放射现象促使我们想到，要释放原子内能的问题……原子拥有巨大的潜在能量。当代物理学最重大的课题，是开采原子的潜在能量，也就是打开瓶塞，让原子潜能大规模地涌流出来。到那时，人们将有可能用原子能取代煤和石油。原子能将是人类的基础燃料和动力。这绝不是一件渺茫无望的任务。然而，这个任务的解决又将是些什么样的前景呢？科学技术正在向这个伟大的突破口迈进。因此，我们时代的社会革命，乃是恰好与人类探索物质本质及控制物质的革命相一致的。"

由上面的几段引文中，人们可以清晰地看到指导当时社会主义科学事业的一条主线：在社会主义条件下，科学真正摆脱了做资本的卑污的奴婢地位，第一次成了劳动人民手中的宝贵财富，因而也就得到了迅速发展的社会条件和经济条件。盖森作为十月革命后莫斯科红色教授学院的毕业生，又当过红军战士，他当然是列宁开创的大科学路线的积极拥护者，同时，他的关于牛顿力学的著名论文，也正是这个新的社会制度和科学背景下的产物。

关于盖森论文产生背景的这一论点，亦得到苏联学术界的部分学者的支持。尽管苏联学者，甚至是著名科学史家或科学学家，都在避免谈及他们的30年代，但有些学者还是谨慎地提到了"盖森事件"。比如，苏联著名科学学家米库林斯基博士，就曾几次谈到"盖森事件"。在《科学学基础》（1985）中，米库林斯基更明确地阐释了"盖森事件"产生的国内背景。他说："1931年4月，苏联举行了首届全苏科学规划会议。这次会议就是在对科学的理论、经验、历史等多方面研究做了某种综合的基础上召开的。苏联代表团于1931年伦敦科学史大会上递交给国际科学界的，即是我国研究科学的新方法的成果。其中尤其是盖森的《牛顿力学的社会经济根源》，曾赢得了特别的共鸣。盖森论文和苏联代表团其他成员的报告所阐述的研究科学的新方法，反映了苏联国内就科学在社会中的地位问题所进行的激烈讨论。这场讨论，是由于社会主义建设实际需要而展开的。"

科学史表明，科学发现中有一种同时性现象，或者叫多重发现，即一旦某个学科成熟到了当采时机，总会有一批科学家几乎"同时"而又互相独立地在这个科学领域里得到相同或相似的发现。今天历史地考察盖森论文的出现，看来它亦非独一无二的怪事。恰恰相反，在20世纪二三十年代，世界上已经有其他一些学者，也在思考同样的问题。比如，在日本有个叫小仓的人，就发表过一篇题为《阶级社会里的算术》的文章。由于这篇论文只在日本国内杂志上发表，且由于语言、情报交流等原因，它只为日本一个很小的圈子里的人所知晓。因此，它并未在世界科学界产生如同盖森论文那样的轩然大波。

然而，这件事却足以证明，盖森的论文亦不过反映了他那个时代的特征而已。贝尔纳说："一个人愈是伟大，就愈是浸透在自己时代的环境条件之中。只有这样，他才能相当广泛地把握那个时代，从而根本上变革人类知识和行动的模式。"

盖森论文产生的直接动因是盖森自身的政治需要。持这种观点的是美国麻省理工学院的格雷厄姆教授。此人是在美国享有名望的苏联科学问题专家。尤其他在1971年莫斯科世界第十三届科学史大会上，结识了苏联1931年代表团里唯一的幸存者科尔曼之后，格雷厄姆关于"盖森事件"及其产生背景的材料和分析，似乎就带有了一定的权威性。

众所周知，在20世纪20年代末期，随着苏联社会主义工业化和农业集体化运动的展开，在思想领域里同时开始了一场西方所谓的"文化革命"。比如，有个叫菲茨帕特里克的美国人，编写了一本书《俄国文化革命》，其中有一章写的就是这一时期。她把这一章称作"文化革命——一场阶级斗争"。她写道，这是"一场批判传统观念的青年运动，其目标是反对'资产阶级'权威……"，并对"传统的思想观念发起进攻"。

正是在这场苏联二三十年代的"文化革命"中，苏联科学界错误地批判了20世纪科学的伟大成就——相对论和量子力学。批判来自两个方面：一方面来自老一代物理学家，他们已经无力对新理论做出正确判断；另一方面是激进的政治理论家，他们认为，这些科学新理论浸透了唯心主义哲学，是从唯心主义哲学盛行的资产阶级环境中产生出来的。尤其是相对论，它更令人痛苦难辩。因为爱因斯坦自己承认，马赫的思想在他建立相对论过程中占有重要地位，而马赫早被列宁在《唯物主义和经验批判主义》一书中批驳得体无完肤。当此之时，西欧一些有名望的科学家和哲学家还断然声称，量子力学的概率方法即意味着作为世界观的决定论的结束，而相对论所假设的质能相当性则表明唯物主义的终结。比如，英国著名物理学家爱丁顿在 1927 年作吉福德讲座演说时说，他正在新物理学的地基上同唯物主义"作战"。这种情况更加强了苏联批评家对量子论和相对论的批判热情。

然而，此中曲折，既懂马克思主义又懂物理学的盖森等人是看得一清二楚的。盖森觉得他要站出来，既要反对西方学者对马克思主义的攻击，保卫马克思主义；同时又要缓释激进论者的批评，保卫现代物理学。在 1927 年写的一篇文章中，盖森指出，人们根据相对论和量子力学，引出某些不能为马克思主义者接受的结论，是有可能的，但是，决不能因此而"抛弃这些理论的物理内容"。在同一篇文章中盖森接着写道，如果苏联马克思主义者把相对论指责为反马克思主义的，而相对论作为一个物理理论本身又是正确的，那么他们应当怎么办呢？只有一条路可走，这就是要看到，科学的物理内核与科学的哲学解释之间，是应当加以区别的。人们不难看出，盖森这种思想在他的《牛顿力学的社会经济根源》中，得到了进一步的发挥和完善。在去伦敦前的另外一些文章中，盖森认为，如果因为牛顿有"上帝第一推动力"的思想而摒弃牛顿力学，这无论对无神论者还是马克思主义者来说，都是荒谬可笑的。

可是，盖森的这种"双保卫"行动，得到的不是赞赏和支持，而是一场灾难。早在 1928 年，人们就给他带上了两顶帽子："马赫主义者"和"右倾分子"。

1930—1931 年，苏联对相对论的批判走向高潮。一批年轻人提出，要在辩证唯物主义的基础上"重建"物理学。

1930 年 10 月 17 日至 20 日，在莫斯科举行了苏联哲学状况讨论会。盖森参加了这次会议。会上人们谴责他是"性质最恶劣的形而上学者""地地道道的唯心主义者""唯物主义事业的逃兵"。在这次会议上，盖森被剥夺了做辩护发言的权利。此外，有人还批评盖森，说他对恩格斯和列宁的思想不专一。

最后，大会决议中两次点名批评了盖森。

1930年12月，斯大林参加了这场哲学大论战。他宣布，对德波林派（即盖森所属的哲学派别）的批判，还远远不够。

1931年初，斯大林要求重建苏联哲学，并对一批盖森的支持者给以降级处分。在盖森去伦敦开会前不久，有些党内年轻的"红色专家"提出了要重建自然科学的口号，并且要求老一代科学家做自我改造。比如，下面还要谈到的科尔曼就持这种观点，他提交给伦敦大会的第二篇论文的题目，就是《数学的当代危机及其重建的一般构想》。

此外，据科尔曼在四十多年后讲，他自己是苏联赴伦敦代表团的党支部书记，组织上要求他对布哈林和盖森两人加以"注意"，因为他们犯有思想上离经叛道的错误，正受到审查和怀疑。这次让他们去伦敦，是对他们思想意识的一次考验。

科尔曼还说，盖森的《牛顿力学的社会经济根源》并不代表他一贯的学术兴趣。在苏联代表团的八位成员中，有四人是共产党员。他们是：布哈林、盖森、科尔曼和鲁宾施坦。关于选择报告题目，他曾接到一个地位不亚于政治局的重要部门的指示，要求党员必须强调马克思主义。结果认为，盖森的表现不错，而布哈林由于就"人类行为学"发表了讲演，所以一回国就受到了批评。

1930—1931年，科尔曼曾经发表过不少抨击布哈林和盖森的文章。比如，《论重建时期自然科学和技术的战斗性》《科学中的破坏行为》《为数学中的唯物辩证法而奋斗》《为掌握新条件下的科学而斗争》《爱因斯坦哲学的退路》等。在这些文章中，科尔曼指责盖森等人是试图"腐蚀物理学的破坏分子"。在去伦敦前三个月，即1931年3月，科尔曼发表于《在马克思主义旗帜下》的一篇文章中，简直就是向盖森发出了公开挑战和最后警告。他写道："……这是盖森以及其他几位我国科学领导人同时犯有的大错误。然而，他依然还没有能够以正确的方式揭示自己的问题，从而和党的政策保持一致……在这里人们必须坦率地讲话，并且必须指出，无论在盖森的科学里，还是在和他一起的某些同志的科学里，都没有布尔什维克主义。人们不得不直截了当地指出这一点。现在，盖森同志还有机会，在自己的实际工作中向人们表明，他是真诚希望改正自己的错误的。"

显而易见，1931年6月29日至7月4日在伦敦召开的第二届国际科学技术史大会，或许就是科尔曼暗示和给予盖森的"机会"。无疑，身陷巨大政治麻烦中的盖森，是会抓住并利用这一难得的机会的。这就是为什么说，盖森论文产生的原因中，包含他自身的政治需要。

第六节　盖森论文国际影响的根源分析

盖森本来是苏联国内一位著名的理论物理学家。可是，使他扬名全球的不是他的物理学研究成果，而是他写的一篇把马克思主义辩证唯物论应用于科学史研究的论文。随着时间的推移，盖森的物理学家形象在逐渐隐去，代之以越来越鲜明的科学史家、科学哲学家、马克思主义哲学家的形象。比如，1985年，由希恩写的《马克思主义与科学哲学》一书，就是献给包括盖森在内的一批科学哲学先驱的。

盖森论文之所以能产生如此深远的国际影响，主要在于两个方面的基本原因。

首先，本质上来说，盖森论文的影响，乃是马克思主义辩证唯物论对资本主义国家进步科学家的影响。这一点，在英国1931年出版的《走到十字路口的科学》一书的简短前言中，说得最为清晰不过。该前言写道：

> 本书乃是苏联科学家代表团递交给第二届国际科学技术史大会论文的一部文集。在苏联，摆在科学面前的，是一幅崭新的图景。不论在城市和乡村，也不论在中心地区和边远省份，社会主义计划经济和波澜壮阔的建设事业，都对科学提出了要求：科学应当以空前的步伐向前迈进。当今整个世界已经分裂为两种经济制度、两种社会制度、两种文化。在资本主义世界，极度的经济衰退亦总的反映在科学思想和哲学无能的危机之中。在社会主义世界，我们却看到了一番全新的景象：理论和实践出现了新的结合，在巨大的国家规模上规划科学研究的集体组织功能，一种独一无二的方法，即辩证唯物主义方法，正日益渗透到一切学科领域。因此，这种支配着千百万人脑力活动的新型理性文化，正在变成当代最强大的力量。这里奉献给读者的这本文集，在一定程度上反映了我

们时代正发生着的这一伟大的社会改造过程。因而，它如果能给一切正在为人类社会发展过程中所出现的一个迫在眉睫的麻烦问题而竭尽思虑的人们带来兴趣的话，这就是我们所希望的。

显然，在一切进步的志士仁人看来，以盖森为代表的苏联代表团奉献给国际科学界的，是伟大的十月革命开创的已经有十多年历史的社会主义新思想、新经济、新制度、新文化。一句话，给伦敦吹去的是马克思主义的春风。这就是为什么贝尔纳说，他们受到的是"马克思主义的冲击"。盖森论文的力量也正是马克思主义的力量。

此外，历史表明，这种"马克思主义的冲击"不仅限于英国，而且强烈地波及美国和西欧大陆诸国①。在法国，那里部分对科学史和科学哲学感兴趣的人，在《走到十字路口的科学》的影响下，曾组织过"俄国新事物俱乐部"。这个俱乐部的一个科学委员会，曾经专门讨论过科学与马克思主义的关系。他们出版的第一部论文集《马克思主义的光辉》，尤其强调了科学哲学同马克思主义密切联系的重要性。这再一次证明，1931年苏联代表团对这些外国同代学者的马克思主义思想影响巨大。为此，绝大多数对科学与哲学感兴趣的法国马克思主义者，都把苏联看作是鼓舞他们努力奋斗的力量源泉和捍卫科学价值的可靠卫士。

其次，盖森论文之所以能产生如此巨大的影响，还在于当时国际社会（尤其是英国）的需要。

恩格斯说过："理论在一个国家的实现程度，决定于理论满足这个国家需要的程度。"事实正是这样，20世纪二三十年代的英国恰好从社会政治、经济和科学发展的几个方面，为接受"马克思主义的冲击"准备了条件。

第一个条件是1929—1933年的资本主义经济危机。这是一次农业危机和工业危机交织在一起的资本主义大危机，并且一直延续到第二次世界大战开始。这次危机造成的经济大萧条，给工人阶级和广大劳动者带来巨大的灾难。同样，也迫使科学家去思考现实的问题。英国著名物理学家伯霍普指出，在这一时期，"全世界范围内，甚至是最先进的国家，也有成千上万的人，长期

---

① 贝尔纳说："在英国，对辩证唯物主义的兴趣真正开始于1931年举行的国际科学史大会……约与此同时，在美国和法国以及许多其他国家，尤其是在日本，再度产生了类似的兴趣。"（《科学的社会功能》第523-524页）。

营养不良，挣扎在饥饿线上。他们没有钱购买粮食和肉类，而这些东西在仓库里腐烂着"。这就使得"许多科学家破天荒地第一次开始关心起社会问题来了"。

第二个条件是德国法西斯的兴起。某种程度上，这也是打开科学家眼界的最具决定性的因素。德国法西斯的疯狂备战和对科学的摧残，迫使绝大多数科学家，包括曾有糊涂观念或对德国法西斯有过幻想的科学家，都站到了反法西斯一边。"科学家再也不能置身局外了"，他们不得不考虑战争中对科学的滥用、怎样防止战争以及科学家在此过程中应起什么作用等问题。

第三个条件，是苏联社会主义建设事业的巨大成功。"正当人们提出这些问题的时候，答案却正在苏联出现。苏联提出的极其全面的第一个五年计划吸引了不少对于其他国家经济发展中的混乱竞争感到失望的人们。不过，使比较讲求实际的人开始心服口服的，却是这个五年计划在世界经济严重萧条之际所取得的实际成功……计划生产的观念立刻开始产生了吸引力……他们想仿效苏联成功的经验……不过苏联的成功对科学家尤其有吸引力，因为它提出了一个克服目前科学应用过程中难以置信的混乱状态的方向。"

第四个条件，是英国科学界的"科学的社会关系运动"在政治和思想上日趋成熟。在英国，人们对科学与社会关系的兴趣，可以上溯到17世纪，上溯到弗朗西斯·培根和伦敦皇家学会。进入20世纪以后，特别是第一次世界大战后，英国科学家关心社会政治的自觉性和渴望渐趋强烈。

早在1917年，亦即英国科学工作者全国联合会创建伊始，在一项招收新会员的备忘录中就写道："科学没有在国家生活中占有合适地位的诸基本原因之一，乃是科学工作者在政界和工业界没有施加和发挥与它的重要性相当的影响。而一般认为，之所以没有施加其影响，就是因为迄今为止，他们没有组织起来。"

在20世纪20年代初，英国科学工作者全国联合会的任务是：①组织群众集会，向人民普及科学；②向议会宣传，提高议员对科学在国家中重要地位的认识；③改善和增加科学家的经济利益；④由此，提高科学家的地位和影响。

1929年，英国大选，工党政府连任。工党领袖号召：如果科学和科学方法能应用于解决国家问题，那么国家将获得很大益处。在英国科学协会和英国科学工作者协会的支持下，1929年夏天，英国首次建立了代表各党派的

"议会科学委员会",以促进和协调全国各个方面的科学研究,著名物理学家雷利任该委员会的第一任主席。显然,这个"议会委员会"是处理国家大事的,其职能就是收集并研究有关工业、科研机构、高等院校的科学情报。不久,该委员会下设了一个12人的工作班子,即"科学顾问委员会"。

当时,有些科学家议员就已经认识到,对科学研究或科学的应用要做出正确评价,必须建立在科学知识基础上,而绝大多数议员缺少的正是这种知识。由此他们想到,"议会科学委员会"不光是为议员们做科学讲座,而且也是为科学家提供机会,去促进和推动议会采取行动。总之,那时不少人感觉到了科学家和政治家结合起来的迫切性。

与此形成鲜明对照的是,大约在1930年,英国皇家学会变成了最有权威的科学机构,而英国科学促进协会则成了英国最普及且拥有会员最多的机构。这两者都在促进和发展科学,可是,又都对由国家来发展和使用科学诸问题几乎漠不关心。因此,当时推动"科学的社会关系运动"的担子,主要由英国科学协会和英国科学工作者协会承担。正是在这个运动的产生和形成过程中,英国出现了一批年轻的左翼科学家,使马克思主义的科学观得到了迅速的传播。

说到英国20世纪二三十年代的左翼科学家,人们就不能不提到贝尔纳。贝尔纳是其中"最热烈的左翼科学家"。贝尔纳1901年出生,当时他只有二三十岁。李约瑟认为:"自1927年贝尔纳来到剑桥大学那时起,他就不是糊里糊涂地站到了左派一边。他是一名忠诚而又承担义务的共产党党员。"李约瑟还接着写道,贝尔纳尤其对"利用人类理性实现人类理想境界的可能性"深信不疑。人们公认,贝尔纳是左翼年轻科学家的领袖,这些左翼年轻科学家们控制和领导着英国科学工作者协会。

总而言之,一方面是英国经济大萧条,另一方面是德国、意大利法西斯主义猖獗,威胁世界和平。这样,苏联的榜样便不断在英国科学家,尤其是左翼科学家中找到赞美者。换句话说,早在20世纪20年代,英国科学界就意识到资本主义条件下科学对社会后果的矛盾性,意识到人类社会、科学未来等问题,并且进行了深入讨论。这样便使一切进步的科学家头脑里,早就对科学发展的社会问题产生了兴趣,而席卷资本主义世界的经济危机和法西斯的兴起,则使上述兴趣变得更为敏感和强烈。他们很自然地要思考:在处理当前国家紧急问题时,科学到底能做什么?以贝尔纳为代表的左翼科学家正在寻找思想武器和方法的时候，苏联代表团的访问恰好送去了马克思主义。盖森论文，作为苏联代表团全部论文的优秀代表，格外"对英国人的口味"，"最容易读懂"，因而受到英国人的欢迎。

让我们用小布拉格1940年11月30日的一段讲话来结束本节的分析吧。这位世界著名的物理学家，当时是伦敦皇家学会主席，他给予20世纪30年代英国"科学的社会关系运动"和年轻的左翼科学家以极高的评价。他说："他们在写新的历史篇章。这是具有空前重要意义的一章。之所以如此，那是因为当他们扩展关于自然界各种事实的记载的时候，同时发现，他们又不得不去思考一个新的问题——这些科学事实与社会、与国家政府的关系。"

第七节 "盖森事件"与贝尔纳的科学学思想

当代，随着科学学研究的发展和科学学思想的普及，大家都知道贝尔纳是"广泛地开拓'科学地分析科学'的第一人"。他的鸿篇巨著《科学的社会功能》（1939），则是世界"科学学的第一部专著"。可是，贝尔纳的科学学思想及其《科学的社会功能》与社会主义的关系，仿佛鲜有人知。贝尔纳在他自己和马凯合著的著名文章《通向科学学的道路上》中指出："科学学不是从天上掉下来的，必须通过研究现实生活，并花大力气去寻找。"事实上，贝尔纳的科学学思想亦不是从英国伦敦天空中掉下来的。贝尔纳的科学学思想与社会主义有着密切的渊源关系。因为20世纪20年代苏联国家规模的计划经济和规划科学（科学和社会主义的结合），在今天看来，在理论和实践两个方面"都具有事实上的科学学性质"（米库林斯基语）。

1931年，布哈林率领苏联代表团去伦敦参加第二届国际科学技术史会议，不仅给以贝尔纳为代表的英国年轻一代左派科学家带去了"马克思主义的冲击"，而且给他们播撒了科学学的种子。从科学学发展史的观点看，所谓"盖森事件"，实际上充当了科学学播种机的历史作用。它把东方社会主义初期的科学学思想传播到了西方现代科学的土壤中。在当时的西方世界，对新生的社会主义苏联是极端仇视的。资产阶级的思想家和新闻记者把苏联从国家规模上规划和管理科学技术发展的社会主义实践称为宏伟的"试验"，并且说这不过是必然要招致失败的布尔什维克梦想。在这种气氛下，年轻的贝尔纳能独具慧眼，力排众议，看到苏联代表的方向，将苏联带来的"种子经验"（戈德史密斯语）应用到英国和法国第二次世界大战后的科学重建的实践上，不得不说是难能可贵的。

伦敦科学史大会后，为了让科学学这颗"种子"能顺利地发芽和成长，贝尔纳费尽了心力。在整个 20 世纪 30 年代，他一直是公认的"科学学游击队"的首领。不过，他从不去做任何具体领导工作，因为那不是他的风格。他给予人们的是一种众望所归的非凡魅力和理性力量。

首先，贝尔纳认真学习马克思主义。在他为德国读者写的一本自传中，贝尔纳写道：在 20 世纪 30 年代，"我开始系统地研究马克思主义创始人的著作。从中我发现，马克思主义不仅是一种描述性的哲学，而且也是目的性很强的理论，它既能付诸实践，又能指导行动"。也许，正是马克思主义思想更加坚定了贝尔纳要走的道路。正如他 1939 年对一位朋友说的那样，因为他相信，"马克思主义方法看来像是一次重大的改革，如同 17 世纪科学诞生一样。尽管前辈的观念有着许多优点，不过，新思想必须赶走老思想。这一过程是永无休止的。陈旧的观念需要冲击，如同冲击古老的亚里士多德哲学和宗教哲学观念一样猛烈"。

贝尔纳采取的第二个重大步骤，就是出访苏联。伦敦科学史大会结束不几天，1931 年 7 月底，他就作为英国科学家和医生代表团[①]成员之一，访问苏联两周。在那里，贝尔纳又一次会见了布哈林和植物遗传学家瓦维洛夫。他和他的同事们看到，苏联的第一个五年计划是"一种新的精神，即科学精神的象征。这种精神正在注入政治和工业中去"。五年计划预示着一个新社会的到来。他们认识到，"合理计划本身，就是应用科学方法于人类事务，它需要纯科学在这种社会中处于一种非常广阔而又特殊的地位"。贝尔纳等还看到，苏联人眼里的科学具有双重性质：一方面，科学被看作在影响着人类生活和社会目标；另一方面，它又被看作"一种社会现象，其发展方向和成就并不是从与世隔绝的天才人物的头脑里蹦出来的，而是由那个时代的社会和经济环境所决定的"。这样的一种科学观念，促使苏联人接连召开了许多次关

---

① 这个代表团包括 20 名科学家、40 名医生。这是著名科学著作家克劳瑟的杰作，他是通过英苏协会促成的这次访问。

于科学规划的会议，甚至还开过关于"规划的规划会议"。

当贝尔纳等回到英国，他们发现，自己已经陷入英国财政危机之中。此后，在1932年、1934年冬，贝尔纳又接连访问了苏联。对苏联的考察和访问更使贝尔纳确信，苏联模式是对的。与英国相比，苏联的规划科学取得了成功。尽管当时苏联的平均经济水平要比英国低得多，可是，它却从国民收入中取出远比英国（甚至是繁荣时期）大得多的比例，投入科学研究中。布哈林向英国科学家讲的一席话，影响尤为深刻。他说，马克思主义者相信，从长远的观点看，一切科学都是有实用价值的。科学应当整个地、尽可能快地为实际需要服务。苏联的总目标是，要在比其他任何国家都要大的规模上来应用科学，即把科学应用到农业、工业、采矿、国民健康，乃至整个国民生活之中去。总而言之，一切都应建立在科学的基础上。为了实现这个目标，就需要纯科学的帮助。因此，苏联一直在准备着，一旦资源条件许可，就会以远远超过一切资本主义国家的水平，去增加纯科学的研究经费。

到1934年，贝尔纳相信，辩证唯物主义是他生活中指导思想和行动的最有力的理论，这是他在一篇题为《辩证唯物主义》的文章中所表达出来的观点。他认为，辩证法可以从称为科学的"与物质世界的协同斗争中"推导出来。之后，他分析了辩证法做了些什么，又能帮助科学发展以及在人类福利事业中应用科学做些什么等问题。接着，他还称赞盖森论文是关于牛顿力学的"漂亮"工作，是辩证分析的典范。

1935年初，贝尔纳与其他几个人合写了一本书，叫作《科学的挫折》。其中，贝尔纳论文的标题是《科学与工业》。贝尔纳总的结论是："如果说科学是帮助人类的，那么它必须找到新的主人。"毫无疑问，这位新的主人就是社会主义——资本主义的继承者。只要科学仅仅用来增加利润，那么，其全部潜力就不会被发现，更不要说发挥出来了。

大约从1936年起，贝尔纳开始研究组织科学的方式和科学的活动方式。他说："我研究了从原始人巫术阶段，发展到现代驾驶自然力阶段的整个历史中，科学的组织和活动方式，从而发现，科学往往起源于这种情景，在那里科学充当了讲究而无关重要的生活模式中的某种角色，如天文学和贵金属研究。后来，科学逐渐地变成了整个现代文明依靠的东西。在这种情况下，科学就丧失了它源远流长的抽象作用。抽象科学已经成了等级社会建立秩序的一根支柱。因为很显然，科学家在那里成了国王和教士们享有特权的被保护人。然而在最近，自从工业革命以来，科学反倒成了工业企业家的奴婢。在我们这个世纪，科学又成了诸垄断工业大国的和平与战争的基本支柱。这些工业大国还在继续 19 世纪资本主义的自由竞争。我感到，我认识到了科学自身发展所显现出的某些重要东西。我把它们汇集在一起，写成了一本极受欢迎的书，这就是《科学的社会功能》。"

贝尔纳《科学的社会功能》的问世，标志着科学学这门新生学科的诞生。英国科学学家始终记得，是"盖森的论文《牛顿力学的社会经济根源》，给英国的科学学研究以深远影响"。在某种意义上，《科学的社会功能》乃是《牛顿力学的社会经济根源》的继续。

第八节 "盖森事件"的启示

盖森事件至今已有半个多世纪[①]。可是，人们对盖森论文的兴趣——纪念和研究，却并未衰落，相反，还显现出增长的势头。

"盖森事件"告诉我们，马克思主义作为一种科学的思想体系，它是经得起社会实践的检验的。国际共产主义运动的实践，尤其是十月革命的伟大实践，已经从社会科学方面证明了马克思主义的真理性，但是，马克思主义同自然科学的接触，截至 20 世纪 20 年代以前，还没有认真地进行过。"盖森事件"实质上是马克思主义哲学同科学史相结合的丰硕成果，也是马克思主义作为一种科学的思想体系，受自然科学实践检验的生动素材。

"盖森事件"的历史表明，马克思主义的基本原理和哲学基础，乃是"放之四海而皆准"的真理。然而，马克思主义如何结合自然科学实践，这是大有学问的。正确的结合，可以促进自然科学的长足进步，就像"盖森事件"对科学史、科学学研究的促进一样；但是，如果结合得不好，那么将可能对自然科学造成不可挽回的损失，苏联在 20 世纪 20 年代末至 30 年代初对相对论和量子力学的批判，正是这方面的严重教训。说到底，盖森本人的悲剧也在这里。因此，研究"盖森事件"，发展政治科学学，对于如何处理科学与政

---

① 指盖森事件距离此文发表时的时间。

治的关系，如何处理马克思主义哲学与自然科学的关系，具有十分迫切的理论意义。

"盖森事件"告诉我们，科学是没有国界的。马克思主义是科学，它也是没有国界的。马克思主义在苏联可以结合社会实践，同样它在英国也可以结合社会实践；马克思主义在英国可以同自然科学相结合，同样在别的国家也可以。因此，科学学作为马克思主义同自然科学结合的产物，作为马克思主义科学观的外化，它的起源应当到伟大的十月革命中去寻找，应当到列宁开创的"规划科学"（即现代大科学的一种形式）中去寻找，在某种意义上，科学学亦可以称为马克思主义的科学社会学。

"盖森事件"告诉我们，盖森的成功本质上乃是马克思主义辩证唯物论的胜利，是马克思主义科学史观的胜利。它雄辩地证明了，自然科学家学习和掌握马克思主义的重要意义。因此，在科学学、科学史研究中坚持马克思主义，是"盖森事件"给我们留下的最宝贵的启示。

第 2 章　科学学应当干什么[①]

贝尔纳（见图 2-1）是一位旷世天才。他是 20 世纪著名的结晶物理学家，37 岁即被遴选为英国皇家学会会员。但在我国，他却作为科学学之父而名播华夏。

图 2-1　贝尔纳（John Desmond Bernal，1901—1971）

第一节　马克思主义是贝尔纳科学学思想的出发点

纵观贝尔纳的一生，马克思主义始终是他科学学思想的出发点和归宿。

早在大学时代，青年贝尔纳就饱读了马克思、恩格斯、列宁的许多著作，诸如《共产党宣言》《资本论》《家庭、国家和私有制的起源》《唯物主义与经验批判主义》等。由此，他豁然悟识到："科学与社会主义这两者是紧密相连的"；"科学与社会主义可以一道前进，为人类提供精神和物质成果"。1923

[①] 原载于《科学学与科学技术管理》1990 年第 1、第 3 期；《科学学研究》1987 年第 3 期。收入本书时做了必要的统编加工。

年，他毅然加入英国共产党。

1931年，第二次国际科学史大会在伦敦召开。以布哈林为团长的苏联代表团参会，会上盖森的论文《牛顿力学的社会经济根源》给英国科学界带来了马克思主义。贝尔纳自己说，正是这次"马克思主义冲击"，促使他在1931年科学史大会之后接连访苏，汲取马克思主义营养，用于研究科学与社会之间的关系。这件事最终促成了《科学的社会功能》这部巨著的诞生。

由此，贝尔纳后来一切有关科学学的思想，似乎皆为这本名著中所阐发过的观点的继续。他曾向自己的祖国和世界各国大声疾呼："倘若要使科学完全应用于社会，那么，科学自身的机体首先需要整饬有序。"

1965年，贝尔纳发表过两篇同名论文——《通向科学学的道路上》。其中有一篇是和马凯联名的递交给在波兰召开的国际科学史大会的论文，国内已有中译本，收入由王兴成教授主编的《科学学译丛》之中；另一篇是与戈德史密斯博士的问答式论文，发表在英国《科学》杂志上。从这两篇同名文章及其所展现出的深情中，人们不难体会到，贝尔纳在他的晚年，依然十分关注科学学的成长和发展方向。他说："科学已经成为全人类的重要活动，理应如同其他人类活动一样，由经济学家和社会学家来一起加以研究。""正如其他学科一样，科学学也可以分为理论的和应用的两部分。前者是描述和分析，说明科学和科学家活动的方式。后者是综合和规范化，提出的问题是：如何使科学应用于人类社会的需要。"他还告诫说："科学学不是从天上掉下来的，必须通过研究现实生活，花大气力去寻找。"

第二节　贝尔纳论马克思与科学

20世纪50年代初，英国劳伦斯与威沙特出版公司出版了"马克思主义今日"系列丛书。科学学的奠基人贝尔纳为之写了一本著名的小册子《马克思与科学》。

几十年过去了，贝尔纳在这本小书中所阐发的许多思想和观点，至今仍然闪烁着光辉。这套丛书的主编法林顿博士说得对："在当代，马克思主义不仅在改变着世界政治力量的平衡，而且在拓展着知识的前沿。贝尔纳不仅为我们提炼出了马克思的思想观点，而且勾画出了当今资本主义和社会主义两个世界科学的实际情形。"

下面，对贝尔纳在这本小册子里的基本观点，做一扼要介绍：

谈起马克思对科学的贡献，似乎是一件多余的事，因为马克思就是一位科学家。从人类历史发展中的社会科学最难点研究和社会实践出发，他达到了对整个科学的理解。

然而，倘若马克思所做的不能超过人类知识中他所熟悉的新闻学、历史学和经济学的话，那么，他可能顶多不过是一名新闻记者、历史学家，或者一位经济学家。马克思的视野远远逾越了他的专业领域，他的思想总是与政治行动连结在一起。通过理论与实践相结合，他才能运用其伟大智力的全部力量，去吸收并在吸收的过程中变革思想和行动的全部方法。这个思想和行动的全部方法，即是我们所称的社会科学和自然科学。

马克思的伟大功绩，乃是他破天荒地阐明了科学的社会基本属性，以及科学之于社会的必要性。而今，马克思主义的基础已成为全人类的共同财富。

在马克思看来，科学总是与用于人类应用目的的对自然的变革以及仅在它能够用于变革自然的范围内对自然的认识相联系。一切思想，其中包括科学理论，都是一定时代社会环境的产物。

马克思指出，工人阶级是科学的继承者。如果说资本主义把科学作为生产力创造出来，那么正是这种新生产方式的性质，在把资本主义变成不必要的东西。无产阶级本身管理生产系统之日，即是科学才能实现全面的社会应用之时。

很自然，科学的应用过程不是那么简单的，也并不是那么轻而易举的，其中有着巨大的冲突和斗争。这是因为科学本身的整个思想体系，即在一切科学理论中绝对隐含的思想体系，乃是导源于资本主义的思想体系。

对自然界和人的马克思主义分析的基本出发点，可见于恩格斯的《反杜林论》《家庭、私有制和国家的起源》《自然辩证法》，列宁的《唯物主义与经验批判主义》，尤其可见于马克思的《1844年经济学哲学手稿》。马克思在这里极其精练地写道："历史本身是自然史的即自然界成为人这一过程的一个现实部分。自然科学往后将包括关于人的科学，正像关于人的科学将包括自然科学一样：这将是一门科学。"[①]

---

① 马克思，《1844年经济学哲学手稿》，人民出版社1985年版，第85页。

第三节　贝尔纳论科学学[①]

当代科学的发展、组织和应用以及科研人员的培养，其水准均明显低于科学家研究工作实际达到的水平。现在有一个领域被科学遗忘了，那就是研究科学自身的发展进程。结果是，科学发展的效率低，科学进步的速度也走了样。所有这些都在呼唤：要有一门新学问——科学学（the Science of Science）。

科学学思想的渊源是极其古老的。最初，它与科学自身的女王——哲学有着不解之缘。然至今日，我们则几乎把科学学看作哲学旧传统的对立面。科学与人类其他一切活动迥然不同，它总是处于变化之中。事实上，正是这种变化才是科学的本质。科学学应当研究这种变化的机制。

有人问："在过去，绝大多数科学发现都仰赖于机遇，青霉素的发现即是一例。那么，现在我们是否已经抵达这样的阶段，即如果第一流的科学家有了足够的经费和最好的仪器设备，就能成功地取得预想的成果？"我觉得，我们还远没有抵达这一阶段。不过，科学学给我们带来了希望。科学学应当对历史上的科学发现做详细的分析。由此，我们将找到某种方法，把优秀科研机构的成果与纯粹碰运气而获得的成果区别开来。

弄清经济而又科学的科研与开发的原理，同样是十分必要的。科学的实际进程，以及科学的应用，乃是一个相当复杂的过程，而在目前，该过程往往取决于机会，因为科学本质上说就是一种冒险。这是科学学的又一门新分支学科，称作科学经济学。该分支学科的目的，是对科研做出费效分析。

科学学还应具有预言的能力，至少要比我们目前所预见的要远得多。人们常说，任何新科学思想的发现，本质上说是不可预测的。这也许是对的。不过，20世纪的历史经验证明，如果对某些学科领域的研究予以加强的话，是能大大增加科学发现的数量和范围的。

科学学能否指明，究竟我们需要多少科学家和技术专家？我想，回答是

[①] 这一节文字，乃是按贝尔纳与戈德史密斯问答式论文编译的。

肯定的，因为它有一个分支学科就是研究如何科学地培养科学精英的问题。在不少学科领域里，缺乏科学人才已经成为科学进步的限制因素，而智力外流则使这种情形变得更糟。

现在的情况已经变得很明显，制定国家科学政策是十分必要的。

最后，我必须强调指出，科学学还没有一套固定的条条框框，也没有什么规范的方法。这些均要随着时间的推移，逐步加以研究才能得到。不过，这也不是一件坏事。在目前的业余研究阶段上，在英国的大学里尚没有开课教授科学学；在全世界范围内也不过一两所大学开了课。倘若有了科学学课程，那么后果很可能是讲一套科学学的教条理论，而教条是会遏制进步的。

我们都是科学学的业余爱好者，但我们必须奋发努力。正因为这个原因，我才同意充任"科学学基金会"顾问委员会的成员。在这个学术机构里，我们殷切盼望能开展许多重要而又有知识的讨论。我相信，这些讨论将通过各种渠道，受到学术界、工业界和政府部门的欢迎。

第四节　贝尔纳论学科建设[①]

贝尔纳是世界公认的科学学这门学科的奠基人，他的许多有关科学学的论著，产生了广泛而深远的影响。比如，《科学的社会功能》[②]（见图 2-2）、《历史上的科学》、《通向科学学的道路上》、《科学的科学》等。下面，笔者将介绍一些有关贝尔纳关于科学学学科建设的思想。

在 20 世纪 60 年代中期，贝尔纳曾给科学学开过一个"方子"。在贝尔纳看来，科学学作为一门学科，首先可分为内科学学和外科学学（即科学与社会的关系）两大部分，每一部分又可分为一般理论及应用两个部分。所以，

---

① 本节是作者在 1987 年 4 月 24 日 "科学学学科发展座谈会"上的发言摘要，收入本书时文字做了适当调整。这次座谈会是由《科学学研究》编辑部和中国科学院科技政策与管理科学研究会主持召开的。

② 《科学的社会功能》英文版获取地址：https：//www.abertzalekomunista.net/images/Liburu_PDF/Internacionales/Bernal_John_Desmond/The-Social-Function-Of-Science-K.pdf.

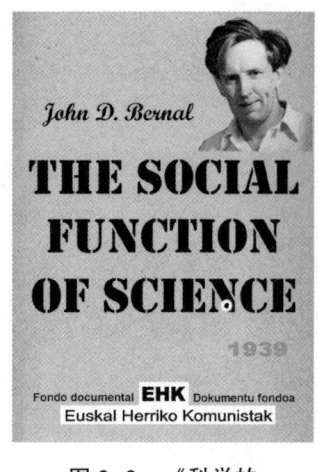

图 2-2 《科学的社会功能》封面

总体来说，科学学就有四大部分。第一部分是科学内部的研究。他认为，从科学内部对科学研究的内容是：科学的战术（策略）、科学的战略、科学的管理。其中包括科学自由及科学规划。大家知道，关于科学规划和科学自由，贝尔纳历来是非常强调的。科学的战术，指的是一系列的组织领导问题，比如，科学实验室的组织领导问题等。第二部分是科学同社会的关系问题。第三部分是科学活动的必要条件问题。比如，科学的经济问题（包括科学统计和科学效率等）、科学内部的交流问题（包括原始文献、文摘及其他）、科学教育，以及科学史、科学社会等的研究。第四部分，贝尔纳认为，科学要有产品，因此要研究科普、技术推广、研究与发展科学地理学，最后还要有科学的社会影响。

贝尔纳晚年的学术思想，尤其值得重视和研究。在他逝世的前几年，当有人请他就科学学的发展现状及未来前景发表一点看法，他曾两次集中地谈到了科学学自身的学科建设问题。他说："科学学乃是一种非常古老的思想。最初，它指的是哲学，即科学王国里的女王。然而，在今天，我们则几乎把科学学看作是古老哲学传统的对立物。这门学问是错综复杂而不流于一般和抽象的，是出于自然而不拘于教条的。既然科学是人类活动的一个大领域，那么如同人类别的活动领域一样，同样有必要借助诸如社会学、经济学来对它加以研究。可是，科学活动又是与人类一切其他活动所迥然不同的。在科学中，总是一切皆变。事实上，变正是科学的本性。科学学就要研究这种变化的机制。"

在这次谈话的最后，贝尔纳又强调指出："我必须强调，科学学尚且还没有什么严格的纲领，也没有什么规范的方法。随着我们研究的进展，这类纲领或方法，无疑是会创立出来的。也许这并非坏事。目前，我们还处于业余爱好阶段。在英国大学里，还没有开设科学学的课程或讲座。在世界上，也只有一两所大学开了科学学的课。而如若我们有一个或一个以上的科学学讲座，那么，结果很可能就是一种阻碍自身进一步发展的科学学教条理论。"

贝尔纳在《科学的科学》一书中有过这样一句话，他说，在科学王国里不存在什么特权等级，这里所有的一切，都是正在建立并完善起来的科学结构。把贝尔纳这句话搬到科学学小王国里，也同样是正确的。科学是没有国界的，而从本质上说，科学的科学也是没有国界的。科学学研究应当呼唤一切有志之士，脚踏实地，潜心苦干，尽快拿出过硬的科学学研究成果，为祖国科学技术现代化服务，为我国科学学研究取得世界领先地位而努力。我希望，我们这次会议是通向科学学的道路上的一个新的起点。

第 3 章　科学学家谈科学学[1]

什么是科学学？在历史上，英国贝尔纳科学学学派是如何看待科学学的呢？

本章打算介绍的，正是当代著名的科学学家、原英国议会科学委员会副主席、国际科学政策基金会主席戈德史密斯博士[3]（见图 3-1）的观点和期望。

1967 年 2 月 22 日，戈氏以"科学学"为题，向英国皇家艺术学会发表了长篇演说[4]。世界著名的科学史家斯诺勋爵（见图 3-2）主持了这次报告会。斯诺首先致辞。他说，戈德史密斯博士是一位富有创造性影响的旷世人物。可是，很多人并不把他在整个科学领域里或边缘科学领域里所开创的无数业绩，称作是一项真正的社会工作。这项工作既没有得到社会的承认，确切地说，也没有得到那些本该与其发展颇具密切关系的人们的认可。今天晚上，他将给我们讲述的科学学思想，乃是于 20 世纪 30 年代以思想胚胎形式问世的。而科学学思想的诞生，要归功于贝尔纳这位天才。我们曾把探讨这些思想的一群人称作"无形学院"。他们不仅醉心于研究科学本身，而且对科学能够做些什么，以及科学对我们正在经历的这场非常革命

图 3-1　戈德史密斯
（Maurice Goldsmith，1913—1997）[2]

图 3-2　斯诺
（Charles Percy Snow，1905—1980）[5]

---

[1] 原载于《国外社会科学动态》1988 年第 10 期。收入本书时文字略有改动。
[2] 源自 Strategies for Europe. Proposals for Science and Technology Policies 会议文集。
[3] Maurice Goldsmith，1913-1997：A tribute from Nathaniel Lichfield. https://academic.oup.com/spp/article-abstract/24/2/135/1717420.
[4] 戈氏原文首次发表在英国皇家艺术学会的会刊上（1967 年 6 月号）。20 年后，全文重新刊登在《科学与国家政策》1987 年 2 月号上。
[5] 来源 britannica：https://www.britannica.com/biography/C-P-Snow.

的社会可能产生什么影响，都是殊为关切的。

斯诺勋爵还说，直到现在，戈德史密斯先生一直在继续这项事业。由他一手创办的科学学基金会，乃是迄今为止世界上实实在在从事科学学研究的唯一机构。

戈德史密斯博士在演讲中，首先简短回顾了科学学思想的形成历史。他指出，在20世纪30年代，持有科学学思想的科学家和政治家只是少数。在那时，他们还曾被指控为"政治上的危险分子"。如今，一切都大变了。人们开始认识到，现在有必要像研究人类其他活动一样来研究科学。无论从科学内部来说，即作为具有自身历史和逻辑的各门学科，还是从科学外部来说，即科学对社会的影响及相互关系，我们都必须判明，究竟科学发展的趋势如何呢？科学发展的规律又如何呢？

戈德史密斯博士接着指出，这就是一个人们称之为"科学学"的研究领域。按照普赖斯的经典定义，他是这样描述科学学的大致范围的："分析研究科学自身的各门学科，都是逐个产生出来的，但是现在，它们都开始显现出连结为一个统一整体的许多迹象。这个统一整体将会比它各部分的总和还要大。这门新学科，似乎可以叫作科学、技术、医学等的历史、哲学、社会学、心理学、经济学、政治学、运筹学等。"

戈德史密斯博士接着阐述道：

科学学基金会各级领导机构的成员组成，亦反映了上述研究范围的宽阔。比如，该基金会的顾问委员会主席梅达沃爵士是一位生物学家、诺贝尔奖奖金获得者。此外，顾问委员会的委员是：结晶学家贝尔纳教授、数学家邦迪教授（现任科学学基金会主席）、社会学家布里格斯副校长、经济学家卡特副校长、艺术家达尔文爵士、工程师杰克逊教授、行政官员金博士、《科学美国人》杂志社社长兼发行者皮尔、科学史家普赖斯、诗人兼批评家里德爵士、英国王室法律顾问林克，以及小说家兼行政官员斯诺勋爵。

为了促进科学学研究，必须提倡做如下一些课题的研究和探索：科学社会学、科学史、科学家心理学及科学创造心理学、科学情报交流、科学普及、科学运筹学研究，科学规划的原则和理论，科学在诸不同社会中的作用，科学的演化，科学与技术之间的关系，决策及国家科学政策，科学经济学及科学发展经济学，科学人才问题及在教学、科学、生产之间做最佳配置的诸原则，研究与发展的规划。

当然，在上述课题中，若孤立地做某一项研究，亦可能对人类知识做出某种贡献。可是，只有对诸课题间的相互联系和影响加以综合研究，才是有意义的。我们给这种对科学诸方面的综合研究取个名字，就叫作"科学学"。

我们这些人，作为科学学的积极倡导者，皆属位卑名微之辈。我们公然声明，即便是上面列出的课题，亦非定见。我们所企望的，乃是开拓并求得有关科学的历史、哲学、社会、技术诸方面的知识总体。我必须强调，而且我还将一遍又一遍地坚持说，我们希望能建立一门新的科学研究领域。像其他任何学科一样，科学学如果把追求某个应用目的作为自己的主要目标，它就将垮台。不过，我们必须承认，既应有基础科学学，以供科学研究人员自由驰骋；也应有应用科学学，以供其他一些人们垂顾。

"科学学"（the Science of Science）这一名称，也许选得并不尽如人意。用更为合适的短语表达，可能是"the Sciences of Science"。"scientology"一词或许已经有人用过，不过，它正用于非科学意义的场合。因此，即使可用，我们若把它接受过来，亦是不明智的。有人还建议用"science-ology"，但看起来实在不舒服。苏联人用的就是这个词，而在他们俄语中，读起来很悦耳。"科学学"在俄语中写作"наукóведéние"。不过，俄国人也用"Hayka o Hayke"这一短语，若逐字译成英语，则是"关于科学的科学"。在日本，他们同样开始用了"Kagaku no kagaku"这一直译短语。关于科学学，还有其他一些建议叫法，诸如"元科学"（meta-science）、"认识论"（epistemology）、"认识学"（gnosiology）等，我们都可以不去管它们。无论如何，"科学学"（the Science of Science）这一短语富于韵律感的品质，乃是其一大优点。因为该短语的重叠词强调了，这一新兴的研究领域具有反馈的性质。

早在1935年，有两位波兰学者奥索夫斯基夫妇即在我们现在打算运用的含义上，使用了"科学学"（the science of science）这一术语。这对夫妇认为，该术语的首创，应归功于另一位波兰学者科塔尔宾斯基教授。后者至今依然活跃在科学学研究的舞台上。奥索夫斯基夫妇写道："科学学的诸实际应用方面，已无须赘述。诸如个人或集体科研工作的组织管理、组织管理各种学术机构、由国家和社会组织保护科学、科学家的教育等，在今天，所有这一切倘若没有专门而又复杂的研究而要使其成为现实，那就如同没有专门研究就要建设起大型工业部门一样，都将会寸步难行。"

我体会，要计划，首先就要求我们懂得科学，因为科学才是当代经济所不可缺少的一块基石。当科学学家（scientist of science）最终出现的时候，他们将是一代新人。他们能够理解整个科学的重要性，并能充当科学的组织家，或者科学的评论家与科学的传播者。今天，我们中间有几位就是这样的人物：一位是贝尔纳，他具有惊人的学识、洞察力和同情心；他虽不是圣人，但却是一位预言家。另一位是斯诺。他们两位都有广泛的兴趣，都有从想象中把握各种相互关系的才能，都有描述和交流他们所见所闻的能力。

一个科学研究的领域，是如何成长为一门学科的呢？起先，人们只是借助其共通的术语来定义这个领域，并且建立起一批可被共同接受的观测结果。这些由于运用某些技术而获得的观测结果，又可以为那些努力运用这些技术的人们所重复得到。在研究过程中，人们便定义了各种概念。观测结果逐渐累积成堆，并从中出现少数综述或"定律"。至此阶段，通常就有人开始不太成熟地提出一个理论框架，并开始谈论"某某学"。这时，各种专门从事这门新学科研究的学术机构，便应运而生。最后，这门新学科赢得人们承认之日，即是大学里开始讲授这门学科之时。

这么说来，现在科学学已抵达何种阶段了呢？上面我已经提到，科学学这一术语在现代意义上的使用，乃早在 30 年前（指 20 世纪 30 年代）。1964 年，国际科学学基金会在伦敦成立，标志着科学学开始有了自己的学术机构。现在，英国许多大学正在开设从总体上研究科学的课程（即科学学课程），并且有了许多科学学的专著出版问世。

在美国，许多学术机构诸如哈佛大学、耶鲁大学，科学学的不同分支学科成了那里的正常学习课程。

在苏联，科学学研究活动亦很活跃。不久前，苏联科学院自然科学与技术史研究所的米库林斯基和罗德内联名发表了一篇文章，题目是《科学是专门研究的对象——试论科学学的形成》[①]。

当然，这还并不意味着，科学学已经实际诞生。我们同意这样一种观点，即科学学必须是一门合乎规范的学科，而不是一堆空泛浅薄的大杂烩。它必须经历观测、实验和理论几个阶段。正如仅仅研究箭的飞行，不足以推导出物理学定律一样，为创立科学学，单凭有限的科学是如何发展的空想经验，

[①] 原文刊登在苏联《哲学问题》1966 年第 5 期。其中译本参见《科学学与科技管理资料》1984 年第 9 期。

同样是不够的。这门新学科并不是凭空编造出来的，它必须花费气力去发掘和研究。

到如今，发展科学学的条件已经日臻成熟。比如，当代科学有了足够的规模和多样性，使得人们可以进行统计研究；有了一批个别学科以往的历史案例，据此，我们足以从中找出基本现象，并加以分类；当今不同文化背景的国家，均在发展科学的同时，对科学本身进行研究。

在谈到科学学的实际重要性的时候，戈德史密斯指出，这个问题正是几天前一家英国杂志编辑向他提出的。他告诉这位编辑说，有个经典答案或许可以借来一用，那就是："新生的婴儿有什么用？"

总而言之，科学学关心的是，确定科学内在的发展趋势，揭示科学自身的发展机制。

戈德史密斯最后说："科学学家即将出世了。我相信，他们一定会拿出他们的研究成果；而凭借这些成果，我们就能来规划我们不得不面临的与工业、医药业、农业乃至整个社会问题有关的科学进步。""愿科学学能被看作是20世纪下半叶的一项重大进步。这就是我的期望。"

第4章　凯德洛夫论自然科学与社会科学的汇流[1]

自20世纪50年代起，苏联著名哲学家、科学家凯德洛夫（见图4-1）致力于科学分类的研究。经过近30年的潜心探索，他终于完成了以"科学分类"为总标题的三部曲：第一部是《恩格斯和他的先驱者》，该书出版于1961年，旨在探讨科学分类的思想史。第二部的副标题是《从列宁到当代》，该书出版于1965年，主要论述当代科学分类思想。第三部成书于1985年，其副标题是《马克思论未来的科学》。这三部曲均由莫斯科思想出版社出版。

图4-1　凯德洛夫（Бонифáтий Михáйлович Кéдров，1903—1985）[2]

凯德洛夫在自序中称，他撰写第三部《马克思论未来的科学》花费了15年心血，到1980年才脱稿付梓。本书的核心，乃是探究人类未来进步的大趋势。凯德洛夫坚信，马克思预言的未来的一门科学，一定会实现。该书的主要章节，作者曾通过口头和书面的形式，与苏联和东欧诸国的社会科学家、自然科学家、技术科学家、哲学家、艺术家和法学家等进行过广泛的讨论。为此，作者认为，在某种意义上说，"马克思论未来的科学"乃是在该研究领域做出过贡献的所有作者的智慧的概括和总结。

凯德洛夫在书中以相当大的篇幅充分论述了科学发展中自然科学与社会科学的汇流趋向，这是笔者感兴趣并将重点阐述的。凯德洛夫的基本思路分以下三个方面：

第一，形成未来一门科学是不可避免的。其不可避免性乃是由自然界与

---

[1] 原载于《自然辩证法研究》1989年第4期。收入本书时文字略有改动。
[2] https://ru.wikipedia.org/wiki/Кедров,_Бонифатий_Михайлович.

人类社会的统一，通过工业而实现的统一，亦即通过人类的生产劳动而实现的统一所决定的。

第二，马克思的功绩在于揭示了上一个世纪（指19世纪）自然科学、社会科学和技术科学相互联结和统一的图景。

第三，在科学知识当代发展的历史条件下，马克思的方法继续证明了这种统一的大趋势。

第一节　马克思论未来一门科学

1844年，马克思曾进行过一系列没有完结又未曾发表的研究。后来，苏共中央马克思列宁主义研究院将它定名为《1844年经济学哲学手稿》。在这部手稿中，马克思深刻揭示了自然界与人类之间的关系（工业则是介于其间的联系环节），以及相应的科学知识部门即自然科学与社会科学之间的关系。

在自然界和社会人之间，存着一种须臾不可分离的依存关系。这种不可分离性即使是在最简单的劳动活动和工人用自己的力量复归过程中也已经表现出来。马克思指出：

> 没有自然界，没有感性的外部世界，工人就什么也不能创造。它是工人用来实现自己的劳动、在其中展开劳动活动、由其中生产出和借以生产出自己的产品的材料。

> 但是，自然界一方面在这样的意义上给劳动提供生活资料，即没有劳动加工的对象，劳动就不存在；另一方面，自然界也在更狭隘的意义上提供生活资料，即提供工人本身的肉体生存所需的资料。

在更一般的意义上，马克思接着指出：

> 人靠自然界生活。这就是说，自然界是人为了不致死亡而必须与之不断交往的、人的身体。所谓人的肉体生活和精神生活同自然界相联系，

也就等于说自然界同自身相联系，因为人是自然界的一部分。

马克思关于社会人与自然界是不可分离统一体的思想，乃是仅当自然界作为"人化"的自然界，而人则作为自然界的一部分的前提下，从各种不同的联系和不同的方式提出来的。其中，人始终是作为社会的人而出现的。马克思认为，"自然界的人的本质只有对社会的人来说才是存在的；因为只有在社会中，自然界对人来说才是人与人联系的纽带……"马克思接着写道：

> 只有在社会中，自然界才是人自己的人的存在的基础。只有在社会中，人的自然的存在对他说来才是他的人的存在，而自然界对他说来才成为人。因此，社会是人同自然界的完成了的本质的统一，是自然界的真正复活，是人的实现了的自然主义和自然界的实现了的人道主义。
>
> 首先应当避免重新把"社会"当作抽象的东西同个人对立起来。个人是社会存在物。因此，他的生命表现，即使不采取共同的、同其他人一起完成的生命表现这种直接形式，也是社会生活的表现和确证。

马克思之所以发展出上述思想，据说是基于这样一种认识，即对"社会的人"来说，整个世界史不是别的，而是人通过人的劳动的产物，是自然界为了人而形成的。

这样我们可以看到，在马克思那里，人和自然界这两个基本要素是如何紧密地交织在一起，并且又相互转换的。马克思指出：

> 人直接地是自然存在物。人作为自然存在物，而且作为有生命的自然存在物，一方面具有自然力、生命力，是能动的自然存在物，这些力量作为天赋和才能、作为欲望存在于人身上；另一方面，人作为自然的、肉体的、感性的、对象性的存在物，和动植物一样，是受动的、受制约的和受限制的存在物，也就是说，他的欲望的对象是作为不依赖于他的对象而存在于他之外的；但这些对象是他的需要对象，是表现和确证他的本质力量所不可缺少的、重要的对象。

下面，让我们转而谈谈马克思的重要预言。马克思所谈的是工业，是关于人类整个文明史运动的工业。用马克思的话来说："人们可以把这种工业看成是上述普遍运动的一部分，正像可以把这个运动本身看成是工业的一个特殊部分一样，因为全部人的活动迄今都是劳动，也就是工业……"试问，自然科学作为现实的科学，在这里有什么地位呢？自然科学同哲学的关系又如何呢？对此，马克思认为，"自然科学展开了大规模的活动并且占有了不断增多的材料。但是，哲学对自然科学始终是疏远的，正像自然科学对哲学也始终是疏远的一样。过去把它们暂时结合起来，不过是离奇的幻想。存在着结合的意志，但缺少结合的能力"。

在历史学中，自然科学只是被作为教育和实用的要素、一连串伟大发现的目录而顺便提及。马克思指出：

> 然而，自然科学却通过工业日益在实践上进入人的生活，改造人的生活，并为人的解放做准备，尽管它不得不直接地完成非人化。工业是自然界同人之间，因而也是自然科学同人之间的现实的历史关系。因此，如果把工业看成人的本质力量的公开的展示，那么，自然界的人的本质，或者人的自然的本质，也就可以理解了；因此，自然科学将失去它的抽象物质的或者不如说理想主义的方向，并且将成为人的科学的基础，正像它现在已经……成了真正人的生活的基础一样；至于说生活有它的一种基础，科学有它的另一种基础——这根本就是谎言。

显而易见，马克思始终一贯地认为，人与自然界之间有着不可分离的统一性，而正是通过工业，即通过人的生产活动，展示出自然界的人的本质，或者人的自然界的本质。这两种本质是密不可分的：它们不过是人与自然界在实践上以工业形式表现出的复合统一体的两个不同的侧面。

由此逻辑，人们不难发现：第一，迄今为止只研究自然界的科学（自然科学）和只研究人类社会的科学（社会科学），决不会永远把本质上的同一客体分裂为两个部分的。第二，随着时间的推移，应该会实现理论上的综合，这种综合能把两门主要科学知识——自然科学和社会科学包孕在一个统一体内。实际上，自然科学已经通过工业进入了人的生活，亦即进入了社会生活，带给人类社会生活以深刻的改造。

在揭示这一重要结论时，马克思指出："在人类历史中即在人类社会的产生过程中形成的自然界是人的现实的自然界；因此，通过工业……形成的自然界，是真正的、人类学的自然界。"

由此可见，人们不能片面地看待人与自然界的相互关系，不能任意地改造自然界，而不顾及自然界对人的反作用。人不是单纯地向自然界索取其所需要的一切，因为人本身永远是自然界的一部分。显然，人与自然界之间这样的相互依赖关系是永恒的。马克思正是由此做出自己的预言。他指出：

> 科学……只有从自然界出发，才是现实的科学……历史本身是自然史的即自然界成为人这一过程的一个现实部分。自然科学往后将包括关于人的科学，正像关于人的科学将包括自然科学一样：这将是一门科学。

这就是马克思对未来科学的预言。研究表明，这亦是马克思分析了以往全部科学认识发展而得出的结论。如果说，马克思自己认为的实现这一预言的土壤在他那个时代就已具备的话，那么，对当代来说，这种条件就更加成熟。

第二节 根据马克思的方法，看当代科学的汇流和统一问题

一、自然科学方法及其对当代社会科学的意义——科学学问题

自马克思去世后的一百多年来，科学已在所有的领域里大踏步前进了。毋庸讳言，整个科学知识的统一问题，今天又以全新的方式摆到了人们面前。尽管如此，由马克思和恩格斯所创立、列宁进一步发展的科学方法，相对于当代历史条件，依然具有现实意义。对此，只要研究一下当代科学门类（其中当然包括社会科学与自然科学、技术科学）之间相互关系有关的一些具体问题，人们就会确信这一点。

当年，列宁就曾指出，自然科学给予社会以强烈的影响。在20世纪，列

宁提出的自然科学对社会科学的影响与作用又明显地加强了。这种影响与作用，恰好就是马克思当时预见到的两大门类科学一体化的趋向。在当代，这种一体化趋向已经变得更为强大，并且把所有重要学科都联结在一起。

整个当代科学历史发展的总趋势就是这样。在对这一趋向做分析时，只要把19世纪和20世纪科学发展总的特征做一比较，人们不难发现，在今天科学综合一体化的趋势要比马克思那个时代强得多。当然，科学分化的趋势亦没有减弱，相反亦有所增强。但无论如何，当代科学一体化的趋势、综合的趋势已经不仅变得愈加明朗，而且和分化趋势相比已占据了优势。所有这一切都证明，科学的统一已经显得空前明晰，而且席卷了越来越广泛的科学知识领域。正因如此，马克思的科学方法在解决科学一体化道路上提出的问题方面，具有极其重要的意义。

和社会科学领域相比较，在自然科学领域里的一体化进程要开始得更早，且走得更远、更深入。这是因为自然科学所研究对象的相对简单性，使得研究对象本身以及相应各门自然科学之间的所有关系，比在分析社会生活时所遇到的问题要明显得多。这就是为什么早在19世纪末起，就开始出现了许多新的中间或过渡型的新生学科，这些新生学科在诸如物理学、化学、生物学、地质学等传统基础科学之间起着重要的联系作用。

在早已存在的各主要自然科学部门之间的"边缘地带"，充满了新生的"交叉"科学。这些交叉科学也是一切自然科学知识最重要的"生长点"。从前，科学家的主要注意力总是投向每门学科内部产生的问题，而今，科学工作者注意的中心已经转向以往不被重视的交叉地带。

在自然科学中，上述见解已经获得了比较全面的发展，并已日趋合法化。相反，这种观点渗透到社会科学领域，则要迟一些，并且还没有取得许多科学家的支持和理解，有时还招致公开的不满情绪。这就证明了，在新而先进的科学认识方法、消除往昔诸学科间的分离现象的具体而实际的方法上，人文科学的确要比自然科学落后得多。因此，在研究社会现象时就遇到了困难，因为任何一种社会现象都不能整个地归并到在人学体系和人类社会科学体系中较早产生并已成为传统的任何一门学科中。

因此，对人类生命现象必须采取综合研究的方法。然而在社会科学领域里还没有做到这一点。人们越来越强烈地感到，必须摈弃那些孤立地研究社会现象的传统办法。

事实上，正因为其多样性，称为科学的这种社会现象与其他社会现象有着千丝万缕的联系，并且科学本身亦具有多样的表现形式和本质。这就是为什么研究作为社会现象的科学不仅可能，而且必须从许多方面来研究它的不同侧面。比如，在谈到科学认识的逻辑、科学知识的内容、科学在社会系统中的位置的时候，逻辑学、哲学、社会学都要来研究这种社会现象。历史学也可以来研究它，那是从科学发展的历史断面上提出的问题，在这个断面上，科学同整个社会的历史、同整个社会文化史，无论是精神文明史还是物质文明史，都有着联系。

科学可能成为且已经成为经济学研究的对象，人们考察它与经济、物质生产、技术与诸社会生产力的关系。在这里，有关科学规划的可能性与具体方法的问题，显得尤为重要。由此出发，还涉及科学发展的预测，以及科学的管理与组织、科学的财政拨款、科学的新一代干部人才的培养，等等。

此外，科学还可以成为教育学和心理学研究的对象。科学自身发展的过程乃是与人的心理、人的智力等复杂的活动相联系的，而在科学家的创造性活动中，特别是在完成科学发现的那一瞬间，人的心理与智力活动均已达到了最高度的紧张状态。就是在平常的科研工作中，每个科学家的心理与智力活动同样是科学的非常重要的因素，因而必须进行深入而又多方面的研究。遗憾的是，迄今为止在这方面尚没有见到有系统的研究。

阐明科学家创造活动的动机的研究，同样具有很大的意义。这不仅是科学心理学的应用研究，而且亦是有助研究科学发展进程的社会学实际课题。

人们可以从其他许多方面来研究科学，诸如把科学作为社会建制、人认识世界的方式等来研究。

正是因为科学乃是如此多样性的社会现象，故此为科学下任何一个单一定义都是不可能的。单一定义只是概括科学的某一部分或侧面，而不是全部。由此遂出现了如下两个相去甚远的定义：

　　科学是社会的认识方式。
　　科学是直接的社会生产力。

事实上，上述每一个定义都只反映了科学这个研究对象的一个侧面，而决不能认为达到了全面的程度。原则上说来，这两个定义又都是正确的。第一个定义主要涉及社会科学，其中包括与研究现代社会结构、现代社会的基础与上层建筑等问题。第二个定义则首先考虑了自然科学，特别是技术科学和应用科学，因为这两者乃是直接与社会的生产、技术和生产力密切相关的。

由此可见，只要对社会科学的各个领域依然做分散而又"老死不相往来"的研究，是绝无可能抵达对科学这一社会现象真正的认识的。只有把科学作为一个统一的综合体，作为许多社会科学（如果不是全部）的特殊研究对象来加以协同研究，才能为解决上述问题提供正确的结果。

长期以来，对科学做综合研究的任务一直不为许多科学家所认识，只是到了20世纪30年代才真正奠定了整体上研究科学自身的基础。在许多国家里，比如在美国、英国，这门学问开始于试图创立一门特殊的学科——"科学的科学"（Hayka O Hayke），或者称之为科学知识的新领域。波兰人称之为"naukoznawstwo（科学学）"，我们则称之为"科学学"。在我们看来，问题并不是要不要创立这样一门新的独立的学问，以研究各门科学的科学，而是为了全面而又综合地研究作为统一研究对象的科学，必须创立关于所有科学相互关系的新的独立的学问。

直到今天，在对某一项研究对象做不同侧面研究的时候，对上述谈到的不同学科相互作用的方式和机制还研究得很不够。深入探索综合研究方法，是摆在社会科学面前的任务。

二、自然科学给予社会科学什么——社会学问题

社会科学界的某些代表人物，依然偏好孤立地研究一些极个别的现象。换句话说，同自然科学相比较，在社会科学的研究中，综合研究方法的应用是很不够的。究其原因，这不仅在于那些研究当代社会的科学家的技能和知识，而且还在于研究对象（社会）本身的客观性质，这就是社会客体本身所具有的比自然界更为巨大的复杂性。

不言而喻，努力对社会现象做综合研究已经找到了通向科学之路，并在科学中占有了越来越显著的位置。整个现代社会学提出对任何社会现象都做整体或综合研究，这就越出了按老办法研究现代社会过程的传统科学的框架。我国社会学的发展，恰恰就是要注意解决由于现在人文科学彼此孤立研究而产生的那些问题。唯其如此，社会学本身才会进入与其他诸学科综合研究的时代。

在我们看来，当代社会学的迅速发展，多多少少是与把定量的数学方法应用到社会现象研究中有关系的。但有人并非总是对此持赞成的态度，如同有人不赞成把控制论方法应用到社会科学研究一样。

其实，不仅仅在社会科学里，在自然科学里同样有这类现象。比如，众所周知的一件事就是，过去有的反基因学说的生物学家，曾自称自己"最先进"，但是他们激烈反对用物理学、化学、控制论和数学方法来研究生命现象，尤其反对用它们来研究遗传现象。他们还把任何想用其他方法来解释生命本质的努力统统称为"机械论"。

这就是，我们必须注意到，不仅在自然科学里，而且在社会科学里，都有反对用新方法研究自然现象的历史，以便不要再把实际上阻碍科学进步、拖科学后腿的东西称为"先进"的东西。

在当代，除了社会学以外，数学方法还渗透到了经济学（特别是非抽象经济学）领域和其余一切社会科学领域。但是整个来说，这一过程依然处于开始形成阶段。因此，把自然科学中这方面的大量经验应用到社会科学中去，定能大大有利于科学知识总的进步。

三、社会科学给予自然科学什么——哲学的作用

以上所谈的，在很大程度上依然属于科学哲学和马克思主义辩证法的范畴。正如马克思指出的那样，辩证法乃是关于在自然界、社会和我们思维中实现的一切发展最普遍规律的科学。因此，以其方法贯穿一切科学知识门类的哲学，就是联系一切科学的基础。但是，哲学不是作为"科学的科学"（Hayku Hayk）凌驾于一切科学之上，如同过去自然哲学之于自然科学所做的那样。相反，哲学与其他科学的关系，不过是一般与个别的关系而已。一般和个别形成了事物内部的辩证统一，到处都是如此。因此，哲学和所有个别科学同样形成了内在的统一。

在过去，一个最重要的哲学问题是要给出世界的一般图景，揭示出这个图景的统一，而这种统一又反映了世界本身的统一。现在，解决这个问题已不再是哲学一门科学的事了，而是整个科学的综合，哲学仅是其中一门而已。

如果从方法论的角度讲，现代社会科学应向自然科学学习点什么的话，那么，一切个别学科（既包括自然科学，也包括社会科学）可能而且应该向哲学学习，学习哲学如何提出和解决最普遍、最重要的世界观和方法论性质

的问题，而这些问题在个别学科自身发展过程中都是会遇到的。

对其他个别学科来说，哲学是其重要的帮助；而对自然科学来说，社会科学也能够而且应该对其给予许多重要帮助。事实上，自然科学应当向社会科学学习，这涉及对科学的社会作用、社会功能和在现代社会中的位置的认识。自然科学本身是同自然现象打交道的，自然现象又是不以人的意志为转移的。因此，在某种意义上说，自然科学也是从社会问题中抽象出来的。

不论是揭示新的自然秘密的科学家，还是研究者，只要他们在探索新的真理，发现新的自然规律，合成新的物质，都不能也不应该回避这个"老是存在而又无法解决的问题"，即倘若科学成果落入仇视人类的家伙手里，它会不会被用来毁灭人类，而不为人类造福？同理，任何一个科学家也不能回避同现代自然科学进步密切相关的其他社会问题。为了能完全自觉地处理这类问题，自然科学就需要建立在马克思主义方法论基础上的社会科学的帮助。马克思主义的方法恰恰提供了认识科学发展特点和科学家地位特征的钥匙。社会科学正在发展马克思主义，以适应现代社会的需要，它能够帮助当代科学家站在马克思主义科学方法的立场上，去认识他们自身活动的社会问题和弄清现代社会生活中的复杂问题。马克思主义社会科学可以为科学家按照社会理想指明方向，帮助他们选择评价准则，以巩固社会主义的人道主义阵地并保卫这块阵地。

总而言之，在组成统一体的相互联系的科学综合体中，自然科学与社会科学的相互关系乃是相互依存的关系：两者应当相互学习、相互帮助。如若研究一下当代科学技术革命的情形，就可以证明这一点。

第三节　自然科学与社会科学汇流的前景

前面我们研究了社会科学、自然科学和技术科学在内的全部科学相互之间的关系，这里的科学乃是同处一个总系统中的统一的科学。由此我们证明，自然科学和社会科学的联系，主要是通过技术科学作为中间环节而实现的。下面，我们将讨论一下当代关于自然界和人类社会的两大门类科学是如何从早先的分离走向统一的。

一、自然科学和社会科学的统一性与同一性

首先，是自然界和人类社会规律性质的同一性。社会发展的基础，乃是不断地掌握自然力和自然界的物质，不断深化对自然规律的认识。认识和掌握自然规律才使人类越来越广泛地用自然界自身的力量驾驭自然界。科学的实际应用也成了社会生产力巨大增长的决定性因素之一。应用自然科学的同时提出了解决大量社会经济问题的任务，社会经济问题正是社会科学的研究对象。由此可见，对自然科学与社会科学之间的相互关系做马克思主义的解释，揭示这种关系的客观基础，对认识当代历史发展的规律性具有重要意义。

我们认为，一切真正的科学就其基础来说都是统一的，而与各自研究对象性质上的差异与特点无关。这是因为它们都有统一的基础。也正因如此，它们才有权被称为科学。每一门科学研究的均是物质发展不同阶段上各种具体的表现形式。形成自然界的物质发展阶段是自然科学的研究对象；形成人类社会的更高发展阶段，则是社会科学的研究对象。这就是说，世界的统一性、自然界与人类社会的统一性就在于其物质性。划分为不同领域的整个世界的统一性，就是分门别类地研究这每一个领域诸科学的统一性。

其次，世界的统一性不仅在于就其内容来说世界是以物质为前提的，而且世界的物质性又是以各门科学所研究外部世界现象有确定的规律性为条件的。尽管自然规律与社会生活规律从本质上说是不同的，但对一切外部世界客体来说，它们均在有规律地运动和发展，这一点则永远是同一的。

因此，之所以社会科学和自然科学具有统一性，如同自然界的发展一样，人类社会的历史发展也是一个由客观规律决定的发展过程。科学的任务就是发现和认识所研究对象的发展规律，以便从实践中掌握这些规律，为社会造福。

列宁就论述过自然科学原理以何种方式影响社会科学的问题，诸如自然科学似乎以自身的规范影响社会科学，促使社会科学变成一门精密科学，等等。这里所谈的是"自然规律"的思想概念渗透到社会科学。列宁指出："从自然科学奔向社会科学的强大潮流，不仅在配第时代存在，而且在马克思时代也是存在的。在20世纪，这个潮流同样强大，甚至可以说更加强大了。"这也意味着这样一种论断，即自然科学和社会科学始终在沿着自身统一的道

路前进，并为此准备着它们汇流统一的原则与方法的基础。

自然科学与社会科学的同一性表现在它们发展规律的同一性。此外，还表现在这两类规律所固有的历史性质，以及经受由研究对象本身发展而带来的变化的能力。在研究人类历史的时候，社会经济发展规律的历史性质就会即刻显示出来。

总而言之，自然科学与社会科学的统一性至少是由下列情形决定的：第一是研究对象本身的统一性、物质性和确定性；第二是在发现真理和掌握真理的道路上，一切从低级向高级发展的人类认识规律的统一性；第三是一切规律随着研究对象变化而变化的能力；第四是两大知识门类基础概念所起的作用。

可是，对于自然科学与社会科学的相互关系，不仅仅是弄清楚它们具有统一性和同一性的事实就算完事了，这两大门类科学之间的关系带有辩证的性质，不仅包含相似性和同一性，也包括差异性。

二、自然科学与社会科学从分离走向统一

正如前面已经指出的那样，在自然与社会这两大领域之间有着一个联系环节，这就是技术。这里所说的技术是最广义的概念，其中包括工业技术、农业技术、医疗和保健技术等等。不过，虽说技术是最有力、最直接的联系，但自然科学与社会科学之间的联系又不仅仅限于技术这一个方面。此外，自然科学与社会科学之间的相互作用，亦不仅限于在其交叉地带形成各种各样的边缘学科或交叉学科，它还可能采取另外一种形式。比如，有些同时既研究自然现象又研究社会现象的科学，好像在某种程度上分成了相互独立的两个学科：一门属于社会经济范畴，另一门属于自然物理范畴。这方面的典型例子是地理学，它实际已经产生了自然地理和经济地理。其实，正是对这门地理学，尤其值得花大力气去研究其自然科学和社会科学的统一性质、相互关系，以及从一方面向另一方面相互转化的过程。

说到正在出现的自然科学与社会科学的一体化的趋势，当代生活给自然科学、社会科学以及技术科学之间的关系，带来了新特点。这就是一门学科向另一门学科转移、渗透，达到了前所未有的深入地步。学科间相互接近的例证，最明显的要算是控制论。控制论诞生于提出生产技术过程高度自动化任务的生产实践，它要探寻管理和驾驭各流程的一般规律。由于控制论研究

的是最一般的规律，所以其发现的规律能够推广和转移到其他系统中去。此外，控制论作为数学—技术科学，它的发展已经促使社会科学在研究和解决自身问题的时候，不能不考虑这门科学在当代已提供和在不远将来将要提供的东西。

科学的相互渗透及学科内部的相互交叉，同时亦表现在一些学科的方法向另一些学科的扩展和移植。这样，某门学科的研究对象可以借助另一门学科的方法来进行研究，并常常会导致出乎意料的科学发现，产生新的研究方向和诞生新的学科。仿生学即是这方面的典型例子。

科学方法的转移或扩展，还因为不同研究对象具有共同的研究侧面。比如，数学方法（其中包括统计学方法）就是如此，它不仅贯穿所有自然科学和技术科学领域，而且渗透到了人文科学。这是由于世界上所有研究对象和过程，都无一例外地不仅具有各自质的规定性，而且还拥有量的规定性。

科学史、自然科学和技术史都提供了丰富的史料，证明了数量关系的新发现，或一般地说，数学方法渗透到研究领域（即所谓科学的"数学化"），给整个知识进步以十分巨大的影响。

数学和控制论渗入社会科学，以及社会科学合理地"数学化"，典型代表是经济科学的数学化，它是当代原先分离的学科走向其内在的统一、走向它们相互渗透的范例。

通过分析自然科学与社会科学的相互关系恰恰可以清楚地证明科学知识发展的这样一条道路：科学正在逐渐变为直接的生产力。科学和社会生产原来就是生产—技术过程不可分割的两个方面。

总而言之，未来科学的总的轮廓已经出现，这就是未来统一的科学、内部完整的知识系统。在这个统一体内，任何一部分的发展都将与整个知识系统的进步密切相关，且这种关系从来也没有像今天这样深刻而多方面地展现出来。

第四节 简短的结论

第一，马克思、列宁的哲学，首先是其内核和基本点，即唯物辩证法，乃是所有分支科学汇流的基础。与各分支学科不同，马克思、列宁的哲学是一门统一的科学，其研究对象是自然界、社会和我们思维中最一般、最普遍的运动和发展的规律。正因如此，马列哲学才能在现代科学系统中起到汇流因素的作用，并在未来为自然科学和社会科学汇流成为一门科学奠定基础。

第二，技术科学是另外的一个汇流因素，或者一般地说，是应用和实践的科学。大家知道，技术科学在当代社会中的作用始终在迅速地增长着。科技革命意味着社会生产力整个结构将发生根本的变革。在这种情况下，技术科学必将愈加促进自然科学与社会科学这两大门类科学相互更深入的渗透、联结、融合，这就为它们进一步汇流成为一门科学提供了牢固的前提条件。

第三，当代科学知识的特征越来越表现为以下两个方面：客观性原则与历史主义原则。这两个原则，不仅是构筑当代科学知识总体系的基础，而且也是构筑其各分支学科和所有科学门类的基础。这两个原则亦有助于不同科学知识部门的渐渐接近，有助于揭示科学知识各部门内在的统一性。在未来，这同样会导致在这个基础上产生一门科学。

第四，客观性是现代科学知识的原则之一。一般地说，它又是与一切科学认识过程中必然带有的主观性相伴随的。科学家在其理论体系中所运用的科学概念不是别的，而是客观世界的主观形态：按形式是主观的，而按内容是客观的。从基础科学，经过研究方法的科学，到应用科学与技术科学，科学中主观的成分将渐次递增。正是这种反映人类定向研究活动的主观成分，逐渐成了通向未来一门科学的联结的开端。

第五，应用于科学认识过程的历史主义原则，或者说，发展的原则，乃是从抽象到具体的方法。各门自然科学和整个科学体系，都是采用这种方法建筑起来的。基础科学与技术科学体系亦然。一切从理论认识向实践活动的运动，亦是从抽象到具体的过程。显然，这是把一切人类知识部门（理论知识和实践知识）联结成一门科学的重要方法之一。

第六，科学的不断分化在把科学知识总体系各部分内在联结起来的过程中起着极其重要的作用。正是这种分化导致了一系列新生的横断型、交叉型和边缘型的学科，以及带有交叉性质的新的科学方向。这些新生学科或者带有强烈的局部性质，其产生在两门相邻学科的交叉处并把这两门学科相互联结在一起，或者带有相当广泛的性质，通过贯通的方式，把整个一串学科联结在一起。所有这一切，同样创立了有利的基础，为的是最广泛地把一切科学统一成一门科学。

第七，当代科学发展最显著的特征之一，乃是科学发展的辩证性质。科学发展是通过对立统一过程的展开而实现的。这里指的是科学知识的主观形式和客观内容的统一。

第八，尤为重要的是，物质运动形式是二元性的，并由此将研究运动形式的科学分为一般抽象的科学和局部具体的科学。我们认为，这就可以证明，存在特殊的控制论运动形式是有根据的，这中间包括生物界、人的社会心理生活和技术。

总之，我们可以强调指出，通向未来一门科学之路，在于揭示研究客体与研究这些客体的科学之间内在的矛盾。质言之，未来一门科学导源于科学认识运动的对立统一，所认识的世界、物质、自然界、社会和人类本身诸对立面的统一。因此，我们所说的未来的科学，并不是抽象的丧失个性的统一，消灭任何差异的统一，而是多种多样的具体的统一，其中既包括一切科学认识的细微差异，又包括科学认识内部的所有矛盾。

第二篇　科学学的思考与探索

科学的科学,如同历史的历史一样,是一门具有头等重要意义的二次科学。

——D.J.S.普赖斯

第 5 章 科学学研究会的名称与学科建设[①]

1982年6月，在安徽九华山召开了一个成功的大会。在这个大会上，中国科学学与科技政策研究会正式成立了（其会标见图5-1）。从此，科学学在中国开始了新局面。

图 5-1 中国科学学与科技政策研究会会标

大凡做父母的，都从怀孕开始就在苦心思索，要为行将来到人间的小生命取一个最好、最响亮的名字。一个新生学会的名称同样如此，它是为之奋斗的科学工作者们，从该学会孕育阶段起，就开始酝酿、论争，渐次妥协，最后达到暂时统一的产物。"科学学"在中国，如果从钱学森1977年首先提出"科学的科学"开始算起，是多年来全国科学学研究工作者，其中包括科研管理干部、科学哲学家（自然辩证法专家）、社会科学家和自然科学家，共同奋斗而建立和定名的。因此，"科学学"作为当代世界科学中一门生气勃勃的新生学科，它在中国的兴起，尽管时间还很短，但毕竟是一个历史的产物。历史的东西自有它公正合理之处。

下面就与科学学研究学会的更名和学科建设有关的一些问题，谈几点看法，以为千虑之一得，奉献给中国科学学与科技政策研究会和全国科学学研究的同行们。

[①] 原载于《内蒙古科技》1982年第4期。收入本书时题目和文字有改动。

第一节　历史的回顾

科学学，这个名称的来历，如同它本身的学科建设一样，乃是经过论战、比较和选择而诞生的。中国和外国概莫能外。

英国科学家 J. D. 贝尔纳是世界公认的科学学创始人之一。他在 1965 年第十一届国际科学史大会的开幕式上与 A. L. 马凯（见图 5-2）联合发表了题为《在通向科学学的道路上》的著名报告。在这篇报告中，贝尔纳巧妙地援引了我国古典哲学家老子的两句话："道可道，非常道。名可名，非常名。"并以此解释科学学定义的模糊性原则。他说，对科学学"我们无须下一个严格的定义。过于刻板的定义有使精神实质被阉割的危险"。这就是说，一个学科的名称，越是具体和刻板，它可包含和容纳的东西就越少；相反，越是抽象和模糊，其含义和引申就越广。因此，美国著名科学家普赖斯在给科学学下定义时指出："我们认为称之为'科学的科学'更好。"

图 5-2　马凯（Alan L. Mackay, 1926—）[1]

关于科学学的名称问题，迄今为止，在国际上并未达成统一的定义规定，不仅各国相异，就是在一个国家里亦有不同主张，但这并不妨碍科学学的研究。我们说，这种论点的论据是软弱的。诚然，在国外科学学的研究中有多种不同名称，但据王兴成教授等考证，就多数来说，还是趋向于公认贝尔纳和普赖斯给出的权威定义的。上海科学学研究所副所长刘吉教授 1982 年 4 月随国家科委一个科学技术代表团出访澳大利亚，会见了科学学领域里的一个年轻专家 R. 康罗伊（Richard Conroy）博士，起初，这位博士并不清楚我们称之为科学学的研究内容是什么，当刘吉教授做了基本介绍之后，康罗伊博

---

[1] Hargittai, I. Generalizing crystallography: a tribute to Alan L. Mackay at 90. Struct Chem, 2017, 28: 1-16.

士十分赞赏科学学这个名称。他说这个名称太好了，我们也要改称科学学。原联邦德国 P. 万英加特教授和瑞典 A. 厄尔英加教授在 1980 年访华之后，都在国际科学学界权威刊物《科学·技术和人的价值》上发表了两篇同名文章，题目是：《科学学在中国》。他们都对中国科学学研究留有深刻的印象，并且十分赞赏。恰如万英加特指出的，正当科学学在美国和欧洲仍在为其得到社会支持和承认而奋斗之际，中国学者却毫无困扰地跨进了这一新生的领域，并取得了长足的进步。

此外，经符志良教授考证，科学学作为一个独立的专有名词——单词，在以拼音为特征的语言文字中，已经在六种文字中出现了，它们是：俄、德、荷、匈、波、法。如果将中文——"科学学"也计入其中，就是有七种文字了。事实充分证明，科学学正在变成世界各国普遍承认的专有名词，如同物理学、化学、生物学在各国一样。

因此，我们觉得，既然科学学研究已经有了一个国际性的专有名词，那么，在给我们研究会取名的时候，就愈加要慎之又慎。其实，科学学这个名称在中国出现也不是一帆风顺的。从 1978 年 10 月在天津，自然辩证法工作者、科技情报工作者、科技政策研究工作者的发起，到向国家科委童大林、吴明瑜等领导同志的汇报，再到在李昌同志办公室的论争，最后才达成妥协，暂叫"科学学"。当我们读到于光远同志以《谈谈科学学》为题发表的专论，看到他为科学学在中国的诞生大声疾呼的时候；当我们看到钱学森同志以《关于建立和发展马克思主义的科学学》为题撰写的论文，为我国科学学学科发展指明方向的时候；当我们听到钱三强同志以"可算找到老家了"为题发表演说，亲切地称科学学这门学科是他的老家的时候，每一个中国科学学研究工作者谁不感到由衷的喜悦呢！

在同志们的努力和自然科学家的支持下，1981 年国务院关于中国科学院设立管理组的文件中，以法的形式明文规定，科学学研究是管理科学组负责管理的诸学科之一。从此，科学学这门学科，连同它的名称一起，得到了我国政府和学术界的承认。中国科学学研究开始了一个新的阶段。

实践证明，科学学这个名称有利于并且有可能团结大多数。我们已经得到了国家科委、中国科学院、全国科协党政领导同志的支持，这是值得庆贺的。但是，还不够，科学学要成为一门真正的科学学科，还取决于它和自然科学的关系。因此，科学学研究和它的学会组织机构必须取得自然科学家的同情和支持，吸引他们到科学学研究队伍中来。科学学研究工作者，尤其是搞理论科学学（比如，研究科学结构）的同志，如果不和自然科学家结成亲密的联盟，终将一事无成。在某种意义上讲，自然科学家和科学学工作者的联合程度决定着科学学的自我意识程度，决定着科学学这个学科的兴旺发达程度。

第二节　处理好几个关系

我们认为以下几点值得注意：

第一，必须处理好党性原则和科学性原则的关系。我们一定要在马克思主义基本原则的指导下，脚踏实地地加强学科建设。这是最要紧的。诚如贝尔纳所说："科学学不是从天上掉下来的，必须通过研究现实生活，花大气力去寻找。"科学是老老实实的学问。既要反对脱离实际崇尚空谈的坏作风，又要反对把联系实际狭隘地理解为紧跟某项具体政策的做法。唐人诗云："人生心口宜相副，莫使尧阶草势斜。"我国科学学研究当前更应采取这个态度。

第二，正确处理科学学和它的各分支学科的关系。我们不能犯逻辑上的错误，即不能把整体和局部在任何时候都无条件地相提并论。我们已经开过两次全国性的科学学讨论会，同志们都赞同我国科学学研究在当前首先要注重以下四个方面的分支学科，即理论科学学、科学经济学、科技政策研究和科技人才学。按照李昌同志的意见，还应增加一个重要分支，即科研管理学。遗憾的是，我们在全国研究会命名的时候犯了上述逻辑上的毛病。其不当之处犹如把物理学会称作"物理学与声学学会"或"物理学与力学学会"等一样。

第三，正确处理学科建设和学位的关系。我们坚定不移地朝着将来的大目标——科学学终将成为一门独立的新学科努力。这就有个授予学位及学位名称的问题。如同不能有物理学与电学博士、数学与概率论博士一样，我们想，将来也不会有科学学与科技政策研究博士、科学学与科技人才学博士。

据符志良同志考证，科学学研究已经有了世界性规模。不仅有了国际性的科学学组织机构和学术会议，而且越来越多的自然科学家、社会科学家和政府官员，特别是经济部门和科技部门的官员，加入到了科学学队伍中来。在许多国家，科学学这门年轻的学科已经进入高等教育体系，并且开始授予学位。这些国家是英国、加拿大、美国、挪威和苏联①。比如苏联，1979年出版了一本小册子，名为《科学学问题——学位论文》（1965—1977）。该书指出，全苏联在这13年间通过科学学学位论文人数为665人，其中博士为68人，副博士为597人。

第四，认真处理好普及和研究的关系。科学学的普及宣传工作已经取得了很大的成绩，全国29个省市中已经有近20个省市成立了形式多样的科学学研究会。但是，相比之下，科学学的学科建设本身，即研究开拓工作则更应当得到加强。19世纪的大物理学家法拉第认为，科学研究的战略和战术乃是包含在六个字里面："研究、完成、出版"。足见研究是第一位的，最后才是出版宣传。离开了深入和提高，不去开采新的知识宝藏，科学学的普及和宣传就会停留在老一套，科学学的生命也就停止了。古罗马只用知识之流而不培其源，结果过不多久，流和源便一块儿枯竭了。这个历史教训，永远值得我们吸取。

今天，中国科学学与科技政策研究会正式成立了，它应为在全国范围内造就一批科学学专家、科学学教授而竭尽全力，提供一切可能提供的条件，创造一切可能创造的机会。机会往往比时间更重要。有了机会，人才总会出其不意地脱颖而出。

天然光是美丽的，因为它天然不偏振于某个固定方向。实际上，它是无数偏振光的无规则集合。偏振光也有它特有的色调，但只是在科学家工程师的科学试验和工业生产中某些场合或阶段上的特殊形式。我们想，科学学全国研究会要具有偏振光的能力，但更要有天然光的格调。如果不过度地永远朝一个方向偏振（一定阶段上有某种偏振是必要的），那么，它必然会在未来科学活动的百花园中放射出自己天然美的异彩。

---

① 作者写此篇文章时间是1982年，彼时苏联尚未解体。

第6章　再谈科学学的学科建设[1]

《科学学与科学技术管理》杂志（图6-1）几乎与科学学在中国同岁，已经度过了自己毫无愧色的五个春秋。

由于取了"科学学"这个名字，它从出生伊始，就曾像安徒生笔下的"丑小鸭"一样，蒙受了太多来自各方的"厚待"！有天津市科委领导的卓识远见，有国内乃至国际科学学界同人的鼎力相助，归根到底，杂志社全体同志的创造精神和辛勤耕耘，使得今天的《科学学与科学技术管理》杂志已经名扬天下，誉满五洲。如，匈牙利科学计量学家布劳温博士来信希望得到杂志英文

图6-1　《科学学与科学技术管理》杂志封面

抽印本；民主德国[2]科学学家飞函索要去年第9期的杂志；美国锡拉丘兹大学佩德森教授曾请她身边的中国留美学生进行每期主要内容的听读；耶鲁大学世界著名科学学家普赖斯教授的遗孀，曾特别感谢该杂志为她的丈夫出版纪念专刊。

五年，是坎坷的五年，又是闪光的五年！

五年，是艰苦创业的五年，又是硕果累累的五年！

我们庆祝《科学学与科学技术管理》杂志已经拥有自立于国内杂志之林的能力！庆祝它为祖国科技事业和经济发展做出的巨大贡献！庆祝它为科学学自身的学科建设做出的卓著功勋！

众所周知，一个人的自然年龄和他应有的科学水平，有时会发生严重的背离。目前，我国科学学这门学科的发展，仿佛情同此状。如果从1979年召

---

[1] 原载于《科学学与科学技术管理》1985年第5期，题目是另加的，收入本书时文字有改动。
[2] 作者写作本文的时间为1985年，彼时两德尚未统一。

科学学的历程 The Journey of 'Science of Science'

开第一次科学学全国学术讨论会算起，那么科学学在中国已经六岁半了①。作为一门新生学科，它理应可以成为一名发育丰满、体魄健壮的孩童了。可是，从科学学自身关于学科发展评价指标体系来说，中国科学学的现状还只能算在胚胎阶段。其理由如次：

第一，我国科学学界还没有形成标志学科活动领域的引证网络。科学计量学研究表明，某些科学学论文之间的相互引证网络，不仅标志着某领域研究前沿活跃的方向和程度，而且标志着一个学科的成熟程度。若对我国 13 家科学学杂志做一初步调研，那么不难发现，它们之间不仅很难看出有什么引证网络，就连一些国内著名科学学专家之间亦少有相互引证。从前几年几乎同时出版的国内四本科学学专著来看，情况亦是如此。无论是总的引文数量，还是引证国内同行的文献数量，均低于国际平均水平（见表 6-1）。普赖斯教授曾凭借科学指数增长规律做过大胆猜测，他指出，对尚无一般文献档案的新生学科来说，指数的值域是 75% 至 80%②。若按此标准来衡量，我国科学学目前只能算处于胚胎孕育期。

表 6-1 国内外科学学专著引文数量比较

书名	作者	全书参考文献总数	引证本国文献数
科学学基础	刘吉、冯之浚等	73	10
科学学概论	郑慕琦 张碧辉 许立言	90	54
科学学纲要（上、下）	何钟秀、关西普	107	10
科学学教程	田夫、王兴成	240	105
科学学	（苏）拉契科夫	282	213

第二，我国科学学界还没有形成自己的科学规范。科学本质上说是一种创新活动。在创新活动中逐渐形成一种为部分科学家共同接受的理论规范，则是一门学科进入常规科学阶级的标志。六年多来，我国科学学界且不说在接受和引进世界科学学研究成果时步调尚不甚统一，在对国内同行研究成果

---

① 如果上溯到龚育之教授的科学学专著《关于自然科学发展规律的几个问题》（1960），那么，科学学在我国就有 24 年历史了。
② 该指数被称为普赖斯指数，是指引文中最近五年内的文献量占全部参考文献量的百分比。

的引用和关注方面就更加薄弱：几乎没有什么激烈的学术争论，呈现的是一派谁也不顾及谁，谁也不取代谁的"升平景象"。从知识结构学的观点看来，这正是"科学胚胎"的准科学时期和"多重态"的前科学时期的本质特征。从一门学科的社会地位来看，结果也是一样。由于我国科学学还没有形成自己确定的理论规范体系，从而在整个科学界缺乏应有的社会地位。其结果是，在大学开不了科学学正规课程，在中国科学院建立不了正式的科学学研究机构（如科学学研究所，或者科学学研究部、研究室等）。

第三，国家科学政策制定者在制定国家科技政策时还没有做到必须要有科学学界人士参加和必须利用科学学的研究成果及研究方法。党中央关于我国科技体制改革的决定刚刚公布。在这项决定的制定过程中，我国科学学界起到了何种作用，学界同行应当是比较清楚的。尽管有的中央领导同志在个别场合曾赞扬过科学学前几年所做的工作，但是扪心自问，科学学既然如贝尔纳指出的是一门科研战略学，是制定科学规划的理论基础，那么很明显，这就可以反过来证明，我国科学学目前水平还很低，离党的科技政策要求还相去甚远。从某种意义上说，我国科学学界还没有为国家现代化建设奉献出一套关于改革我国科技体制的理论、方法和方案。诚如当今世界著名科学学家莫拉夫西克教授指出的，当前世界科学学界在各国科技政策制定者和科研管理者眼里，同样处于一种软弱地位。这难道还不值得我们科学学界同仁深思吗？

孙中山先生说过："革命尚未成功，同志仍须努力。"值此《科学学与科学技术管理》杂志创刊五周年之际，孙先生的这两句名言，看来是十分贴切而又适逢其时的。

第7章 《科学学》在中国15年[①]

第一节 它是一面历史的镜子

《科学学与科学技术管理》杂志（图7-1）创刊问世已经15年了。它几乎和科学学在中国同岁，因此说它是中国科学学的一面镜子，显然是当之无愧的。改革开放的春风沐浴，启山林伊始的艰难，老科学家、科技战线老同志的扶持，科技体制改革实践的呼唤，以及国外科学学思想介绍进来，是科学学诞生的客观条件。相邻相近领域的中青年学者纷纷跨过边界，闯入这块以前不曾注意和耕耘过的园地，适宜中国土壤的新思想、新观点乃至新分支领域涌现出来，这是科学学诞生的主观条件。紧接着迎来的是中国科学学发展史上近十年的黄金时期。这就是，在邓小平同志总设计思想和蓝图的指引下，改革开放头十年间，是中国科学学差不多按指数增长的速度迅速发展的辉煌年代。再紧接着是近三五年的增长饱和期：成名科学学家的生产率下降，科学学研究星空中的新星稀疏，新研究领域开拓无力和常规领域的深层采掘受阻，等等。所有这一切，常读天津《科学学与科学技术管理》，你就可见到其或强或弱、或浓或淡的反照、映象或折射。河南师范大学梁立明教授关于我国科学学期刊载文及其作者情况的研究报告，则从科学计量研究的视角揭示出了这一发展过程。

图7-1 《科学学与科学技术管理》杂志封面

[①] 原载于《科学学与科学技术管理》1995年第5期，收入本书时文字略有改动。

第二节 它有一笔历史的功绩

天津《科学学与科学技术管理》杂志是一家成功的科学期刊。

首先,他始终积极宣传中共中央十一届三中全会以来的路线和政策,宣传建设有中国特色社会主义理论,努力为我国科技体制的改革开放、尽快实现科学技术现代化而献计献策,大声疾呼。

杂志草创之初,针对提高全民族科学意识的需要,它率先不厌其烦地宣传邓小平同志关于"四个现代化,关键是科学技术的现代化"的伟大思想。为了促进改革旧管理体制,它曾为宣传科技管理的思想、方法和技术竭尽全力。为了把广大科技干部从旧管理观念束缚下解放出来,它曾第一个举起马克思主义领导科学是领导干部必修课的旗帜,着力向干部宣传关于"战略的眼光,系统的观念,综合的能力,创新的精神"这一具有中国观点和中国气派的干部教育思想。毋庸讳言,领导科学在中国的诞生,天津《科学学与科学技术管理》杂志功不可没。跟随着国家改革开放的步伐,它又总能如同"弄潮儿"一般,超前一步地站在改革大潮的浪尖上,向人民报告和宣传科技管理与政策的全新思想,诸如科学基金制、科技责任制、技术商品化、技术市场……这些现在看来已属很平常的科学学思想,但在 20 世纪 80 年代初期提出不仅要有理论勇气,而且也的确发挥了巨大的宣传功能。难怪在 1985 年《中共中央关于科学技术体制改革的决定》公布时,国家科技部门领导同志曾不无赞扬地肯定了科学学研究成果对该中央文件形成所起的重要作用。

其次,它始终继承和发展了贝尔纳的科学学研究传统。谈到贝尔纳传统,当代科学计量学之父普赖斯在他的传世名作《科学的科学》一文中指出过,"贝尔纳在分析科学时有三大特点:定量研究、理论模式、政策和管理研究"。作为该杂志编委,回过头来审视天津《科学学与科学技术管理》15 年的发展历程,它是足具上述三大特点的。

如同刊物的名称一样,该刊上有关科技政策和管理的研究可谓是重头戏。众所周知,中国改革开放的伟大实践,恰好为社会主义条件下科技体制改革和发展提供了空前的历史机遇。适逢其时,后者恰恰为科学学在中国的发展提供了一座丰富的历史实验室。历史犹如大江长河，有时为了"大江东去"而不得不经历"东流流九折"的历史辩证过程。半个多世纪以前，贝尔纳等作为科学学的奠基先驱，他们做的工作是在资本主义条件下，"抓住那种科学地分析科学的关键性思想"，即探索和加强在资本主义条件下的规划科学的理论基础。而在当前的中国，科学学家却要在科技领域里研究、推进和实施适合社会主义市场经济的运行机制和办法。正是这一点，天津《科学学与科学技术管理》在某种程度上充当了先知者和号手的角色，因而赢得了全国上下、科技界内外的赞誉和名声。在宏观、微观，乃至中观和行业管理的角度上，有关科学政策和科学管理的研究与宣传也成了该刊的强项。

报道和促进科学发展理论模式的研究，乃是该刊的又一大特色。大凡科学结构模型、科学发现采掘模型、科学引文网络模型、科学技术转化模型、科学整体图景模型、科学地理图模型、技术转移模型、潜科学在知识结构中的位置和演进模型，以及潜科学、前科学、常规科学、后科学和超科学的分析与界定模型，等等，都在该刊上率先报道或被热情支持过。理论科学学和新生科学学分支领域也把天津《科学学与科学技术管理》看作自己成长的"保姆"和"摇篮"。

天津《科学学与科学技术管理》第三个值得称道的地方就是以满腔的热忱倡导和支持科学定量研究。其介绍贝尔纳、普赖斯、纳利莫夫、米库林斯基、加菲尔德和布劳温等关于科学计量学的名著、名作和思想；发表有关科学知识单元定量分析理论、科学发展定量水平模型、科学技术定量评价指标及体系、科学学期刊发表论文与作者分布研究，以及和中国管理科学研究院科学学研究所合作，联合召开我国首届和第二届普赖斯与科学计量学研讨会。所有这些业绩，奠定了该刊在我国科学计量学研究领域核心期刊的地位。

第三节　它也有一定的历史局限性

《科学学与科学技术管理》当然也有一些不足，但这在一定程度上乃是中国科学学发展中的不足，本质上是历史局限性使然。

首先是时代的局限性。该刊创办于 1980 年，时值全国科学大会和党的十一届三中全会之后不久。这是一个公认的百废待兴的年代，是既需要理论沉思但更需要实际应用的年代。"白猫黑猫，逮了耗子就是好猫"和"摸着石头过河"这两句名言，正是这个时代特征的写照。对科学学这门新兴学科的要求也不例外。还是恩格斯说的对，他说："社会一旦有了技术上的需要，则这种需要就会比十所大学更能把科学推向前进。"时代要求实际应用，表现在该刊上应用文章的比重和层次倾向于基层的程度就显得较重。相比之下，科学学的理论文章在量和质两个方面都显得不尽如人意。

其次是国情的局限性。科学学作为一门当代颇具典型性的综合性交叉科学，在我国首先被吸引并投身于其中的大多是自然辩证法工作者。他们的来到，除了开创之功外，还使科学学在中国一开始出现，就得天独厚地受到马克思主义哲学的指导并带上了科学哲学的浓重色彩。恰如普赖斯讲的，在科学学的学科个体发育史上，最先形成和独立发展的两门古老的分支学科中，有一门就是科学哲学。但随后的发展却表明，从科学哲学再向实验科学跨一步，是很艰难的。因为科学学作为一门硬科学，光有哲学思考是不够的。研究表明，这个国情的局限性还来自近代以来我国科学界博物学传统的软弱。反映在该刊的文章上，大凡理论科学学文章，哲学性的议论或概念多，而实证与调查分析中国到处都在前进中的大科学事业的少。

再次，局限性乃是来自我国整体经济水平的制约，确切地说，来自较低的国家科学研究拨款的制约。据专家估计，1994年我国研究与发展经费仅占国内生产总值的0.5%，而不说发达国家，就是发展中国家也一般要占1%~2%，我国的近邻印度亦占0.9%。显而易见，在这种情况下，能给科学学这样的新生交叉科学拨的款就更是微乎其微了。据说，包括天津《科学学与科学技术管理》杂志在内的国内大多数科学学期刊都受到了经费短缺的困扰，有的不得不压低稿费标准，有的则拖欠稿费达半年乃至一年之久，更有的不得不暂停或干脆停刊，为生计所驱，要保持理论仪态与学术水平就是一件很难做到的事了。

最后，局限性还来自我国整体科技水平的制约。贝尔纳说过，科学学即是"科学的自我意识"。换句话说，科学学乃是以科学自身为研究对象的学问。马克思在谈到科学与实践的关系时说过，即使是纯科学，亦是"由于人们的感性活动才达到自己的目的和获得材料的"。毫无疑问，作为一门"二次科学"（普赖斯语），一个国家科学学的发展水平必然要受到一定历史时期科学技术发展水平的制约。我国是一个发展中的社会主义大国，事实上，我国科技也的确整体上基本是属于发展中国家队伍的。科学计量学研究表明，我国的科技水平与发达国家相比还有较大差距，这种状况注定要在中国科学学工作者的研究中反映出来。科学学杂志所反映的只是"流"，而"流"当然就要受到"源"的制约和影响。

第四节　它还有一点历史的危机

确切地说，这个"它"应当指科学学。谈到科学学有无历史危机，在科学学界早有见仁见智的两派意见：一派认为有危机，而另一派则认为没有。笔者无意在上述两派意见上做出什么裁定。作为一名科学学研究工作者，愿在"居安思危，思则有备，有备无患"的意义上，坦陈愚见，以求教于科学学界同仁。因为有一点是已有共识的，那就是如同世界上一切事物都不能永远按指数增长的速度继续发展下去一样，中国科学学按指数发展的黄金时代已成过去，接着出现并延续至今的是按指数增长过程后的平稳发展时期。为此笔者说，中国科学学界还是"有一点"危机的。

危机，首先来自科学学家队伍老龄化的趋势。翻开科学学杂志的作者目录不难发现，一般在科学学研究前沿工作的，大多是一些老面孔，其中多数已届或近乎退休年龄。"老树春深更著花"固然可贵，但再要求他们"更高、更快、更强"，就违背了赵红州教授发现的科学学自己的定律——"科学发现最佳年龄定律"了。另外，青年科学学工作者队伍形成缓慢。有些很优秀的青年科学学工作者刚刚进入科学学领域不久，又相继退了出去。日本一位管理专家铃木慎哉说过："人才的差别就是企业的差别。"此言正是。学科水平、学科差别，说到底是人才问题，是科学家的水平问题。由此可见，科学学人才的危机已经刻不容缓地摆在我们面前。

其次是科学学的学科建设危机。若干年前已有人感觉到这个问题，没有想到近几年颇有加深的迹象。这主要表现在，科学学专著出版进入低谷；科学学各分支领域的拓展缓慢，有的甚至出现了停滞，有的则空白依旧；科学学作为一门课程进入高校课堂依然停留在20世纪80年代的水平上，有的专家估计，甚至还到不了 80 年代的水平；科学学前沿研究的推进十分软弱和分散；介绍和引进科学学世界名著工作也出现了某种停顿。

第三，科学学的影响危机。科学学的影响当然是多方面的，这里主要指的是对国家科学政策的影响。值得指出的是，所谓科学政策，乃是通过政府主要首脑决策以影响科学技术发展的思想与主意。广义地说，科学政策就是为了实现国家的经济、社会和政治的目标，通过行政决策影响科学技术发展的思想。遗憾的是，在影响国家科学决策者方面，一是中国科学学依然没有形成组织的力量；二是正在失去如同 80 年代黄金时代中所显示出来的与政府有关部门的密切关系；三是也鲜有人在科学与政府关系问题的研究上下功夫。钱学森就预见并指示，希望开展政治科学学研究。面对中国科学学对国家科学决策部门影响软弱的局面，再想想钱老的指示，难道我们不应该感到自责和愧疚吗？难道还不应该有一点危机感吗？

第四，与国际科学学界的联系危机。应当说，近几年来，中国科学学界整体来说与国际科学学界的交流不是增强，而是有减弱的趋势。从学者互访、论文在国际科学学权威刊物上发表、及时而又系统地介绍国际科学学发展的综述，到出席诸如国际文献计量学、科学计量学、信息计量学大会等重要国际科学学会议和参与学术活动、向国外著名科学学研究机构派出访问学者等等，中国科学学界值得检讨的地方远比值得庆祝和总结的地方多。在科学国际化空前发展的今天，一门学科若游离于它相应的国际学术界之外，且不说有害，至少是不利的。

第五，科学学的组织危机。20 世纪 80 年代中后期是中国科学学机构化的高潮时期。当时，各地科学学研究所和高校科学学教研室如雨后春笋，相继成立，一派大好景象。但是，现状如何呢？有专家估计，至少失去了"初生牛犊"的锐利锋芒，进入了平稳持续发展的阶段。

第五节　它有着一个光明的未来

当代，乃是人类理性力量、经济力量和政治力量的鼎盛时代。毋庸置疑，在这些力量的背后，则是科学的力量。发现这一点并把它阐述得最清楚的是马克思。"在马克思看来，科学是一种在历史上起推动作用的、革命的力量。"是马克思第一个把科学首先看成是历史的有力的杠杆，看成是最高意义上的革命力量。邓小平同志关于"科学技术是第一生产力"的论断，江泽民同志关于"科学技术是生产力发展的重要动力，是人类社会进步的重要标志"，关于现代国家间"综合国力的竞争，关键是科学技术的竞争"的观点，都是对马克思上述思想的丰富和发展。

随着人类文明的飞速进步和马克思上述思想的普及，人们对科学的认识、研究、评价、规划、使用和所寄予的希望，亦将越来越深入和普遍。科学学，或者如贝尔纳所称"科学的自我意识"，作为探索科学技术的发展规律，从整体上研究科学的本质特征及其与社会关系的一门学问，正好担当并将完成上述人类文明进步提出的"认识、研究、评价和规划"科学的重大历史使命。可以预见，一个需要研究、普及和应用科学学的伟大时代正在到来。

如同企业家并不一定能成为经济学家、画家不一定是艺术评论家、作家不一定是文学评论家、小说家或诗人不一定能当语文教授、政治家或将军不一定能成为历史学家一样，科学家也不一定能成为科学评论家。恰如科学计量学之父普赖斯指出的："科学的神秘性就是如此，它使得人们每当需要对科学做出某种评价时，我们就不知不觉地去请教科学家本人。"但是，历史已经证明，这种政策的危险和错误是显而易见的，因为"人们必须承认下面这句平常话里所具备的某种真理性：科学家在他本专业之外正在变成一个外行"。一个科学家，凭借他的专业知识的训练和经验，究竟能对整个科学了解多少，究竟能否胜任上述评价科学的社会责任，肯定是一个值得注意的问题。而把关于科学发展的科学研究成果变成政府决策者能理解的东西，正是科学学家的任务。也正因为如此，贝尔纳说："要想把科研效率略微提高一点点儿，就必须有一种全然不同的新学问来指导。这就是建立在科学学基础上的科研战略学。"显而易见，宣传这一切，普及这一切，就是《科学学与科学技术管理》这样的科学学刊物的义不容辞的专业任务和时代赋予的社会责任。

历史告诉我们，19世纪与18世纪迥然不同，那是科学的力量；20世纪与19世纪也迥然不同，那也是科学的力量。而今的21世纪，必将与退去的20世纪更加迥然不同。这是因为，在21世纪科学学必定会取得更加迅速的发展，作为"科学的自我意识"，必将更加成熟，因而在科学学的指导下，21世纪的科学必将更发达，科学的力量必将更大，再更大。

第 8 章 《科学学》在中国 20 年[①]

——写在《科学学与科学技术管理》杂志创刊 20 周年

科学学的奠基人贝尔纳在其著名的科幻体处女作——《自然、肉体和魔鬼》第一章的开头第一句便写道：

人世间有两种未来：一为期望之未来，二为命运之未来，而迄今为止人类的理智还不曾学会将此两者分开。

值此共庆《科学学与科学技术管理》杂志创立 20 周年之际，让我们来重温一下贝尔纳的这句话，似乎真有一种重新聆听预言家布道的感觉。贝尔纳的这句话说得多好啊！仿佛是对我们中国科学学的成长和发展说的。

试问，中国科学学的今天，是科学学人 20 年前梦寐企求的未来吗？

试问，中国科学学的今天，是科学学人 20 年前生逢其时的命运的未来吗？

作为一名老科学学工作者，我想，在我们祖国各地的所有科学学界的前辈、老师、同仁和朋友们大约都会自豪地说："正是！"

这是我们这一代中国知识分子的幸运，赶上了改革开放带来的科学的春天。

古人云："枯木逢春，萌芽便发。"想当初，中国第一代科学学人虽不能说都是青春年少，但大多正是风华正茂时。有道是"给了阳光就灿烂"呀！这第一代中国科学学人不正是脸上泛着党的十一届三中全会春阳的光芒，为了振兴中国的科学技术事业、促进科技现代化，而到处发表科学学的文章，到处举办科学学的讲座，到处结交科学学的朋友。

1979 年 7 月，他们在北京成立了中国第一个"科学学研究组"。

1980 年 5 月，他们在天津创办了中国第一家科学学专业杂志——《科学学与科学技术管理》。

---

① 原载《科学学与科学技术管理》2000 年第 5 期，收入本书时文字有改动。

随后，他们又出版了第一本科学学专著；创建了我国第一个科学学研究所；争得并完成了国家自然科学基金委批准的第一个科学学研究课题；赢得了国家科技部门领导人第一次褒奖；在国务院学位分类条例中第一次有了科学学的位置；在大学里终于有了第一个科学学硕士点；在著名学府培养出了主攻科学计量学方法论的第一个科学学博士；第一次邀请国际科学学专家来华讲学；第一次组团跨出国门出席世界科学学大会；中国科学学家赵红州第一次获得"普赖斯科学计量学奖"的提名……所有这些中国科学学的"第一次"，几乎都可以从《科学学与科学技术管理》杂志里直接或间接找到文献证据，因为这家杂志不仅是中国科学学的主要学术论坛和园地之一，而且也是一座记载中国科学学发展历程的历史档案宝库。《科学学与科学技术管理》杂志事实上已经成为中国科学学人的骄傲。

毋庸讳言，在未来国家竞争的成败取决于增长。而这种增长的实现，根本上说乃是取决于这个国家的科技实力能否实现有效的提升，用田长霖的话说，就是取决于科技的创新和创新的科技。因此，未来也必将是更加需要科学学又一次大显身手的新时代。

科学计量学之父普赖斯曾告诫说："同任何一门科学一样，'科学的科学'如果把那个应用目的作为自己的主要目标，它将会破产。"为了在期望中的未来争取更大光荣，中国科学学应当在发扬擅长应用科学学研究的传统的同时，把基础科学学研究提到十分重要的地位上来。

第 9 章　指数规律与知识结晶学[①]

科学学，作为"一门具有头等重要意义的二次科学"，如同科学自身一样，在迅速发展和成长着。它吸引着当代一大批才华横溢的科学学家、科学哲学家、科学史家、心理学家、社会学家积极地加入到对"科学的科学"的研究队伍中来。由于他们的开拓性努力，一批以"理论社会学""知识社会学"为代表的新生分支学科相继问世。世所公认，其中做出最杰出贡献的，乃是美国耶鲁大学已故普赖斯教授作出的。这就是他关于科学发展指数增长规律的发现。

当时，普赖斯教授方青春年少（27 岁），在新加坡大学任教。校方让他保管一套漂亮的用小牛皮精装的伦敦皇家学会《哲学汇刊》杂志（1662—1930）。由于十年一叠地放在床头书架上，杂志靠墙竟形成了一条指数曲线。这个现象被普赖斯敏锐地抓住了。此后，他又从其他期刊去寻找这条指数曲线的普遍证据。

进一步的研究表明，在科学发展史上，指数规律并不总是成立的，它还有被破坏的时候，即"非常时期"，如 1670—1740 年间即是如此。此期间，无论全世界科学家人数怎么增长，也不管各国科研投资如何增加，科学成果总量却远低于正常指数曲线期望值。普赖斯说，这是所谓的"科学的饱和状态"。

试问：为什么科学发展会出现这样一种现象呢？比如，牛顿力学完成之后，全世界科学呈现过萧条局面；相对论和量子力学诞生之后，世界科学成果量也出现了明显的下降；等等。这就使人不得不想到，是由于科学自身的内部矛盾运动，或科学内在结构的变化所致吗？

学过物理学的人都会很快地想到，这类现象很像物质的"比热"规律。如我们用酒精灯加热一块冰，在冰达到 0℃ 前，其温升是线性变化的。一旦达到 0℃，无论你怎么加热，冰的温度再也不升高了，直到冰全部溶解为止，然

[①]　原载于《科技新闻报》1986 年 3 月 27 日，收入本书时文字有改动。

后又以水的比热规律，温度逐渐上升。为什么会造成这种温度饱和现象呢？物理学家发现，造成固态的冰到液态的水这一阶段出现温度饱和现象的原因，是物质内部结构的变化造成的。

这就不难想象，既然物质结构的变化可以造成物质相变时温度的饱和，那么当我们发现并定量地证明了科学知识变化也有饱和现象的时候，似乎也有理由假定，知识内部也有一种类似于晶格的结构。因此，科学结构学的提出，首先应当归功于普赖斯教授。

接下来的问题是，科学知识究竟是什么样的结构。1984年7月，我们向为纪念普赖斯逝世一周年而召开的中国首届"科学计量学学术讨论会"提交了一篇论文，题目是《知识单元与指数规律》。这篇文章认为，知识是一种客观存在，但不是一个无结构的组合体，而更像一些分子量不同的知识单元的有机组合。每个知识单元所包含的知识量可以大，像现在的大分子化合物一样；也可以足够小，像氢分子只包含一个原子和一个核外电子一样。按照这种观点，我们可以想象，任何一个科学定理都是由若干知识单元所构成的。这些知识单元又是由数学的知识单元黏合在一起的。比如，牛顿第二定律 $F=ma$ 是由三个知识单元加一个数学"胶子"构成的。从科学结构学的观点来看，牛顿定律的产生，是牛顿从他当时做的实验数据中提取出足够多的知识单元，假定有 X 个，从中选出三个来，让它们进行排列、组合，即各种思路都调动起来，最后，才有现在大家所熟知的这种形式。现在国际上有一种人工智能 BACON 程序，就是试图用计算机重新发现诸如牛顿定律等科学定理。其原理就是，选取一定数量的知识单元，让计算机把千千万万个思路一个个地试，让各种知识单元不断重组，根据实验数据，最后找出一个定式，即 $F=ma$。

由此可见，科学家智能的大小，表现为他重组知识单元的能力。一项前人的成果，往往是多个知识单元的结晶。当科学家工作时，他要把这些知识单元从原来的结构中提取出来，进行重组。这就是创造力的两个方面：一是打破原来知识结构的能力，把知识单元从原来的知识晶格中游离出来；二是把游离的知识单元，按照一定的思路，重新凝聚起来，变成自己的科研成果。比如，现在人工智能中的专家系统，其基本思路即是如此。然而，创造毕竟是创造，仅仅依靠前人知识单元的重组，还不能代替这样一种创造，比如普朗克量子理论的提出。可见，科学革命有两种，一种是渐变式的结构重组

（如前者），另一种是突变式的结构重组（如后者）。然而无论哪一种，都标志着知识晶体结构的变化。

有趣的是，人类历史上科学知识的"饱和"现象，确实与上述两个参数有关：一是科学家的集团创造能力，二是知识的晶格结构参数。比如人类取得了像牛顿力学、量子论和相对论这样的伟大知识成果，反过来，这些知识成果却造成了极强有力的晶格间的相互作用，这就使得想在上述体系中拖出任何一个知识单元来进行重组的创造活动变得十分困难。这就是为什么在牛顿之后的长达七八十年时间里科学界成果寥寥的原因。因为牛顿创造的知识结构太稳定了。

总之，我们提出的知识单元结晶模型的假说，不但解释了普赖斯的经验统计规律，还能很好地解释科学史上一些非常重要的异常现象。由此我们很有信心，一门崭新的科学学分支学科——知识结晶学（或称知识结构学，或科学结构学）的诞生，大约是为期不远了。

第 10 章　重视科学发明的年龄定律[①]

科学学上有一个规律，叫作"科学发明年龄定律"，说的是任何国家重大的科学成果数目总是与杰出的科学家人数成正比，而与这些人平均年龄到最佳峰值年龄之差成反比。当代最佳峰值在 37 岁左右。因此，科学家队伍平均年龄越接近 37 岁越好。而要保证这一条，就必须要求：第一，中年科学家人数要多；第二，中年科学家的死亡率要低。

从科学史上看，任何一个国家的科学家队伍都是以中年科学家为骨干力量的。尤其当一个民族处于赶超世界科技水平的历史阶段，中青年科学家更加重要。比如，当年英国赶超意大利的关键时期，杰出科学家的平均年龄是 35~45 岁；法国在赶超英国的历史阶段，杰出科学家的平均年龄是 45~50 岁；德国在赶超时期，科学家的平均年龄是 41~45 岁；美国在上升为世界科学中心的历史阶段里，科学家平均年龄不到 50 岁。显然，世界各国都把资助"最佳年龄区"的科学家作为一项重要的政策。

但是，那些不知道资助和鼓励"最佳年龄"科学家的国家，都在不同程度上受到了科学规律的惩罚。18 世纪末到 19 世纪中期，世界各国普遍采用"带薪式"科研体制。而英国皇家学会则坚持"自由研究"和"自我资助"的原则，结果大批穷困的中年科学家遭受厄运，不少科学人才都像当年的英国物理学家德尼·佩品那样穷死在伦敦街头。据英国科学社会学家特纳在《十九世纪科学的资助》一书中所写，"在英国维多利亚时代中期，爱丁堡大学的教授们薪水很低，或者根本没有薪水，他们的报酬是学费。对于一个有相当研究能力的科学家来说，每年至多也不过有一千英镑的收入……教授们仍然设法自己掏腰包来进行科学研究。"当时，英国政府名义上有所谓"国民津贴"，但是，这些津贴大都落到了一些"懒汉"手中，剩下的只有 13% 的资助能发给科学团体。加之发放这些津贴的权力又控制在某些官员手中，实

[①] 原载于《光明日报》1983 年 1 月 7 日，与李瑞英合写，收入本书时文字有改动。

际上发给科学家的只有6%的资金。而且当他们得到津贴的时候，基本上都已经过了自己的最佳年龄期。这样，英国科学家由于贫困和死亡率明显增加，平均年龄逐渐老化。据1800年至1830年的统计，英国杰出科学家平均年龄高达55~60岁，这期间英国科学家取得的重大成果下降到世界总数的10%以下。英国科学在19世纪中期衰落下去了，这与中年科学家的贫困和死亡是有很大关系的。

英国科学史生动地说明，中年科学家对一个国家的科学事业来说，具有举足轻重的作用。他们的健康与死亡，像社会的水银柱一样，标示着一个国家科学事业的兴盛与衰落。

现阶段我国科学家队伍的社会年龄已经严重老化，平均年龄已经大大超过50岁，峰值年龄在60岁以上①。比如，1980年中国科协第二届全国代表会议中选出的委员230人中，36岁至55岁的34人，占14.8%；56岁至69岁的132人，占57.4%；70岁以上有64人，占27.8%。他们的平均年龄为64.7岁。又如，全国81个学会理事长、会长（81名）中，55岁以下的仅有3人，占3.7%；56岁至69岁的有33人，占40.7%；70岁至79岁的35人，占43.2%；80岁以上的有10人，占12.4%。目前，中年知识分子的生活和工作状况如无显著改善，必然会进一步加剧科学家队伍的老化速度，使我国科学家的创造力大幅度下降。因此，保护中年知识分子的身体健康，对于我国科学教育事业来说，乃是一项带有战略意义的重大措施。

此外，保护中年知识分子的健康，还有其特殊的历史意义，可以缓和我国的"人才危机"。从我国1967年至1976年间的高校毕业人数来看，出现了一个比较大的"马鞍形"图像。也就是说，五年到十年之间，我国科学家队伍的年龄谱上将出现"双峰"分布，即年老的很多，年轻的也很多，而处在最佳年龄区的中年科学家和科学工作者反而很少。这样的局面，怎么能适应我国现代化建设的迫切需要呢？

要改变这种局面，除了培养早熟科学家以外，最重要的一条措施还是要更好地保护中年知识分子，使他们身体更健康，精力更旺盛，创造期延长，从而"削峰填谷"，改变"双峰"分布。

总之，中年知识分子是我国科教事业的中坚力量，也是能承上启下的一

---

① 作者写作此文的时间是1983年，文中数据基于当时的统计。

代智力群体。中年知识分子的健康和工作情况，直接影响着我国科学技术现代化的进程。重视科学发明的年龄定律，关心和爱护中年知识分子，充分发挥他们在现代化建设中的巨大作用已是当务之急。

第三篇　政治科学学与科学基金

　　科学学包括三个方面：第一是研究科学技术的体系结构，叫科学体系学；第二是研究如何将科学技术力量组织起来，叫科学能力学；最后是研究科学技术与整个社会以及国家活动的关系，叫作政治科学学。

——钱学森

　　政治是关于权力和谁行使权力的学问。F. 培根说过："科学就是力量。"因此，所谓科学政治学乃是一门科学与科学家作力权力的工具为善与恶而斗争的学问。

——A. L. 马凯

第 11 章　研究政治科学学[①]

几十年前，苏联物理学家盖森向国际第二届科学史大会（1931 年，伦敦）递交了一篇题为《牛顿力学的社会经济根源》的著名论文。文章对科学与社会、经济的关系所做的马克思主义分析，在西方科学家尤其是英国科学家（如贝尔纳学派）中，产生了预想不到的影响，这就形成了史称"盖森事件"的"马克思主义冲击"，从而导致科学学的诞生。但是，盖森在苏联国内，却被人扣上"右倾分子"和"马赫主义者"的帽子，最后含冤死于狱中。

无独有偶，在美国麦卡锡时代，同样出现了核物理学家罗森堡夫妇受迫害的历史丑闻。

1953 年，美国核物理学家奥本海默被联邦调查局头子胡佛指控为"苏联间谍"，进行隔离审查和精神摧残。

为什么一个科学家尽管不染"红尘"，最终又不得不与政治打交道呢？

为什么苏联和美国社会制度不同，而产生的科学政治事件会具有如此的相似性？

为什么科学在不同的历史时期，有时会得益于社会的政治改革，而有时却又会被政治的浪潮所覆没呢？

所有这一切问题，都需要有一门新学问来研究。这门新学问，就是钱学森倡导的科学学的三大分支学科之一——政治科学学。

钱学森在一次讲话中曾指出，"科学学包括三个方面：第一是研究科学技术的体系结构，叫科学体系学；第二是研究如何将科学技术力量组织起来，叫科学能力学；最后是研究科学技术与整个社会以及国家活动的关系，叫作政治科学学"。

由此可见，政治科学学是把科学当成一种特殊的社会现象——政治科学

[①] 原载于《科技日报》1988 年 1 月 6 日，收入本书时文字略有改动。

现象来研究的。政治科学学的主要研究方向是：

第一，研究科研生产关系的历史演化，研究历史上各个国家在各种文化背景下，科学生产关系所导致的各种各样的政治科学现象，从中吸取必要的历史经验和教训，作为今天科学政策的重要参考资料，并把它作为今天处理科学与政治关系的政策性依据。

第二，研究科学技术与国家活动的关系。在一定意义上说，未来国力和国防力量的竞争，很大程度上取决于科学技术的竞争。钱学森说："21世纪是智力时代。假使在下世纪（指21世纪），一个国家不在科学技术上领先，整个经济活动、国际地位就很难保住。"政治科学学应当研究各国科学技术的未来战略问题，研究各国现代科学技术与经济社会的特殊关系问题，研究科研经费投资的比例等问题，从而为我国未来的科学、技术与经济社会协调发展的国家战略和政策提供可靠的理论依据。

第三，研究科学与政治的社会接口问题，其中包括社会政治如何为科学家提供良好的社会环境与思想资料，同时还包括科学家如何利用自己的知识，为国家领导人献计献策和提供政策咨询。政治科学学要研究各国科学家参与国家政治而变成"权力精英"的经验和教训。

第四，研究科学与教育、法律、军事、外交、宗教、伦理、哲学、文艺、美学、文化等的关系，借以建立一系列相应的政治科学学分支学科。这些分支学科的发展，将为我们社会主义祖国的繁荣昌盛，为我国的社会主义两个文明建设服务。

第 12 章 论政治科学现象[①]

政治科学现象是政治同科学相互作用的社会现象，也是人们在科学劳动过程中，由科研领域生产关系所派生出来的特殊历史现象。正像人们在物质生产过程中，由于生产关系所导致的特殊历史现象——政治经济现象一样。

研究政治科学现象，是科学学研究的重大课题。

第一节 政治科学事件

几十年前，苏联物理学家盖森向第二届国际科学史大会提交了一篇题为《牛顿力学的社会经济根源》的著名论文。文章第一次用马克思主义观点，对英国当时的社会、经济背景和牛顿力学产生的社会根源、认识根源做了精辟的分析，从而震动了英国科学史界，开辟了史称"外史论"研究的全新领域。这就是史称的"盖森事件"（Hessen Episode）。但是，在国外如此有影响的物理学家，在苏联国内，却被人说成"马赫主义者"和"右倾分子"。因为他以同样的科学态度，正确地评价了"相对论物理学"，从而同当时苏联学术界（应当说政治学术界）全盘否定相对论物理学的做法产生了矛盾。这样，盖森便陷入了既要捍卫马克思主义，又要捍卫相对论的"双保卫"的困难境地。

"盖森事件"是一个典型的政治科学事件。它是自然科学作为特殊的意识，同上层建筑相互作用的结果。马克思主义是苏联上层建筑的重要组成部分，它作为一种科学的思想体系，是经得起社会实践的检验的。但是，马克思主义同自然科学的结合，在当时还是第一次。盖森的论文是当时苏联学术界正确地把马克思主义同自然科学相结合的典范。因此，马克思主义的思想

[①] 原载于《科技日报》1988 年 2 月 15 日，收入本书时文字略有改动。

方法，在盖森创立"外史论"研究方面起到了指导性作用，造成了西方学者所谓的"马克思主义冲击波"（贝尔纳语）。

但是，应当看到，马克思主义作为指导思想，作为当时苏联社会的上层建筑，是不能代替自然科学本身的，既不能代替科学史的研究，也不能代替相对论物理学的研究，更不能用政治的压力，迫使人们去赞同所谓的"无产阶级物理学"。正因为苏联20世纪30年代错误地动用上层建筑力量，来干涉自然科学自身的发展规律，不但造成诸如盖森个人的悲剧，更重要的是扼杀了苏联年青的科学事业。它使刚刚萌芽的苏联科学学研究，凋谢在政治批判的风暴之中。"盖森事件"给我们提供了如何正确地把马克思主义同自然科学相结合的历史经验和教训。

历史上，这一类政治科学事件，要算西欧中世纪政教合一的社会最为典型了。他们曾经把布鲁诺烧死在鲜花广场，把康帕涅拉监禁了27年；他们曾残酷地折磨过伟大的科学家哥白尼和伽利略；把罗哲尔·培根这个自然科学的先驱人物关了14年，最后培根死在狱中。像这样的政治科学事件，在文艺复兴以前的时代，几乎比比皆是。甚至到了18世纪，法国大革命前夕，狄德罗还因为"主张发明盲文"为残疾人谋福利而坐了几个月的牢房。可见，在没落阶级的政治与科学革命的力量相互冲突时，能激起包括科学家在内的人民群众多么强烈的社会反响！事实上，凡是在这种历史背景下，科学与政治的相互作用便不再局限于科学家个人的"事件"，而扩大成群体的"政治科学运动"。

第二节　政治科学运动

政治科学运动是政治科学事件的社会反响，亦是群体性的政治科学事件。这种历史现象往往发生在科研领域生产关系与科学能力矛盾加剧的情况下，社会的科学能力力图打破不适合它的科研生产关系。

19世纪初期，全世界的科研体制都学习法国大革命时期创立的"带薪制"科研体制，不光使科学家的生活得到了保证，而且也使较大的科研项目能够直接变成资本生产力。因而，这种科研体制最受工业资产阶级的欢迎。

可是，当时的英国，由于革命的妥协性，在上层建筑各个领域的工业资产阶级都没有权力。相反，代表没落阶级利益的土地贵族却在政治上掌握了主动权。他们出于自身利益，长期在科研领域实行"自助性"科研体制。科学家自己有钱，可以自由研究。如果没有钱，任何科学活动都无法进行下去。1812年，以巴贝治为首的"英国科学促进会"掀起了有名的激进主义运动。他们抨击英国皇家学会的裙带式选举制度和落后的科研生产关系，要求政府增加科学投资，实行"带薪制"科研体制。这一运动促成了英国皇家学会的改革，废除了贵族入会的特权，实行资本主义竞争原则指导下的"年选制"和"带薪制"，有力地调动了科学家的积极性，使英国科学在19世纪再度兴起。

第三节　政治科学建制

政治科学建制是政治科学现象中最引人注目、但又最被人忽视的历史现象。这种现象最早源于十月革命后的苏联。当时，人们根据列宁"苏维埃政权加电气化"的思想，提出了"规划科学"的设想。应当说，这是人类历史上采用政治的手段对科学事业进行调控的最初尝试。两次世界大战后西方各国都尝到了用政治手段对科学进行规划管理的甜头，纷纷把战时创立的运筹学方法，广泛地运用到科研管理上来，形成了史称"大科学"的国家政治科学建制。这种建制由上到下，自成体系，其中包括科技政策的最高决策机关、科研计划的协调机构、科研经费的管理机构、专业研究机构、科研政策咨询机构，等等。资本主义社会的"大科学"建制，是促进现代科学技术的强大力量，同时，也是扼杀科学创造力的最有效机制。它反映了人们在"科学的社会功能及其对国家活动的影响"问题上，尚处于似懂非懂的历史阶段。一方面，人们认识到现代科学技术的巨大社会功能，想利用国家的力量（政治手段）推进科学的发展；另一方面，由于对政治科学学知识的欠缺，对政治与科学相互作用及其运动规律的无知，又导致大科学建制在战略和政策上的盲目性。

第13章　科学学能为政治做些什么[1]

为了深入探讨科学与政治的关系，促进我国政治体制、科技体制的改革，我国首届"政治科学学讨论会"于1987年11月16日在北京举行。这次会议是由中国管理科学研究院科学学研究所与中国科学学与科技政策研究会《科学学研究》编辑部联合主持召开的。中国管理科学研究院院长田夫同志，以及来自中国科学院、中国社会科学院、北京大学、南开大学、华中工学院[2]、山西大学、中国人民大学等10多所高等院校的40多位专家、学者和中青年科学学工作者，出席了这次别开生面的学术讨论会。

政治科学学是著名科学家钱学森教授极力倡导的一门新生科学学分支学科。它是用马克思主义观点，"研究科学技术与整个社会以及国家活动的关系"的学问，亦是把科学作为政治科学现象来研究的交叉学科。这门学问由于涉及科学、科学家与国家政治、经济活动的关系，因而它的研究成果对我国当前的政治体制改革将会有一定的借鉴价值。

这次研讨会所提供的论文，主要是围绕诸如"科学家能为政治做些什么？""科学家为政治已经做了什么？""科学家从政治那里得到的回报是什么？"等"政治科学现象"展开讨论的，其中包括历史上的政治科学事件、政治科学运动以及现代政治科学建制等问题。

中国管理科学研究院科学学所赵红州、蒋国华同志提供的《盖森事件及科学学起源》一文，用大量国内罕见的材料，向与会者报告了发生在20世纪30年代的"盖森事件"，并以此为案例，来探讨科学与政治的关系。1931年苏联物理学家盖森向国际第二届科学史大会递交了一篇题为《牛顿力学的社会经济根源》的著名论文。文章对科学与社会、经济的关系所做的马克思主义分析，在西方科学家尤其是英国科学家（如贝尔纳学派）中，产生了预想

---

[1] 原载于《科学学研究》1988年第1期，收入本书时文字有改动。
[2] 作者此文写于1988年。华中工学院现名华中科技大学。

不到的影响，这就形成了史称"盖森事件"的"马克思主义冲击波"，从而导致科学学的诞生。但是，盖森在苏联国内，却被人扣上"右倾分子"和"马赫主义者"的帽子，最后含冤死在监狱里。

"盖森事件"生动地告诉我们，马克思主义哲学作为先进阶级的意识形态，它同自然科学的结合，亦有一个科学的方法问题。如果结合得好，可以造成上述"马克思主义冲击波"那样的积极作用；相反，如果结合得不好，将可能导致盖森本人那样的悲剧。这个宝贵的历史经验和教训，我们应当牢牢记住。

中国科学院科技政策与管理科学研究所的王德禄同志为大会提供了《奥本海默案件：美国的科学与政治》的报告。奥本海默是美国核物理学家，20世纪40年代，他曾任美国原子弹研制总负责人。在原子弹投到日本后，他开始反对核武器。作为当时美国原子能委员会（AEC）的委员会主席，他坚决反对研制氢弹。1953年，美国联邦调查局指控奥本海默为"苏联间谍"，并且进行审讯和人身迫害。

在对奥本海默案件的分析中，王德禄以及张碧晖等提供的论文《美国氢弹研制过程中政治与科学的冲突》中指出："首先我们应当注意的是科学和政治的新关系。第二次世界大战后……科学在美国被推到了'舞台的中心'，科学成了'立国之本'……政府首脑就会更多地倾听科学家的意见，这也使少数科学家能够在政府中占有高位，并有较高的威望和影响力；同样，科学家为了追求科学真理，往往最富有怀疑精神。这就造成了这样一种状况：科学家往往容易对政府的现行政策持相反意见。'奥本海默案件'就是对这种两难困境的一种蹩脚的解决。'奥本海默案件'正是在麦卡锡时代产生的，并且成为疯狂的麦卡锡时代的最高点。原子弹之父——奥本海默受到审讯的经历，不但是一代科学家的命运缩影，也表现了美国科学与政治的严重冲突。它更是美国民主政治运行的一次失败记录。"

有关我国古代及近代史上的政治科学现象的材料，是由中国科学院科技政策与管理科学研究所樊洪业提供的。他在论文《南京教案及其对西学传播的影响》中向人们揭示了发生在明朝万历四十五年（1617）的一起"驱赶四名西方传教士"的"南京教案"。"南京教案不仅对晚明西学传播起了直接的阻断作用，而且还调动了传统文化中的消极因素，从民族心理上构筑了一条排斥西学的文化长城"。

员军同志的论文《技术与礼仪》，以清末围绕在天文算学馆上的争论为例，说明"西方技术传入中国进而实现体制化时，遇到三种阻力：一是传统观点对礼义崇尚及对技术的贬低；二是由于盲目自大产生的排外心理；三是权力结构"。

中国科学院文献情报中心的王新荣在其论文《中国古代政治科学现象初探》中说："中国（古代）官僚政治控制，使每一种经济活动和学术活动都渗透着社会和政治的作用。……所谓'二千年之政，秦政也；二千年之学，荀学也'（谭复生语），'是道也，是学也，是治也，则一而已'（龚宝庵语）就是对中国古代政治科学现象的概括描述。"

这次会议，还特邀冯之浚教授到会做了专题演讲。

冯之浚教授指出："我国开展政治科学学研究很有必要。它标志着我国政治与科学之间相互关系的研究进入了一个新阶段。""任何历史阶段的科学活动，总处于一定的社会政治环境里，势必受到各种思想、观念的影响。"人类历史上，特别是第二次世界大战以来，已经积累了丰富的政治科学现象素材。为此，政治科学学研究应该注重实际，注重实证研究，换句话说，首先应从案例研究开始。

山西大学欧阳绛教授以《从文明的结构谈起》为题，阐述了广泛讨论科学与政治关系的必要性。南开大学的曾涤教授则以《论宏观决策体制中的政治与科学》为题，论述了国家决策中把政治目标和科学目标结合起来的历史必然性。

有部分代表认为，从另外一方面讲，政治科学中应当有一个领域是专门研究科学、科学家与政治的关系的。本次会议很多学者介绍了历史上有关科学家遭受政治迫害的著名案例。其实，这没有什么可以值得奇怪的。因为政治是人类社会里的普遍现象。政治并不一定和科学的"理性主义"精神密切相连。"所谓政治，就是社会通过权威性的决策和规则，对人类行为的一种约束。"科学家作为"社会人"出现时，他的意见不一定总是正确的。因此，在政治与科学、科学家之间经常造成冲突，只是在不同国家、不同历史时期其表现形式不同与受限制的程度不同罢了。

这次会议还收到《论政治科学现象》《论科学投机与政治的关联》《论科学的国际性》《李森科事件》《伽罗瓦事件》《伽利略事件》《英国科学激进主义运动》《法国大革命中的科学家》等论文。

最后，代表们还就什么是政治科学学，政治科学学如何为当前政治体制改革服务等问题，展开了热烈的讨论。

此次会议采取圆桌会议方式，无论领导、教授，还是一般学者，一律人人平等，谁都可以发言，谁也都可以批评或反批评。因此，真正发扬了学术民主的"献身、团结、求实、创新"的学风。

第 14 章　论科学基金会[①]

科学基金会作为社会慈善事业的一种特殊形式，它起源于资本关系在科学劳动领域里的最初尝试。在资本主义条件下，科学基金充当了资本增殖的"催化剂"。科学基金会变成科学研究中个人资助通向国家资助的一座桥梁。当代，随着"大科学"的兴起和集中管理的强化，科学基金会的社会职能发生了历史性的变化。它成为一切"潜科学"和新生学科的摇篮，成为国家资助的重要补充形式。在社会主义条件下，科学基金会摆脱资本束缚，成为单一的国家拨款的机动形式和有效的补充，以及大大增强申请者科研的责任感。由于能大大刺激产业部门和地方的科研积极性，科学基金会不仅是我国科学事业发展的经济动力，而且也是我国国民经济迅速发展的科学杠杆。大力提倡科学基金会，尤其提倡国家和社会基金会，应当成为我国科研体制改革的重要内容。

第一节　科学基金会：通向国家资助的历史桥梁

科学基金会的产生，在科学史上并非偶然的历史现象。它是资本主义生产关系和近代科学技术发展到一定历史时期的必然产物，是标志科学发展程度和规模的一座里程碑。

在漫长的人类历史上，科学活动每每来自生产、生活以至宗教活动的需要，即使在"文艺复兴"时期，科学劳动依然处于"一张纸加一支笔"的简单劳动阶段。这种科学劳动，只是用来增进个人对自然界的认识，而不考虑

[①] 原载于《红旗》杂志（内部文稿）1983 年第 15 期。该文原是递交"科学学全国联络组"在无锡召开的"科技与经济讨论会"的论文（1981 年）。收入本书时文字有改动。

对社会生产有什么贡献。因此，那时从事科学的人们并不需要特殊的科学资助。

随着社会对科学需要的增长，科学劳动的复杂程度和规模有了明显的变化。这样就在科学家的面前展现出许多超出他们个人智力和财力的研究课题。为便于智力上的相互协作，为了求得社会对科学的资助，为了抵御封建宗教势力的巨大压力，科学家们普遍感觉有必要组织起来。在这种情况下，科学学会和其他近代意义上的学术团体便应运而生了。应当指出，这个时期的科学劳动尚不是严格意义上的生产劳动。比如，伽利略的自由落体实验、波义耳的化学实验、葛里克的马德堡半球实验等，都是他们自己出钱，自己出力，依靠个人力量进行的。这说明，17世纪的科学研究仍然是温室里的花草，并没有移植到社会大田里。同时，社会也没有为科学研究提供大片资助的肥壤沃土。

到了18世纪，产业革命的兴起，使自然科学"被资本用作致富的手段"，科学也就具备了大规模变成直接生产力的历史条件。从此，开始了科学和工业紧密结合的新时代。反过来，资本生产力也大大加速了科学劳动社会化的历史进程。随着社会的科学能力的形成和提高，科学家自助性质的科学活动越来越遇到了不可逾越的障碍。

这个历史特征在19世纪显得格外突出。首先是科学实验技术装备日益复杂，造价日益昂贵，单凭科学家一个人的技巧和财力实在不堪应付。像焦耳热功当量的实验装备，他自己就无能力制造，后来，不得不求助于色当。色当在一个具有相当规模的作坊里，为焦耳制造了设备。但是，焦耳仍然苦于资金不足，最后不得不求助于社会的资助。这就是说，科学发展的经济动力问题已经成了关乎科学发展的生死攸关的大事了。这个问题的最初解决，是"恩主制"的出现。科学家通过各种关系，找到能出钱资助的"恩主"，依靠"恩主"的施舍来维持自己的科学研究。比如，英国维多利亚时代中期，爱丁堡大学的情况就是这样。当时，英国政府并不支持爱丁堡大学的研究工作，学校也就得不到政府的财政资助。因此，研究当中消耗的材料和需要的仪器、工具等设备，就只能由教授自己负担。要当一个教授，背后必须有一个"恩主"，借以获得额外的钱财，作为研究费用的后盾。

尽管"恩主"的个人资助制还是属于私人个体资助的范畴，但在某种意义上说，"恩主"资助制度的形成，已经标志着资本主义生产方式在科学劳动领域里以"有限的规模被应用"了,并且作为"向资本主义生产过渡的形式",载入了资本史册。有"恩主制"的条件下,钱是科学研究的动力和方向盘。因此,"恩主"个人的兴趣、经济利益和政治利益,必然会影响到被资助科学家的研究活动,必然要支配被资助科学家的科研成果的使用。这时,科学家第一次感到,在他们之上出现了一种使他们既兴奋又不安的力量,或者说,就在科学家困惑不解的时候,就在科学家天真地"为科学而科学"的时候,资本的触角已经轻轻地、悄悄地把他们缚住,把他们变成用钱招雇的"有学识的劳动力"。

19世纪各种类型的"恩主"资助,暂时缓和了科学发展与经济资助的矛盾,为加速近代自然科学的发展、促进资本主义大工业生产做出了历史性的贡献。正像科学家指出的那样,19世纪德国科学的兴起,其中一个重要原因,便是德国有比欧洲各国较为充裕的各种形式"恩主"的财政资助。

产业革命后的19世纪,可以说是近代科学和大工业生产并驾齐驱的时代。一方面,科学越来越"被用来为物质生产服务","越来越为资产阶级服务,为资本主义服务",并产生了科学劳动职业化和专业化的趋势,要求科学家们组织起来,分工协作,有计划、有步骤地承担资本交给他们的更大规模的科研任务,从而更加有效地利用资本对科研的投资。另一方面,科学体系结构本身的发展,也要求科学家们不间断地从整体和部分地去建立近代自然科学的理论大厦。这样一来,科研的题目越来越大,研究周期也越来越长,科学对经济资助的要求,不仅数量巨大,而且持续不断。这便使只有一次性的、时断时续的单个"恩主"的资助方式陷入困境。科研投资超出了单个"恩主"所能支持的限度,代之而起的是许多"恩主"的联合资助。这种联合资助的经常化、制度化,逐步形成了现代科学基金会。

科学基金会的出现,不仅标志着科学发展规模的日益扩大,而且标志着单个"恩主"的个体资助方式向多个"恩主"联合资助方式的转化,向全社会"恩主"接受募捐和赠款的集体资助的方式转变。这里,量的变化同样产生了质的飞跃。科学基金会以许多"恩主"联合起来的集体经济力量,比起单个"恩主"的个体经济力量,对科学资助当然有更大优越性,即科学资助的金额巨大、来源稳定和社会影响深远。

从19世纪中叶开始,直到20世纪的中期,在世界各资本主义国家,各种科学基金会犹如雨后春笋,纷纷建立,蓬勃发展。比如,1860年,德国建立了洪堡基金会。它的最初宗旨是接受各国捐赠，以资助德国科学家的科学研究或出国考察。1864年，英国爱丁堡大学建立了贝特基金会。它一方面作为社会舆论的"压力集团"，另一方面，真实地资助了科学教育和科学研究。1895年，诺贝尔死后，按他的遗嘱，瑞典建立了诺贝尔基金会，颁发至今誉满全球的诺贝尔奖奖金。1911年，美国卡内基基金会建立，该会现有总基金3亿美元，旨在传播科学文化知识，偏重资助大专院校和专业科学学会等。1913年，美国洛克菲勒基金会建立，该会现有基金8亿多美元，它的早期目标主要是支持普通教育和科学技术的实际应用，在20世纪30年代以后，则偏重于在该会选定的科研课题的范围内，直接对科学家本人进行资助。此外，美国著名的基金会还有许许多多，诸如福特基金会（该会现有基金31亿美元）、凯洛葛基金会、茂特基金会、斯劳恩基金会、哈佛基金会、梅隆基金会，等等。美国各种大大小小私人基金会的总数，1968年约有2万个，1971年约有26 000个，1976年增加到3万个，每年基金会数目增长率为4%。有趣的是，在这数以万计的私人基金会中，小基金会的固定基金从5万美元到100万美元之间不等。以1971年为例，近2万个小基金会其数目虽约占全部美国基金会总数的82%，但是它们各自拥有的总金额却都不到20万美元。就大型私人基金会来说，到20世纪70年代初期，固定基金在1亿美元以上的有38个，100万美元以上的有2 533个，这些大基金会集中了美国私人基金会90%以上的固定基金，所提供的资助拨款占全国所有私人基金会拨款的80%以上。

进入20世纪以来，随着现代科学的发展，科学实验技术装备向着二次仪器为代表的综合性技术系统大大迈进了一步。像大型加速器和反应堆，巨型射电望远镜和高压电子显微镜，洲际弹道导弹和宇宙飞船等，其造价往往高达数千万乃至数亿美元之多。一项研究计划的完成，总费用可达几十亿、数百亿美元。要资助这样规模的科学研究，任何科学基金都会显得力不从心。因此，必须动员整个国家的经济力量来资助和实行有组织、有计划的科学实验活动。这就是现代国家资助的"大科学"事业。一旦国家资助占据了统治地位，科学基金就完成了自己的历史使命。它自己的社会职能也就因此而发生了历史性的变化，即由近代科学技术的"保姆"变成了现代科学的"护士"，成为现代科学技术健康成长中不可缺少的辅助经济力量。

总之，科学基金会是一种科学的社会现象和社会的科学现象，它为近代科学技术的发展建立了不朽的历史功勋。尽管当代国家资助已经占据了统治地位，但是，科学基金作为个人资助过渡到国家资助的历史桥梁，将永远在科学进步的大道上发挥自己独特的社会功能。

第二节　科学基金会的经济本质：
　　　　资本增殖的"催化剂"

众所周知，资本主义生产的直接目的和唯一动机，就是追求最大限度的剩余价值。马克思说："生产剩余价值，赚钱发财，是这个生产方式的绝对规律。"资本主义生产方式的一切方面，无论是生产、分配、交换和消费，都受剩余价值规律的支配。科学劳动作为社会的一般劳动，当然也不例外。

诚然，科学基金会的早期表现为社会的慈善事业，乍一看上去，似乎与资产阶级的唯利是图是格格不入的。但是，我们只要把这种慈善事业放到原始积累时期的社会背景上来考察，就会立即发现，当时的慈善事业只不过是资本的一种特殊运动方式罢了。在18世纪的英国，有一个颇为出名的科学家伦福德勋爵，此人是一个保皇党分子。美国革命期间，他逃到北美，在那里发了横财。回国后，他一方面研究热学，对热的唯动说曾做出过贡献；同时，他也拿出大笔金钱创办科研机构——皇家研究院（1799年），组织免费的公共讲座，培养有技术的工人。据说，法拉第的成功，就是在这种公共讲座的基础上实现的。伦福德的慈善事业，表面上看来是与资本无关的。

实际上，从资本运动的全过程来看，这种"慈善事业"只不过是资产阶级用来调和它与无产阶级的尖锐矛盾的一种手段。众所周知，英国产业革命时期，曾经发生过工人捣毁机器的暴力行动。伦福德为此坚决反对搞产业革命。他主张要对工人进行教育和训练，使其成为有教养的奴隶，好为资本生产更多的财富。所以，伦福德的"慈善事业"变成了"结合科学、功利主义和健旺的保皇党精神"，"它像歌剧院一样，大受贵族和上层社会的欢迎"。

就经济本质来讲，科学基金会是资本关系在科学劳动领域里的应用。它是资产阶级把原始积累起来的金钱中的一部分，投入科学劳动这个资本炼金炉的产物，尽管这种炼金炉周期要长得多，但是，这种投资迟早是会见效的。

用最早的慈善资金所培养的第一代技工，后来在产业革命中，为资产阶级生产出比投入慈善事业中的金钱高几百倍、几千倍的利润，就是一个极好的证明。因此，科学基金会在萌芽阶段就已深埋于资本关系的这个乱石丛生的土壤里了。

到了19世纪，自然科学越来越被资本家用来作为发财致富的手段，追逐剩余价值和发财致富的目的，驱使资本家"慷慨解囊"，向科学投资，充当"恩主"。历史表明，从"恩主制"到科学基金会的正式诞生，资助所到之处，无论是科学家的个人研究项目，还是学术机构（包括学院、学会、大学和研究所）的科学技术活动，都是由"恩主"的意志左右的，或者说，都是由代表"恩主"利益的社会集团左右的。"恩主"把金钱投入科学基金，基金会再把钱资助给其所需要的科研项目。这些项目，直接或间接地，迅速或慢慢地都变成了资本生产力，为资产阶级剥削工人，创造了一种更有效、更文明的手段。与此同时，在资本的生产过程中，这部分钱被如数收回，并且以利息的方式又回到基金会的库存里去。

如此看来，资本主义条件下的科学基金会，完全充当了资本"催化剂"的作用。它的金额虽然不会增殖，因基金会是非营利机构，基金不准直接变成资本，但它却帮助生产领域的资本增殖，利用科学的力量使其大大地增殖。科学基金在总的资本运动过程中的地位，可以由图13-1表示。

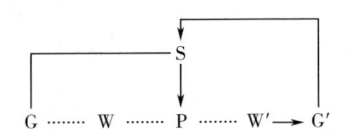

$$G \cdots\cdots W \cdots\cdots P \cdots\cdots W' \longrightarrow G'$$

图 13-1　科学基金在总的资本运动过程中的地位

其中，G→W 为资本用以购买劳动力和生产资料的阶段，W'→G' 为资本出卖商品而收回货币的阶段；P 为生产阶段，S 为科学基金。资本 G 把一部分钱 S，投放在科学基金会里，基金会用这部分钱去资助资本所需要的科研项目。这些科研成果，变成资本生产力，投入生产过程，又为资本生产出巨额剩余价值。然后，资本又把不多不少的钱 S，以利息的形式，重新"归还"科学基金会，从而再开始新的运动过程。表面上看，S 并没有增殖，可是它却帮助了 G 增殖。科学基金会同资本的关系是如此微妙，就像可爱的白令鸟和凶猛的鳄鱼那样，"共栖"于资本关系的海滩上。

科学基金会在这里完全起到了资本增值的放大器和调控器的作用。它能使资本的周期性振荡得以缓和，也能使资产阶级血淋淋的统治和剥削披上一层文明生产的外衣。这就是现代资本主义社会大力提倡科学基金会的原因所在。

美国就是一个私人基金会数目众多而又分布广泛的国家。尽管表面上看来，美国法律规定，私人基金会是一种非官方、非经营的机构，并且对它的捐赠额也加以一定的限制。但是，总的说来，美国还是鼓励基金会的，因为对这些基金会免征所得税。可见，限制不过是对资本的各部分有机比例的调整而已。比如，早先美国法律规定，企业或个人的捐助款，如属于慈善性捐款，且不超过一个固定的最高限额，可以免征所得税。对企业来说，捐助款限额不能超过应征税收的百分之五；对个人来说，不能超过调查后总收入的20%。受赠者则必须是美国法律承认的学会、社团、基金会，这些机构必须是纯粹的科学机构，或者法律规定的其他慈善机构，不得为私人或股东提供收入或利润。这样，科学基金会可以帮助资本家个人或企业逃避国家税收。19世纪末20世纪初，美国兴起的庞大的垄断财团，如洛克菲勒财团、摩根财团等十大财团以及若干中小财团，为了逃避税收，纷纷捐款建立基金会。比如，当时的福特基金会，曾为福特家族逃避了约3亿美元的遗产税。由此可见，美国现代私人科学基金会，又是美国税收制度的产物。

美国《基金会指南》（1975）一书提供的资料表明，作为美国税收制度产物的基金会，大量涌现于20世纪40年代至60年代。但是，进入20世纪70年代以来，基金会数量增长曲线急剧下降。这是因为对科学基金会免征所得税的措施，破坏了资本在生产领域和科学领域的平衡，如果听凭大批资金逃避国家税收，就可能危及资本家阶级的整体利益。为了使资本的炼金炉趋向高级的平衡状态，为了资本家阶级的利润最大值，美国又制定了向私人基金会征收4%投资纯收入作为应征税的新税收法律，以限制新的私人基金会的建立。在新的税收法律下，社团基金会依然是全部免税的。因此，美国又出现了小型私人基金会转为社团基金会的趋向，以便在保持相同名称的前提下，逃避对私人基金会的税收压制。20世纪科学基金会的遭遇，从另一侧面暴露了科学和资本的矛盾，即科学的革命性和资本的腐朽性之间存在不可调和的矛盾。科学基金会的经济放大和调控作用，只有在社会主义制度下才能得到最大的发挥。

第三节　科学基金会的社会功能：
##　　　　先导、补充、调节、摇篮

一、科学基金会——国家资助的先导和补充

在资本主义国家中，统治阶级总是把庞大的国家资助，看作是国家垄断资本主义发展的重要原因之一。反之，国家垄断趋势的增长，同样成了科学发展的必要社会经济条件之一。正因为如此，资本主义国家为了适应当代科学技术迅猛发展的情势，加剧争夺直接市场，对科研的国家经费资助都在迅速增长。以美国为例，20 世纪 50 年代和 60 年代初，在苏联"卫星恐慌"的冲击下，国家科研经费迅速上升，如图 13-2 所示。

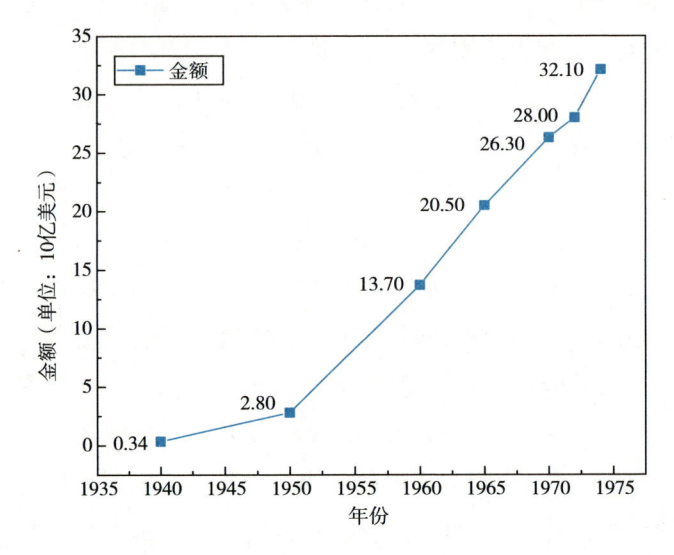

图 13-2　在苏联"卫星恐慌"的冲击下，美国科研经费迅速上升

从资助金额的绝对数字看，科学基金会资助额和国家资助总额相比，在其完成"桥梁"的历史使命之后是很小很小的，无法与国家资助相提并论。比如，1964 年美国投入基础研究的科研经费，国家资助为 129 亿美元，而私

人科学基金会总共才 8 920 万美元，相差 100 多倍。因此，20 世纪的"大科学"事业，国家资助居主导地位，私人科学基金会则成了民间补偿性组织。它作为国家资助的补充手段，广泛地活跃在科学研究的各个领域。

在资本主义国家，私人科学基金会的主要活动场所，乃是被国家资助忽略的一切领域或角落。因为资本主义国家的国家资助，本质上代表国家垄断资产阶级的最大利益。资本赢利的本能总是使政府各部门和大资本家倾向于把宝押在看得见、摸得着的应用和发展研究上，而不愿冒险投入看起来好像很遥远、无把握的基础性研究。或者说，只重视一些现在需要的科学，而忽视一些将来可能需要的科学。国家有选择的资助导致科学发展的不平衡性，给科学基金会提供了活动场所和回旋余地。

历史表明，科学基金会正是在被政府忽视了的地方发挥作用。比如，在第二次世界大战后，美国高度重视物理学、化学和生物学，不重视人文科学。针对这种情况，众多的私人科学基金会积极行动，弥补了国家资助的不足。直到 1967 年，美国国家资助拨款的艺术和人文科学基金会宣告成立，这种不平衡情况才有所改变。

同时，私人科学基金会以其资助方式的灵活性和首创性，成了国家资助的最好帮手。美国民间的私人科学基金会，其资助方式要比国家资助灵活和自由得多。它们可以相对摆脱政治和宗教等社会因素的羁绊。一方面，它们本身做一部分研究工作，发表论文或专著（如福特基金会、洛克菲勒基金会都是这种机构）。另一方面，它们还可采取有别于国家资助的非正统科学资助方式。比如，除了向教育文化和科研机构拨款资助外，还可以向科学家个人直接拨款资助。科学基金会资助的这种灵活性，常常使那些正缺乏资金而不能继续开展研究工作的科研机构和个人感到有如"久旱逢甘霖"。在美国许多首创性的新发明、新发现，往往因得不到国家资助而寻求私人科学基金会的帮助。比如，美国高能加速器的研制，在其萌芽阶段得到了私人科学基金会的资助；空间宇航科学则是在科学基金会的资助下起家的。如果考察那个长达 21 年研究周期的下丘脑激素的发现历史，更能看到私人基金会的作用。若不是私人基金会的灵活性，这项基础性的研究工作恐怕早已夭折。私人科学基金会在美国，被人称作联邦政府所属机构、大学所属机构和私人企业所属机构之后的"第四支力量"，其缘由并不在于它的资助款额数量方面，而在于其资助方式的补充性和首创性的特点。资助方式的灵活性，使它们处于比政府更为有利的地位。

二、科学基金会——调节科学活动的杠杆

我们知道，任何国家用于科学的资源总是有一定限额的。一个国家，如果一味地增加科学投资拨款，而不考虑如何有效地去使用这些拨款，显然是不明智的。因此，对每一个国家来说，都应把科学发展同本国具体情况结合起来，采取正确的策略，以便在一定限额的资源条件下，寻求获得最大、最多科学产品的方法和手段。

当代科学发展的实践，尤其是那些发达资本主义国家的实践表明，科学基金会乃是以经费为手段，影响、引导和调节全国科研方向、课题选择和科学家布局的有力杠杆。这是因为，第一，国家资助（除大型的国家级项目外）总是对科研机构直接拨款，而不对某个具体项目拨款，即使是显然很有价值的项目亦是如此。科学基金会则相反，它具有很强的灵活性。它可以通过资助它认为有影响的单个项目和科学家个人的办法，来影响和调节全国的科学政策。第二，科学基金会有它传统中形成的评议审查制度。它可以向全国公开招标，引导各大学、专业研究机构、科学家集团和个人展开激烈的竞争，然后从收到的申请书、建议书中进行比较和挑选，择优资助，这样就避免了项目的重复和低效率。

科学基金会的这两个特点受到世界各国的重视。比如，美国早在1950年就创设了由总统直接干预的美国国家科学基金会，它主要资助基础性研究课题，面向全国甚至全世界，但不是向有具体任务的科学机构分配经费。1967年，它的基础研究经费拨款达23 500万美元，占它总资助额的80%至90%。德国的洪堡基金会，尽管历史悠久，但曾几度停止工作，在1953年又一次重建，从此绝大部分基金均由国家直接拨款供给，实际上也就成了一种变相的国家基金会。在加拿大，成立了由政府拨款的社会科学基金会，以解决社会科学面临的一系列问题。值得注意的是匈牙利，从1981年起，新成立的国家科学基金会已正式开始工作，该基金会由匈牙利国家科学院领导，面向全国，资助五大方面的基础研究。

总之，科学基金会（包括国家科学基金会、民间社团科学基金会和私人科学基金会）不光是国家资助的一种不可缺少的补充方式和柔性手段，而且对国家资助方向和投资方案的选择，也起着积极的调节作用。它是活跃和调

节科学技术活动、保证科学在全学科领域和全国范围内平衡发展的有力杠杆。

三、科学基金会——有利于发现人才和培养人才

有些国家的科学基金会，其宗旨之一就是培养人才。比如，称为巴西"经济智囊团"的瓦加斯基金会就是如此。它采取的方法就是直接资助开放大学，资助培训机构，以培养高级经济科学人才。其实，科学基金会本身，在客观上也是发现人才、培养人才的有效途径之一。

科学基金会一般都把资金集中在资助个别科研项目上，而不是像国家科研机构那样放在广阔的领域和一般发展上。同时，由于它采取公开招标和同行评议的手段，因此，无论什么地方、什么时候出现杰出人才，它都能迅速而有效地给予鼓励和资助。这样一来，科学家们为了取得经费，可以和多个不同机构（其中包括国家资助、国家科学基金会和各种民间科学基金会等）打交道，从而就有了多种渠道的资金来源。一个或许很有价值的研究课题，就不至于因资金缺乏而夭折。另外，对从事第一流科研工作的年轻人来说，基金会更是一种福音。他可以根据自己的科研课题需要，去申请科学基金，而不必经过他所在单位的繁琐、缓慢的审查批准手续。

显而易见，科学基金会实行和第一线科学家和不出名的年轻人直接挂钩联系的制度，特别有助于年轻人去突破学阀和官僚主义的壁垒（即所谓"马太效应"）。因此，科学基金会乃是保证科学人才健康成长的有效措施。

四、科学基金会——"潜科学"和新生学科的摇篮

据考证，诺贝尔科学奖金最初的用意，乃是在于"想用这笔奖金帮助那些需要它帮助以进行科学研究的人"。也许，这是诺贝尔本人在"未名期"和从事"潜科学"研究时，曾因经费而产生苦恼和抱怨所引起的最真切的反应。如同美国科学家史密森决定在他死后成立史密森学会，明确规定要专门资助那些被人压制的科研项目一样。显然，这两位科学家立下了相似的遗嘱，其目的都是希望后世人不要再重演他们自己曾遭遇过的"潜科学"悲剧。

众所周知，"潜科学"乃是孕育中的科学，不太成熟的科学。由于它自身的种种特点（比如模糊性、易变性、反常性和超过时代的创造性等），常常被人们误解。在学术上，"潜科学"常常遇到传统科学的压制和扼杀；在经费上，也得不到国家资助和支持。"不准发表"和"不予资助"，就成了压在

"潜科学"幼芽之上的两层厚厚的冻土。比如，惠更斯的助手德尼·佩品所设计的真空抽机被皇家学会否定，最后他穷困潦倒，死在伦敦街头。托马斯·杨曾以针孔衍射实验提出光的波动说，结果在"两层冻土"的盖压下窒息了，最后他只得放弃科研，行医谋生。欧姆提出著名的欧姆定律，被人指责为"黑格尔主义者"，一辈子不能提升教授，只是在他临死前两年，才被慕尼黑大学聘为正式教授。迈耶因提出能量守恒定律，被人讥讽，逼得跳楼自杀，未遂后又被送进疯人院。这些例子充分说明，"潜科学"的悲剧说到底是一个经费问题。一般说来，有了经费做支柱，科学家们总可以想方设法，把他们的科学"潜流"和"幻想"转化为新生科学。因此，以自己所特有的补充性、灵活性支持和资助"潜科学"，乃是科学基金会的历史重任。

随着集中管理的强化，科学研究够得上国家资助的第一能级愈来愈难。许多新生科学很难得到生存的权利，就更轮不上"潜科学"了。因而，"潜科学"领域便成了科学基金会（尤其是私人基金会）发挥其特长的广阔疆域。国家资助的局限性，把大量的科学假说、思想火花驱赶到了"潜科学"领域，科学基金会又把它们收养在自己的襁褓里。越来越多的科学胚胎，在科学基金会的摇篮里成为科学的"巨人"。当他们有能力跃上国家资助的能级，它们就由"潜科学"变成了"显科学"，即新生学科。美国前任国家基金会会长R.阿特金森说得很清楚："美国科学的新生学科问题，主要靠私人基金会来解决。"因此，当代科学基金会的一个最引人瞩目的特征，就是它具有对"潜科学"和新生学科的天然感情。

第四节　我国科学基金会势在必行[①]

无产阶级取得政权的国家，消灭了生产资料私有制，建立了社会主义公有制为基础的生产关系，为发展社会生产力、发展社会的科学能力开辟了道路，科学基金会也摆脱了资本的桎梏而获得新生。

我国是社会主义国家，我国科学事业的"大科学"程度，比资本主义国

[①] 本文发表于1983年。文中提到的我国科研经费的问题，是基于当时情况而言的。

家要高。我国的科研经费，除了一少部分地方或企业拨款外，绝大部分来源于单一的全民所有制。由于我国经济力量比较薄弱，国家所能够提供的科研经费与世界各国相比，显得格外缺少。因此，科学研究能够达到国家资助的第一能级，要比资本主义的分散管理高得多、难得多。不少有前途的科研课题因为没有经费而被迫下马，不少有创见的"潜科学"思想和新生的科学，因为够不上国家资助而"窒息在摇篮里"。这样，无形中削弱了我国社会的科学能力。

我国现行科学劳动结构，乃是18、19世纪盛行的专业研究结构。对于"小科学"或者专业性极强的学科来说，这种专业劳动结构是最佳的社会结构，尤其19世纪更是这样。但是，到了20世纪中期，边缘性学科和综合性学科兴起，那些专业研究机构就很不适应新生学科的成长了。比如，微电子科学是电子学与半导体物理学之间的边缘性学科。电子学研究所不研究，半导体研究所也不研究，结果，微电子科学就变成无人问津、无人资助的学科。我国微电子科学，起步甚晚，发展不快，其原因就在于此。我国落后的科学劳动结构，阻碍了科学技术的发展，突出地表现在对边缘性和综合性学科的忽视上。如若没有科学基金会（尤其是国家基金会）资助这些跨学科、跨部门的现代科研项目，我国将会丧失科学技术现代化的起码条件。

我国科学领域里的生产关系落后于我国科学能力的发展，尤其是分配关系的落后现象，明显违背社会主义"按劳分配"的原则，严重挫伤了科学家的积极性。在科学劳动力的再生产基本费用还不能很好满足的情况下，科学家个人是没有任何经济力量来资助被国家否定的项目的。科学家如果还想继续进行研究，只能依靠科学基金会。

我国科研建制（或科研领域的上层建筑），亦不适应科研领域的生产关系。具体地说，懂得专业知识的科学家和懂得管理知识的工程师，发挥不出他们在领导科学事业方面应该发挥的作用。行政领导权力很大，学术领导往往难以发挥应有的作用。一个单位，一个学科，尤其是一个国家的科技发展方向、战略目标和重点项目，本来是要由学术领导发挥作用的，但由于科研建制的弊病，学术领导总是起不到应有的作用。在这种情况下，要想充分发挥科学家和工程师的学术领导作用，使我国科技战略、重点学科和科研课题有一个合理布局，就必须借助于科学基金会的社会力量，来克服和调节单一所有制和单一行政领导所造成的畸形发展。

应当看到，我国经济力量比较薄弱，有关部门和企业还不善于利用科学基金来催化、加速、放大和调控国民经济高速度的增长。人们每每只看到从国民经济总收入中，拿出一部分科学基金来资助科学技术发展总不如投到基本建设上见效快、收益大；而往往忽略正因为拿出一部分基金来资助科学技术，科学技术会提供成百倍的无偿馈赠，结果是把国民经济总收入"放大"许多倍。因此，为了获取科学基金的催化作用、放大作用和调控作用，我国必须建立科学基金会。

总而言之，我国作为一个发展中的社会主义国家，非常需要科学基金会。借助科学基金，我们可以降低资助的第一能级，保护科学的幼芽和新生的学科；借助科学基金，我们可以活化僵硬的科学劳动结构，发展现代的边缘学科和综合学科；借助科学基金，我们可以改善科研领域的上层建筑，使科学家和工程师能够参与学术领导，提高我国科学管理的水平。一句话，借助科学基金，我国国民经济将获得一个科学技术的有力杠杆，加速社会生产力的发展。建立科学基金会，乃是我国科研体制（其中包括科研领域的生产力、生产关系和上层建筑）改革的一个重要内容。

值得指出，1982 年，国务院批准并成立的中国科学院科学基金会已经起到了这种重要的作用。它使一些意义重大、研究工作有基础的课题，得到了稳定的经费来源。由于科学基金资助项目采取一次批准，分期拨款，经费可以跨年度使用，这就补充了国家科研经费的不足。比如过去，我国对生物学的发展比较忽视，而中国科学院基金会首批资助的项目中，就把生物学放到了重要的位置，据统计，生物学的资金比例比较高，占全年度资金总额的28%，相比之下，数理学科的资金比例只有 15%。这就有效地克服了国家资助中对生物学的片面性。又比如，过去高等院校的科研经费奇缺，中国科学院基金会首批资助的重点就有意放在了高等院校。据统计，1982 年度，高等院校被资助的资金比例高达 57%，项目占 62%；相比之下，国务院各部资金比例才有 23%，资助项目只占 21%。中国科学院系统的两种比例则更低，只有 5.2%和 5.4%。这样，有力地调动了高等院校科研的积极性，有效地调整了五路科学技术大军的相互关系，从而有利于提高我国的科研能力。

令人兴奋的是，我国现在也开始出现社团基金会和私人基金会，像有名的郭沫若基金会和孙冶方基金会，以及吕叔湘赞助的青年语言学基金会。尤其是中国科协系统建立的社团基金会和私人基金会（如北京市肿瘤与骨科基金会），对我国的"潜科学"和新生学科的资助十分灵活机动，并且已经取得一些可喜的成果。可以预料，这些民间的基金会，将为我国社会的科学能力、为我国科学大树焕发勃勃生机，提供更加丰富的"营养"，同时，也为我国社会主义的经济大船，提供更加强大的科学动力。

第四篇　科学计量学的起源

科学只有成功地应用数学的时候，才算达到了完善的地步。

——马克思

同行评议中与世隔绝的保密问题，必须提出来讨论研究；同行评议应当用文献计量学的信息充实自身，使得我们能够把对科学"产出"的认识，应用到同行评议的活动中去。应当邀请科学学家参加进来，一同考察这个同行评议制度。

——D.E.储彬，E.J.赫凯特

第 15 章　科学计量学的历史与现状[①]

马克思是揭示定量研究在科学演化中作用和地位的第一人。他说："科学只有成功地应用数学的时候，才算达到了完善的地步。"一部科学史表明，任何科学都有自己的演化历史；任何科学都在演化过程中，产生自己的专门进行定量描述的分支学科。这对诸如物理学、化学、生物学，以及各门技术科学，都是普遍适用的。定量分支学科的产生和建立，一方面表示一门学科的成熟程度，另一方面则反过来推动这门学科大踏步地前进，甚至会引起革命。在某种意义上说，近代科学经历漫长岁月，在 17 世纪能够取得独立的地位，首先要归功于笛卡尔、伽利略、牛顿等人将科学（主要是物理学、天文学）定量化、数学化的努力及其伟大成就。因此，定量分支学科的产生和建立，是任何一门科学在其演化过程中的必经阶段。

科学学，作为"一门具有头等重要意义的二次科学"，同样遵循这一科学发展的一般规律。它是一门精密科学。科学学的定量分支学科——科学计量学的产生，标志着科学学在其成长演化过程中基本上结束了自己的前科学（Pre-Science）阶段，进入了常规科学（Normal Science）的成熟阶段。对科学的定量研究，最早散见于 19 世纪中叶以后少数自然科学家的著作之中。阿尔丰沙·德堪多和高尔顿是科学发展统计分析的创始人。他们的目的，乃是试图用统计的方法，来确定科学家共同体中的创造性成果的分布状况，并进而研究社会因素、自然因素对科学家成长所产生的有利和不利影响。大家知道，在马克思主义诞生以前，把科学作为特殊的社会建制并进行定量的研究，是一直不被重视的，也一直不被人们看作是一种专门的研究课题。而这两位学者则堪称是"少数情况下的特例"。

阿尔丰沙·德堪多（见图 15-1）是著名的瑞士植物学家。由于受到达尔文《物种起源》（1859）的深刻影响，德堪多高度艺术地把自然选择理论应

[①] 原载于《科学学研究》1984 年第 4 期，收入本书时文字有改动。

用到了研究人类和人类社会的精神和智力特征上，并于1873年发表了名著《二百年来科学和科学家的历史》。在这部著作中，德堪多独创地采用统计方法，分析了英国皇家学会（1750—1869）、法国科学院（1666—1873）、柏林科学院（1750—1869）这三个著名科学院二百年来的院士或会员名册，研究了这些科学家按学科门类、社会出身和民族的时间动态分布，妇女和科学进步，影响科学兴趣的各种因素，推动科学进步的杰出科学家的人数及其成就，以及遗传、教育、为从事科学所必需的物质条件、家庭传统、社会意识、宗教、国家大小、政治制度、语言、地理位置、气候和种族等因素对

图 15-1　阿尔丰沙·德堪多
(Alphonse Pyramus de Candolle, 1806—1893)

科学家成长的影响。德堪多提出，可以把一个国家拥有著名科学家的人数同国家人口总数的比，作为这个国家科学能力的指标。然而，遗憾的是，德堪多的这本书并不像他的植物学著作一样，受到他的同代人的注意。在他们看来，这本书宣扬的是一种异己的学说。只是在近40年后，情况才开始发生变化。1911年，德国著名的物理化学家奥斯特瓦尔德亲自给这本书写了序言并译成德文出版。后来，美国科学社会学家默顿在研究宗教对科学的影响的时候，依然在大量地引证德堪多在这本书中提供的统计资料。

科学发展统计分析的另一个代表人物，则是法兰西斯·高尔顿（见图15-2）。高尔顿是英国著名博物学家兼诗人 E. 达尔文的外孙，是进化论创立者 C. 达尔文（1809—1882）的表弟。他不仅是维多利亚女王时代名闻遐迩的风云人物，而且是19世纪最多才多艺、最富探索精神的伟大科学家。他有一个嗜好，就是计数和计量。他最喜欢的箴言之一，是"只要有可能，你就应计数"。在他的实验室里，他对各种人的头、鼻、手臂、腿、眼睛和头发的颜色、

图 15-2　法兰西斯·高尔顿
(Sir Francis Galton, 1822—1911)

呼吸力、拉力、握力、目力、听力、反应时间、身高、体重等，都做过详细的测量。他还编过统计一览表的书，其中包括气候、孪生子特性、打呵欠的频次、女继承人的不育状况、寿命、生理和智力遗传特性等的统计结果。他甚至还数过听讲座时人们不安动作的次数，从而得到所谓"厌烦系数"。他还做过大不列颠"美人分布地图"。其中，他把在不同城市街上见到的姑娘，分为"迷人、一般、难看"三大类。尽管高尔顿涉猎的领域很多，但是只有一个领域使高尔顿名扬于世，那就是统计学研究，连他的表哥达尔文也引证过他这项工作中的成果。他所有的科学成就中最有影响的，是创立了相关分析的思想。这是一项了不起的发现，它大大扩展了数学方法的应用领域，开辟了比原先更为深刻地处理因果关系的道路。据说，那是一次应邀去散步，突然一场大雨使高尔顿不得不暂时躲到了一个路边的岩洞里。他回想说："我蹲在洞里，相关性回归的想法突然闪现在我的脑际。由于高兴之极，那时竟忘记了身旁的一切，忘记了洞外还下着瓢泼大雨。"

高尔顿的许多工作皆属开创性的，但许多工作又是错误的。比如，在他的两部科学计量的名著——《遗传天赋》（1869）和《英国科学家》（1874）中，他的基本统计结论是：伟人们，其中包括大科学家在内，似乎都是有血缘关系的。因此，无论过去和现在，绝大多数杰出的政治家、科学家、诗人、法官和统帅，皆出自名门望族。显然，这些论点是错误的。但是恰如普赖斯指出的那样，高尔顿著作中有几个调查附记是颇有价值的，一方面它是高尔顿关于杰出科学家质量分布的独创研究，另一方面也正是今天称之为社会学和心理学的研究报告。

到20世纪初，继续对科学进行经验统计方法研究的代表学者有苏联学者菲利普琴科和美国学者阿弗雷德·洛特卡（见图15-3）等。特别是洛特卡，他把前人的统计方法又大大发展了一步，研究的方向也转向了科学人数和他们所发表的科学文献量之间的数量关系。洛特卡于1880年3月2日生于奥地利的伦贝格（今属于乌克兰的利沃夫），父母都是美国人。洛特卡在法国和德国完成了他的初等教育，在英国伯明翰大学取得理学学士学位，尔后，在莱比锡大学和科内尔大学读物理研究生课

图15-3　阿弗雷德·洛特卡
（Alfred James Lotka，1880—1949）

程。毕业后，他分别在美国化学总公司、美国国家专利局、美国国家标准局工作过。1911年至1914年，他曾做过《科学美国人》副刊编辑。此后，他编写了一本巨著《自然生物学基础》。自1924年起直到退休，他一直在纽约大城市人寿保险公司统计局工作。1938年至1939年，他出任过美国人口协会理事长；1942年，他担任过美国统计协会理事长。

洛特卡一生的主要兴趣，在于生物体总数的动态状况研究。这种兴趣起源于他还是一个年轻物理学家的时候，曾受过在特定条件下化学上自动催化反应和生物有机体繁衍增殖之间颇为相似的刺激，由此，他很快发展出了一种"人口分析"理论。这是一种用出生率、死亡率和年龄的分布函数表示的理论。洛特卡的数学模型不仅远比在他以前的任何模型更现实和合理得多，而且他本人对自己模型的预言价值是极为谨慎的。1926年，他借助于沃尔特拉的数学成果，天才地提出了用一对联立微分方程表示的竞争增长律。当代，几乎每一部有关人口理论的著作，都要提到洛特卡分布的有关理论。

同样，当代科学计量学的发展也是与洛特卡的名字联系在一起的。尤其是有关科学家生产率的计量理论，人们（包括普赖斯）必定会从洛特卡的研究谈起，即他在1926年发表的著名的《科学生产率的频率分布》一文。

众所周知，每一个科学家都在力争发表论文或著书立说，以便使自己的科学发现（无论是天大贡献，还是微末之功）公之于世，或作为知识储备，或被同行应用。但是，这种生产率在科学家与科学家之间，却有着巨大的差异。对统计分析颇有嗜好的洛特卡，首先对科学生产率的不平衡性进行了定量研究。1926年的那篇文章，即是对1907—1916年这10年间化学文摘索引和奥尔巴克的物理学年表中的作者人数及其生产量进行统计研究的结果（见表15-1）。他把写了1，2，3……篇论文的科学家人数与论文数1，2，3……对应起来，都画在一个对数坐标平面上。这时他发现（图15-4），这些点都密集地呈直线分布，其斜率近似为-2。洛特卡由此得出结论：

写了2篇论文的科学家人数，大约是写了1篇论文科学家人数的1/4；
写了3篇论文的科学家人数，大约是写了1篇论文科学家人数的1/9；
写了4篇论文的科学家人数，大约是写了1篇论文科学家人数的1/16；
写了n篇论文的科学家人数，则大约是写了1篇论文科学家人数的$1/n^2$。
这就是著名的洛特卡定律。

表 15-1　科学家人数（百分比表示）频率分布，只算到 $n=11$

个人论文数（n）	1	2	3	4	5	6	7	8	9	10	11
化学文摘	57.9	15.4	7.2	4.3	2.7	1.9	1.6	1.2	0.9	0.9	0.6
奥尔巴克年表	59.2	15.4	9.6	3.8	2.5	2.1	1.4	1.4	0.5	0.5	0.5

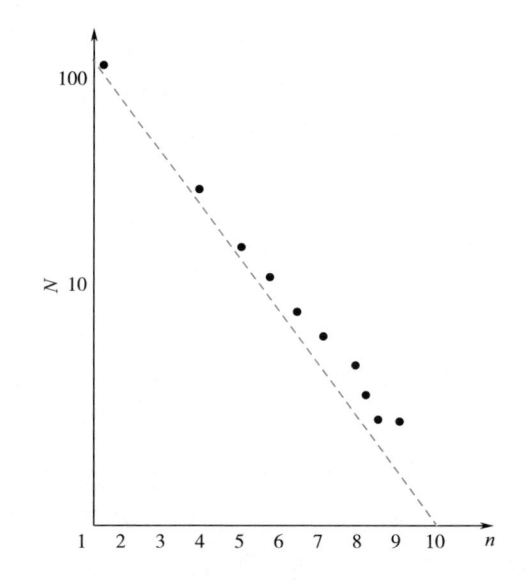

图 15-4　发表了 n 篇论文的科学家人数是 n 的函数

注：该图按化学文摘（1907—1916 年）制作，直线表示逆二次幂洛特卡定律。全部资料做了拟合处理，以 100 名恰好发表了 1 篇论文的作者为基础。

然而，洛特卡本人并不清楚他的这项研究所含有的科学计量学意义。在他看来，由于许多现象均符合这种统计分布，因此，他所发现的上述频率分布有着广泛的适用性，但就是这么一种分布形态而已，几乎无助于，或者根本无助于说明在自然界深处隐藏着的各种联系。

也许与他本人的认识不无关系，洛特卡定律基本上三十多年无人问津，直到普赖斯出版了他的两部重要著作《巴比伦以来的科学》（1961）和《小科学，大科学》（1963），洛特卡定律才被重新挖掘出来，再获人们的关注和重视。从此洛特卡定律便经常被许多著名的科学学家、科学社会学家和科学政策研究专家所引证，比如，J. R. 科尔和 S. 科尔的《奥特加假设》（1972）、M. 马尔凯的《科学精英的中介作用》（1976）、普赖斯的《科学家的生产率》（1974）、J. 齐曼的《知识的力量》（1976）、H. 朱克曼的《美国科学的层理》

(1970)、M. J. 马奥尼的《科学家的心理：定量的考察》(1979)、J. 弗拉奇的《科学成果的频率分布：洛特卡定律及相关现象的文献目录》(1978)，等等。

必须强调指出，普赖斯不仅是洛特卡定律的再发现者，而且也是洛特卡定律的发展者和推进者。这一点，笔者将在"普赖斯与科学计量学"那一部分做专门论述。

此外，在科学统计方面，几乎和洛特卡同时代的著名学者还有：F. J. 科尔，著有《比较解剖学史》(1917)，其中第一篇即是"文献的统计分析"；E. W. 休姆，著有《统计文献学与现代文明发展的关系：1922年5月在剑桥大学的两次讲演》[1] (1923)；E. S. 艾伦，著有《数学家的期刊》(1929)；S. C. 布拉德福，著有《专题情报来源》(1934)，提出了著名的布拉德福定律；G. K. 齐普夫，著有《人类行为与最小努力原则》(1949)[2]，这就是著名的齐普夫定律；等等。他们都是从某个侧面（主要是文献统计）对科学进行了定量研究的尝试。全面提出且成为科学学研究转折点的，乃是贝尔纳的《科学的社会功能》(1939)。

正是由于受贝尔纳的巨大影响，普赖斯的科学活动从数学和物理学转向了科学史研究。或者用他自己的话来说，是贝尔纳的著作武装了他的头脑，引导他走进了科学计量学的大门。

早在1949年，普赖斯在新加坡大学供职的时候，就天才地发现了科学发展的指数规律。当时，他负责保管一整套伦敦皇家学会《哲学汇刊》(1662—1930)。由于十年一叠地放在床头书架上，结果杂志靠墙呈现指数曲线状，这个现象被普赖斯意外地发现并抓住了。从此，他便在其他期刊上，寻找这一曲线的普遍证据，最终，发现了有名的科学指数增长律。

1950年，普赖斯本人的工作地从亚洲回到了欧洲。从此，经过近十年的潜心研究，当他在耶鲁大学取得教授和科学史系主任的职位时，即在1959年10月和11月，终于把对科学的定量研究列入了他五次公开讲演的最后一讲。这套讲演集1961年出版问世，它就是著名的《巴比伦以来的科学》。

---

[1] 休姆在这本书中首次提出了"统计文献学"(statistical bibliography) 一词，此乃今天"文献计量学"(bibliometrics) 的前身。
[2] 齐普夫最早的研究论文发表于1935年，这里是他的专著。说来也巧，布拉德福最早的研究论文则是1934年发表的，专著于1948年出版，均比齐普夫早一年。

科学学的历程 The Journey of 'Science of Science'

《巴比伦以来的科学》连同稍后的《小科学，大科学》（1963），全面继承了近一个世纪以来许多先驱者科学定量研究的各种优秀成果，为科学计量研究构筑起了结构框架，奠定了理论基础，从而开辟了一个崭新的科学学研究领域。这就是科学计量学。从那以后，这两本奠基之作一直在激励着世界各国的科学学家、科学史家、科学社会学家和科学政策研究家，召唤和吸引他们涌到科学计量学这个研究领域中来。恰如普赖斯本人在1975年《巴比伦以来的科学》一书再版时说的那样，这两本书，如同一石激起千层浪，"引来了一系列旨在对诸如科学期刊数目、论文数目、作者数目，以及引证数目等进行各种计量探索的定量研究。紧接着，人们又开始了文献学、书目学的研究，召开了各种有关文献统计学和科学计量学的专题讨论会，甚至还开过一次研究'无形学院'的无形学院会议。"

图 15-5　纳利莫夫
（Vasiliy Vasilievich Nalimov，1910—1997）

在这中间，最值得注目的是苏联科学计量学研究的发展。历史表明，苏联对科学的定量研究，从根本上说就是随着普赖斯关于科学指数增长模式的建立，而从20世纪60年代开始发展起来的。因为普赖斯的这项研究，深深地吸引了莫斯科大学的纳利莫夫（见图15-5）和乌克兰科学院的多勃罗夫。主要由于他们两人的努力，科学计量学才不仅在苏联，而且在全世界许多国家，变成了一个迅速扩展的新的研究领域。有趣的是，科学计量学这个术语亦是20世纪60年代首先在苏联应运而生的，叫作"Наукометрия"。比如，1969年纳利莫夫和穆利钦科合著的世界第一本科学计量学专著，就叫 *Наукометрия*，但在1971年美国有人把它译成英文时，书名却译作了 *Measurement of Science*（《科学的计量》）。显然，英语中是后来才从俄语学来了"Scientometrics"这一专有术语的[①]。

如同物质生产的发展在一定程度上取决于物质资料的供给水平一样，精神生产的发展同样也有赖于能提供精神资料的物质基础。科学计量学之所以能在

---

① 现在查明，最早提出科学计量学这个术语的时间，应是1966年。纳利莫夫写了一篇《研究科学发展的定量方法》的文章，发表在苏联《哲学问题》1966年第12期上。

20世纪60年代奠基后，在70年代就迅速形成一门兴旺的新生学科，是与美国费城科学情报研究所自1963年开始出版《科学引文索引》分不开的。《科学引文索引》的出版，为各种科学指标的定量研究提供了源源不断的原始素材。这是加菲尔德（见图15-6）的一大功劳。正因如此，他不仅赢得了情报科学界"丑小鸭变成白天鹅"的世界声誉，而且当之无愧地跻身于世界科学家（即科学计量学家）的名流行列。恰如当代著名科学社会学家默顿指出的，普赖斯的两部著作和加菲尔德的《科学引文索引》，乃是科学计量学发展史上的两件奠基性大事。

图15-6 加菲尔德（Eugene Garfield, 1925—2017）

加菲尔德出生于1925年。迫于家境贫苦，他上小学时，不得不在课余时间去为叔父开的小酒店送货，或到服装工场做杂工。据说加菲尔德从小就对书目感兴趣，课后或工余，一有机会便跑到纽约公共图书馆海布里奇分馆去看书。他几乎翻阅了那里的每一本书。但正如他后来自己在回忆录中所说："我从来没有真正读完这些书，只是知道书名标题而已。"看来，他颇有点"好读书，不求甚解"的特点。但正是这种读书法，奠定了加菲尔德日后事业的起点。

中学毕业后，加菲尔德当过电焊工和建筑工人，第二次世界大战时，从军当过滑雪兵。战后，到哥伦比亚大学进修化学，同时又在纽约市当出租车司机。中途他又改行去搞医学文献索引。他的导师在他的推荐信上写道，他是一位严格"但是独创性不够的人"。

1954年，加菲尔德取得哥伦比亚大学图书馆学硕士学位。翌年，他在《科学》杂志上发表了题为《引文索引用于科学》的论文，系统提出了用引文索引检索科技文献的办法，向一直独霸情报检索的主题分类法提出了挑战。大家知道，主题分类法是一种传统悠久而行之有效的方法，它所依据的分类思想，甚至可以追溯到数千年前古希腊的亚里士多德。为此，加菲尔德深知，引文索引法被广泛接受，困难是巨大的。

面对困难，加菲尔德遵循了法国的一句格言："首先投入真正的战斗，然后再见分晓。"1958年，他租了一台制版机和一台小型胶印机，在一间经过改建的鸡棚里，开始出版他的第一种情报学出版物——《近期目次》（生命科学）。1960 年 4 月，加菲尔德登出广告："科学情报研究所"（ISI）正式成立。1961 年，加菲尔德又获得了宾夕法尼亚大学结构语言学博士学位。由于引文索引的确能查到传统主题分类法所无能为力的部分情报，尤其在交叉学科和边缘学科中更有成效，其公之于世后，学界的反响是令人鼓舞的。科学家们认为，引文索引能更深刻、更独特地反映科学文献相互之间的联系，比传统分类法眼界要开阔得多。

成功促使加菲尔德乘胜追击，百尺竿头，再进一步。1963 年，《科学引文索引》（*Science Citation Index*，缩略语为 SCI）终于问世。《科学引文索引》创刊时是全年单卷本，1964 年改为季刊，以后又改成月刊，全年 13 本。《科学引文索引》囊括当时自然科学的各门学科，以论文相互引证关系为线索，分为四个栏目以资检索，具体如下：

（1）引文索引。从这一栏可以知道，某作者的论文被哪些人引用了。这里只给出第一作者（如果多人合著的话），不给出论文名称，但给出该论文发表期刊的缩略语名称。

（2）来源索引。从这一栏可以知道，该作者论文的名称、全部作者的姓名和地址。

（3）主题索引。从这一栏可以知道，有哪人的论文名称和上述作者论文名称相同。

（4）期刊引文报告。从这一栏可以知道，有关《科学引文索引》所收录的全部引证和被引证期刊的文献统计分析结果，其中包括：某杂志引文数、该杂志被其他杂志引证数（给出被个别杂志引证数和被引总数）和所谓期刊影响因子，等等。

《科学引文索引》的多学科特点，显示了巨大的优越性。到 1977 年，它发展和包含的内容更加丰富和完备，统计了 41 个国家、3 115 种期刊、300 多万个条目、700 多万条引文。其中收录的中国科学期刊可惜只有 5 种。《科学引文索引》年定价为 3 200 美元，发行量近 3 000 册。在美国本土，它还为用户提供免费长途电话检索查询。1973 年，加菲尔德又创办了《社会科学引文索引》（SSCI）；1978 年，出版了《艺术和人文科学引文索引》（A & HCI）。目前，《科学引文索引》只检索到 1961 年，加菲尔德提出，准备把它回溯到 1900 年。

有趣的是，当加菲尔德最初构想《科学引文索引》的时候，他一股脑儿想的几乎都是情报检索问题，对《科学引文索引》在科学计量研究方面的应用，似乎也不甚明了。虽然他也感到，这对科学史和科学社会家的研究是会有用的，但他基本上只把该书看作是找寻科学文献的一种方法和工具，看作是实现文献目录最佳管理的一种有效手段。"万万没有想到，大规模引文索引的问世，竟会刺激科学计量学这一全新的科学领域的发展"。

事实确实如此。《科学引文索引》一到了普赖斯手里，立刻被赋予了用以科学计量学研究的生命活力。由此，人们发展了引文分析方法，博采诸如统计分析、矩阵分析、网络分析、图论和聚类分析等数学工具，定量地评价国家、机构和个人的科学活动水平、发展趋势和科学生产率，指明科学发展的兴衰涨落、科学前沿的进展，甚至预测未来诺贝尔奖获得者的人选。据说，现在美国有许多大学在招聘人才时，已经开始借重科学计量学的这种引文分析指标，以定量地判断候选人才的学术优劣。此外，美国国家基金会在两年一度向国会递交的正式报告《科学指标》（Science Indicators）中，也已采用了引文分析法来评估美国科学在世界上的地位和权重。《科学指标》公然申明，它的目标是"定量地描述美国科学现状"。美国国家科学基金会《科学指标》编辑部负责人 R. 赖特指出，1972 年美国第一部《科学指标》的出版发行，就使美国政府支持大学基础研究的费用增加了 5 000 万美元。

这里必须顺便指出，这份《科学指标》同样是科学计量学的基础文献之一。加菲尔德亦承认，它从另外一个角度，为定量地研究科学活动提供了极其重要的原始资料，借助它，科学计量学家和科学政策研究者可以对美国未来科学的"健康状况"做出预测。比如，由 Y. 埃尔卡纳、J. 莱德伯格、R. 默顿、A. 撒克里和 H. 朱克曼等人合著的一本书，就隆重推荐了这部《科学指标》。这些作者均是来自不同学科的一流科学家，该书的标题是：《〈科学指标〉的出版有助于对科学的计量研究》。

《科学引文索引》对科学计量学产生的冲击波是如此之强，以至于以后的许多科学计量学研究，本质上都没有逾越情报统计学和文献统计学的范畴。如 1969 年苏联出版的世界上第一本科学计量学专著，即是从情报过程的角度来描述的。该书的书名是《科学计量学：把科学作为情报过程来研究科学的发展》，由莫斯科大学纳利莫夫和穆利钦科合著。

如果说一门学科的理论专著的问世，一般标志着该学科的成熟和进步的话，那么，纳利莫夫和穆利钦科的功绩，正是把科学计量学作为一个相对独立的科学学的分支学科，为它提出了研究对象。该书简要地叙述了到该书出版为止科学计量学的发展状况。该书的特色之一，乃是把科学计量学的分析方法，与其他所有的科学学的定量和定性的方法区别开来。这在该书给科学下的定义中，亦可见一斑。他们写道："科学乃是一种自组织系统。科学的情报流制约着科学本身的发展。诸如用于发展科学的经费拨款、一个国家各种科学机构、形成的精神观念的压力和保密性等外部条件，所有这一切都不过是科学活动于其中的环境因素。环境可能有利于科学发展，也可能不利，但决不能迫使科学沿着本质上它所不可能的方向发展。"

从20世纪60年代末到70年代末这十年间，科学计量学本身的发展，也一直呈指数增长。据加菲尔德储存的资料看，到1979年为止，仅关于科学引证计量研究的文献，就达600余篇。必须指出，加菲尔德统计的这一数字，还遗漏了许多中国、苏联和东欧国家在这一方面的研究文献。特别是苏联，正如上面已提到的，在普赖斯工作的影响下，在这十年左右的时间里，科学计量学研究取得了惊人的进展。从现在掌握的资料来看，在苏联已经形成了大致遵守共同规范的科学计量学共同体，发表了数以千计的科学计量学论文和专著。在这中间，我们认为有两个学派值得注意：其一，以多勃罗夫为首的数学模型学派，其成员有科连诺伊、尤尔楚、克利梅纽克、奥德林、萨韦利耶夫、斯米尔诺夫、维尼钦科、胡尔辛和伊格纳托夫，等等。该学派的特点，是强调以系统论的观点来处理科学"指标系统"。他们认为，系统分析的经验和原理乃是科学计量学的基础。因此，他们的研究方向，往往侧重系统的数学模型。该学派的代表著作有多勃罗夫等人合著的《基础原理尽可能按它们相互之间的联系分类的数学模型》、胡尔辛等人合著的《情报交流数学模型图初探》等。其二，以纳利莫夫为首的科学情报流学派，其成员有阿德列尔、格拉诺夫斯基、穆利钦科、鲍里索娃、彼得罗夫、萨维奇和斯特拉霍夫等。该学派的特点，是致力于科学情报流研究。他们的代表论著有纳利莫夫和穆利钦科合著的《科学计量学：把科学看作情报过程来研究科学的发展》，格拉诺夫斯基著、纳利莫夫作责任编辑的《化学情报流的科学计量学分析》等。

在东欧诸国，科学计量学发展的繁荣在匈牙利。在那里，以布劳温为首，同样形成了一个匈牙利科学计量学共同体。布劳温本人是化学博士，身兼两职,他既是匈牙利科学院图书馆的副馆长,专门负责从美国购进的《加菲尔德索引》的研究和开展以匈牙利本国科学发展为基础的科学计量学研究;同时他又是布达佩斯艾特维什大学无机分析化学研究所的化学教授,专门从事无机分析化学研究。在他周围有鲁夫、贝多索、舒伯特和格伦采尔等人。该学术团体的代表作是布劳温主编的论文集《作为计量对象的科学:匈牙利的科学计量学研究》。该书收录论文20余篇,引证文献227篇。

尽管在这十年间科学计量学发表的文献近乎呈指数增长,但是,正如普赖斯在1978年说过的那样:"许多年来,我们一直寄人篱下,充当我们某些毗邻领域杂志的客座撰稿人。"在西方的《科学》《自然》《文献》《科学的社会研究》《美国科学社会学报》《美国心理学家》《美国情报协会会刊》《艾西斯》《科学研究》等,在苏联的《情报与文献国际论坛》《科学技术情报》《科学学与情报学》等刊物上,科学计量学的文章都有所见。在这种情况下,一家科学计量学的专门杂志的问世,显然是水到渠成的事了。于是,在1978年9月,《科学计量学》创刊号终于在匈牙利出版问世。该杂志有四位主编,他们是美国耶鲁大学科学史系普赖斯[①]、美国费城科学情报研究所加菲尔德、匈牙利德布勒森市柯树特·拉约什大学物理化学系贝克、苏联基辅乌克兰科学院多勃罗夫;执行主编是匈牙利科学院的布劳温;出版者是匈牙利科学院出版社和荷兰爱思唯尔出版公司。该杂志是双月刊,一年出6期,邮订由荷兰爱思唯尔出版公司办理,每年定价76美元。有趣的是,该杂志的发刊词别具一格,不落俗套,它是由四位主编各自写一段署名文字组合而成的。从中我们可以看到,该杂志的宗旨是:充当全世界科学家共同努力培植的高效的科学计量学国际论坛,主要发表科学学和科学政策的定量研究成果,探讨有关科学计量学研究中各种重要的问题,描述科学计量学的各种方法,并为各种不同学术观点的争鸣提供方便。

《科学计量学》杂志的正式创立,标志着该分支学科一个新的历史阶段的开始。正如普赖斯教授在他为该杂志写的那段发刊词的结语中所说的那样:"我希望,本分支学科正式机构成立的新步骤,将会产生一种控制论上的正反馈,并且帮助我们大家相互了解各自的研究工作。归根到底,期刊杂志与其

[①] 普赖斯教授于1983年9月3日逝世后,接替他任主编的是美国俄勒冈大学理论科学研究所的莫拉夫西克教授。现在(指笔者写作该文时的20世纪80年代中期),多勃罗夫和莫拉夫西克也已故去。杂志由布劳温任主编,由贝克、加菲尔德、纳利莫夫等任顾问。

说是为了让人看的，还不如说是为了让人发表文章的。我觉得，在我们这个无形学院（现在正作为一个出版共同体而变得有形）范围内，我们的最低目标应当是为了形成一个约二三百人的核心。"

进入20世纪80年代，科学计量学迎来了一个繁荣的新时代。对中国科学计量学工作者来说，科学计量学研究前沿进展的三件事是令人鼓舞的。

第一，苏联学者海通于1983年出版了一本专著，名为《科学计量学：现状和前景》。该书详细分析了科学计量学在科学学中的地位和作用，研究了迄今为止各类科学计量的成果，介绍了当前各国科学计量学工作者所使用的各种计量方法，以及借助这些方法所取得的成果和发展前景。作者尤其对科学计量学的各种基本定律做了深入的探讨，其中包括科学活动的非高斯分布特性。特别使人感兴趣的是，该书旁征博引，共收录全世界科学计量学方面的研究曲线和图表197幅，引证原著文献652篇。因此，无论从内容和引证文献量来看，该书均不失为世界科学计量学研究的集大成者。值得一提的，也是我们感到荣幸的，该书是普赖斯教授生前（1983年5月）唯一向我们推荐的一本科学计量学专著。苏联著名科学学家纳利莫夫教授为该书撰写了书评，发表在《科学计量学》杂志1984年第3期上[①]。总之，海通的专著表明，苏联科学学界正在全线推进科学计量学的研究。

第二，匈牙利布劳温领导的研究组取得了新成果。他们从加菲尔德那里购买了全套《科学引文索引》的计算机磁带，配之以大型计算机，进行各方面的计量探索和研究。据说，他们取得的进展，已经为匈牙利科学政策的制定提供了各种可靠的定量依据。这反过来使这个研究组更加赢得了科学院领导的重视和支持。布劳温本人和他的同事已发表多部研究专著，比如，前面已经提到的《作为计量对象的科学：匈牙利的科学计量学研究》，以及《从科学计量学角度看分析化学》《科学计量学指标》等。

第三，我国科学计量学研究工作者在《科学计量学》杂志上，发表了自己的研究论文[②]。这是第一篇科学学专论在国际学术刊物上发表。它一方面显示了我国科学计量学研究工作的前沿，另一方面也表明我国科学计量学工作

---

① Brown, W. B., Nalimov, V. V. Book reviews [J]. Scientometrics, 1984 (6): 203-205. https://doi.org/10.1007/BF02016764

② Hong-Zhou, Z. An intelligence constant of scientific work [J]. Scientometrics, 1984 (6): 9-17. https://doi.org/10.1007/BF02020109

者所达到的国际水平。到目前为止，来函索寄抽印本的各国科学家已达四十多人（包含十多个国家）。此外，中国科学院图书馆孟连生同志在做研究生毕业论文的时候，曾做了《中国科学引文索引》的编制研究工作，并成功地勾画出了我国科学家自然科学论文的引证网络。

　　国际科学计量学界进入 1984 年后，还有一件大事值得特别提及。这就是为了纪念科学计量学的奠基人普赖斯，《科学计量学》杂志编辑部在 1984 年第一期[①]上郑重宣布，决定自 1985 年起，设立"普赖斯纪念奖章"，旨在奖励那些在科学计量学研究上做出杰出贡献的人物。

---

① In memoriam：Derek de Solla Price. Scientometrics，1984.6.3. https：//doi.org/10.1007/BF02020107

第 16 章 再论科学计量学的历史与现状[①]

现在摆在读者面前的这本专著《科学计量学指标》，是匈牙利学者的一项普通的科学学研究报告。可是，由于这份报告具有典型的当代大科学时代特征，它所研究的内容和叙述逻辑的新颖奇特，以及到目前为止，我国暂时尚不具备开展类似研究的某些物质条件[②]，读来使人感到非常兴奋和惊叹不已！全书主要是用数学语言和计算图表写成的，乍一读，或许有点艰深和难懂的感觉。实际上，这是一本写得既生动又直观的科学计量学入门书。因为其定量分析的基础，即是人所共知的科学上最普通的习惯行为——引文或参考文献。只要从理解科学论文的相互引证这一事实出发，细细研读，则不仅会使您了解这个学科，并且还会去注意引文计量的应用。

第一节 什么是科学计量学

初读本书的读者，对本书书名所代表的术语学含义，或许还有点陌生。为此，我们首先就科学计量学的定义和概念做一简单介绍。

所谓科学计量学，顾名思义，乃是一门对科学本身进行定量研究的新生学科。这里所指的"科学"，不仅指作为知识体系的科学，而且也包括作为社会活动的科学。马克思是揭示定量研究在科学演化中作用和地位的第一人。他说："科学只有它成功地应用数学的时候，才算达到了完善的地步。"人类的科学史表明，任何学科都有自己演化的历史；任何学科在其演化的过程中，

[①] 原载于《科学计量学指标》，科学出版社 1989 年版。本文是该书的"译后记"，现在的题目是另加的。收入本书时文字有改动。
[②] 本文发表于 1989 年，此句是针对当时我国的情况而说的。后文行文中出现的"最近"所表示的时间均为截至 20 世纪 80 年代末。

或迟或早都会产生自己相应的专门进行定量描述的分支学科。这对诸如物理学、化学、生物学、天文学，以及各门技术科学，都是普遍适用的。科学学作为"一门具有头等重要意义的二次科学"（普赖斯语），同样遵循这一科学发展的一般规律。如果说，没有实验物理就没有物理学的话，那么没有科学的计量研究，同样不存在真正的科学学。因此，科学学的定量分支学科——科学计量学的诞生，标志着科学学在其成长演化过程中，基本上结束了自己的前科学阶段，而进入了常规科学的成熟阶段。

然而，对科学计量学本身来说，它还并不十分成熟。这从近二十年来（文中截止时间为20世纪80年代末期），大家看到的科学计量学定义和概念的多样性，就可以证明这一点。尽管它在促进科学学理论研究和影响国家科学政策方面，已经初显了身手，但科学计量学自身，还只是科学学园地里的一支幼苗。世界各国的科学学家，还在为它下着本质相似而表述各异的定义：

（1）莫斯科大学的著名科学学家纳利莫夫和穆利钦科认为，所谓科学计量学，"乃是研究分析作为情报（信息）过程的科学的定量方法"（1969年）。

（2）乌克兰的布鲁西洛夫斯基则把科学计量学定义为"研究科学的数学上正确的方法"（1975年）。

（3）苏联化学家格拉诺夫斯基提出："我们可以把科学计量学看作一门'元科学'，它能够对各个科学研究方向的有效性做出判断。"（1980年）

（4）按苏联学者基泰戈罗茨基教授的看法，"科学计量学是科学事业的'技术检查科'，它能够揭示出正在集约发展的科学领域。所有这些揭示出来的客观资料，对分配科学资源、培养科研人员等，都是十分重要的"。

（5）乌克兰科学院著名科学学家多勃罗夫则认为，"科学计量学乃是关于系统分析和实际科学管理的研究，它应当围绕可以定量评估的一切科学问题"。他还认为，"任何研究科学的定量方法，都是科学计量学"（1978）。

（6）匈牙利著名物理化学家贝克指出，科学计量学是"研究科学活动、科学生产率，以及科学进步的评价和比较"的科学，是"定量地研究科学技术进步"的科学，是"把处理数据资料的方法，应用于科学学研究"。

（7）美国费城科学情报研究所所长、第一位普赖斯科学学奖章获得者加菲尔德，从他创办《科学引文索引》的实践出发，十分称赞他的同事马林的定义，即"科学计量学的基本之点，是博采各种数量技术，以应用于科学学研究"（1978年）。

（8）1977年1月，苏联召开了一次题为"科学家及科学团体的活动问题"的全苏科学工作者大会。这实际上是一次全苏重要的科学学会议。大会提出的建议书，长期指导着苏联的科学学研究的方向。该建议书指出，"科学计量学乃是定量描述科学发展过程的工具和手段"。

（9）苏联科学院科学技术史所海通博士主张，不能把凡是定量地研究科学的方法都称作科学计量学。在他的专著《科学计量学：现状和前景》（1983）中，海通指出，科学学有三个方面的定量研究：第一，科学计量学，研究科学学分析过程中各种客体参数的定量规律和计量结果（其中包括经验性的科学学规律）。第二，科学的数学模型，利用科学计量学所揭示的诸定量规律，用数学关系（模型）来描述各种计量结果。第三，决策论，应用上述科学计量学规律和数学模型，寻求科学学研究对象的各种参数值，以便制定优化的科学决策。他继续写道："科学计量学是科学学的一个分支学科，它的研究对象是科学活动的定量规律性。"

（10）在回忆他的传世之作《小科学，大科学》的产生过程时，科学计量学的奠基者普赖斯（Derek de Solla Price，1922—1983）指出，"科学学，就是科学计量学"（1982）。

（11）本书（指《科学计量学指标》）作者之一布劳温教授认为，科学计量学和文献计量学在方法论上是非常相似的，有时甚至是完全同一的。但是，人们可以按照它们的研究对象和研究目的来区分它们。"文献计量学是把数学和统计方法应用于研究图书及其他交流中介"（普里查德语，A. Pritchard），其主要目的在于定量地分析图书馆等的藏书和文献服务活动，以增进科学文献、科学情报和科学交流的活动。科学计量学则是分析科学情报的产生、传播和利用的量的规律性，以便更好地理解科学研究活动的机制。

综上所述，尽管各家关于科学计量学的定义各式各样，但归纳起来不外乎广义和狭义两种。据我们所知，我国绝大多数科学学工作者都主张广义一点的定义，因为这样有利于学科自身的发展。否则，就会如同贝尔纳（J. D. Bernal，1901—1971）和马凯（A. L. Mackay）在《通向科学学的道路上》一文中告诫人们的那样："过于刻板的定义有使精神实质被阉割的危险。"

第二节　科学计量学的方法和成就

若把科学计量学和自然科学相比较，就有以下三个显著的差异：①从计量对象上来看，科学计量学研究的，要比自然科学有大得多的现象多重性。②从对计量结果的理解上，科学计量学要比自然科学有大得多的计量结果主观性。③从与数学的关系上看，科学计量学要比自然科学有小得多的数学公式的适用性。因此，尽管作为科学学的一门分支学科，科学计量学已经离开前科学时期而进入了常规科学，但它研究所应用的基本方法尤其是数学方法，依然是统计分析等一些初等方法。下面，主要就当代较为成熟的几种科学计量学方法，做一扼要的介绍。

一、统计分析法

大家知道，每一种科学计量学方法，皆是按所采用的计量指标来分类的。因为要计量，就得取计量指标。现在常用的计量指标有科学发现（成果）数、期刊数、科学机构数、获奖人数、科学家人数、合作者出现数、引证次数、单词数，等等。所谓统计分析法，即是指除了出版物数、引证次数、单词数等计量研究以外的一切科学指标的研究。这样，统计方法的研究内容如下：

（1）科学成果数的时间分布。一般的科学发现每 10 年 1 个；重要科学发现则 20 年 1 个。

（2）科学期刊数的时间分布。在最近 20 年间[1]，科学期刊依然每年稳定增加 2 000 种。

（3）科学家人数的时间分布。科学家人数的倍增期平均为 15 年，其中美国为 10 年，苏联为 6~7 年。而相应人口倍增期为 35 年。全世界 1 800 年有 1 000 名科学家；1850 年达 1 万名；1900 年达 10 万名；1950 年达 100 万名；1970 年则已达 320 万名。

（4）合作者人数时间分布。两个或两个以上合著的比重在增长。迄今为止，在化学、物理、生物学中，约有 80% 以上的出版物是合著的。

---

[1] 指截至本文发表的 20 世纪 80 年代末。

（5）科学家年龄及其结构分布。

（6）科学发现年龄分布。科学家最佳年龄区是 25～45 岁，最佳峰值年龄是 37 岁。

（7）合作者年龄分布。

（8）科学家人数按语言、领域、国籍等的数量分布。

（9）科学情报索取量分布。

（10）合作者集团结构分析。

二、出版物数量计量方法

这里的出版物计量指标，主要包括书、论文、报告、总结等的数量。

（1）出版物总量的增长。当代每年发表在科学刊物上的论文约 300 万篇，科技书籍出版约 7 万至 7.5 万册，颁发专利和发明证书约 450 万件。

（2）每年期刊发表的论文分布。这种分布的最低点，恰好在每年的夏季。

（3）发表论文数按期刊分布。这里，著名的研究如前面提到的布拉德福分布。

（4）按期刊被做文摘数分布。

（5）科研机构的出版物分布。

（6）科学家按发表成果分布。通常把发表论文数量当作科学家生产率指标。这里，著名的有洛特卡定律和普赖斯定律。

（7）科学家发表的论文按科学领域分布。

（8）成果数按合作者人数分布。比如研究表明，有 n 个合作者的成果数大致正比于 $\left(\dfrac{1}{n-1}\right)$。

（9）期刊论文按其延续时间分布。

（10）出版物按主题分布。

（11）出版物按国家分布。

（12）出版物按语言分布。

（13）出版物按出版种类和性质分布。

把科学出版物数量作为科学计量学指标，是研究较多的一个题目。因为正如大家所公认的那样，出版物的数量是可以作为评价某个科学家社会名望、对科学的贡献、生产率，以及科研机构威信的指标。但是，直到如今，研究深度尚不尽如人意，同样有待于提高到一个新的水平。

三、引文索引方法

引文索引法的产生，源于为了满足科学家检索情报的需要。据说，最早的引文索引要算是法国的《巴黎文献书目》了，该书出版于 1771—1772 年。之后则是美国的《联邦法规一览》，该书出版于 1873 年。

对当代科学计量学发展产生了举足轻重影响的，则是前面已经提到的《加菲尔德索引》，即 1963 年正式出版的《科学引文索引》（以下简称《索引》）。该《索引》在 1977 年统计规模达 41 个国家，3 115 种科学期刊；在 1985 年，则达 3 800 种。其中，中国出的期刊只有 13~14 种。有了《加菲尔德索引》，人们开展了以下计量研究：

（1）引文数量增长情况。

（2）引文年龄分布（出版物老化研究）。

（3）期刊按引证分布。

（4）科学机构按被引证分布。

（5）科学家按被引证分布。

（6）合著成果的引文分布。

（7）出版物按其所含引文数量分布。

（8）出版物按其被引证数量分布。

（9）引文按主题分布。

（10）引文按地理分布。

（11）引文按其出版种类分布。

（12）引文按语言分布。

如上述出版物数量指标一样，引文指标也是有了广泛研究的一个科学计量学指标。由于引文指标是《科学计量学指标》的基石，在下一节，我们还要做专门介绍。

四、内容分析法

尽管该方法称为内容分析法，实质则是符号数量分析法。它指的是，把所研究的文献与一套有限的用来进行计算的"单元"联系起来，这样就能算出大量的科学交流中各种符号出现的频率，并确定时间与空间的关系。这个方法是由美国社会学家发展起来的。

五、百科全书法

这种方法有点类似于把百科全书的条目，做术语数量的计量研究。它广泛应用于情报检索的理论与实践之中。

与其他科学计量学指标相比，内容分析法与百科全书法的应用面都是相当狭窄的。

六、词（字）分析法

与前两种不同，这种方法单独研究词（字）的数目。这里的词（字），指词典上的词（字），不是构成词。换句话说，是文献中出现的前后空开的字母连续的词。词（字）分析法，一方面是在发展上述已提到的内容分析法和百科全书法，另一方面是在依靠统计语言学传统，研究词（字）在科学文献中出现的频率和分布，并建立频率词典。

世界上第一部频率词典是《德语频率词典》（Häufigkeitswörterbuch der deutschen Sprache），它是由德国语言学家卡埃丁（F. W. Kaeding）编写的，样本容量为 110 万个词的文句。尔后，约有 300 余部类似的词频率词典问世，如苏联的《俄罗斯文学语言频率词典》《大众科学语汇频率词典》，美国的《教师 2 万词词典》等。

科学计量学要研究的是按学科建立起来的频率词典。这样，就可对科学家的创造活动做定量比较。比如，有人对爱因斯坦和普朗克一生发表的论文标题做词频分析。结果发现，爱因斯坦共用过 1 207 个词，而普朗克只用了 777 个词。由此可见，爱因斯坦的科学兴趣要比普朗克广泛得多。

第三节　科学引文——科学计量单元

在《科学计量学指标》一书中，布劳温和他的同事们提出了 12 项计量指标，来比较 32 国的科学状况。看起来，这是一套很复杂的计算方法。其实，作为计量基础的还是引文，是科学论文相互之间的引文数。

为什么引文能充当科学计量的基本单元呢？要回答这个问题，还得从科学活动本身说起。众所周知，科学作为 20 世纪的伟大社会建制，已经形成了自己巨大的社会系统，不管历史学家和社会学家承认与否，它已经矗立在现代社会的地平线上[①]。文艺小说或故事书籍中所描绘的单干、无私、客观、冷冰冰地探索真理的科学家形象，正在渐渐隐去。代之以越来越多的人（包括科学家在内）清楚地认识到，科学也是一种社会过程。记得上小学的时候，有一篇课文叫《千人糕》，说的是做一块普通糕点，要经过一千人之手，才能形成最后的产品。倘若以此作类比，一项科研成果就是"万人果""亿人果"了。因为科学家的研究活动，在很大程度上是有着相互依赖而不可分离的共同背景的。尽管他们从事的科学研究的领域和方式千差万别，但他们都要学习、继承前人的知识和成果，他们都要与同代人交流和切磋各自的专业研究成果。

对一个正在前沿工作的科学家来说，无论做出什么发现，且不论其发现是大是小，都只有把自己的发现公之于众，进行交流，通过评价鉴定，以某种方式转变为社会知识，才算有效。事实上，科学发现的这一过程，要直到为同一领域的其他同行默许和接受才算完成。因此，科学发现的过程，亦是发现的个体性和发现成果的公开性的矛盾运动。

科学家所使用的语言，在很大程度上也是具有相互依赖的共同背景的。有人对科研报告做过大量研究，结果发现，当科学家对研究结果做系统描述时，其语言的风格和特征均不是随意的，而是经过审慎处理且颇受传统规范的约束。一旦实验导致（可以发表论文或报告的）发现，科学家的思维就从非常规走向常规。因为科学家只有进入常规描述科学过程，才有利于与同行进行科学交流。而研究表明，在科学交流的诸手段中，最有效的还是科学期刊。

一般说来，科学公开交流有三大功能：①传播科学知识（与感兴趣的同行交流，提供个人发表创见或者思想的场所等）。②维护科学规范（科学期刊有质量把关作用，能保证同行评议结果的质量，发表就是一定意义的承认）。③对已经完成的工作给予声望和承认。如果说在科学家的一生中，他主要的奖赏或无形的兴奋剂是同行的承认，那么，科学期刊就是科学发展过程中的成绩单和光荣榜。而在科学研究中授予荣誉和表示承认的最普遍的形式，是

[①] 美国著名科学学家默顿说过，20 世纪的社会学家和历史学家，几乎没有人把科学"看作当代各种伟大社会建制之一"。参见：Merton R K. Priorities in scientific discovery: a chapter in the sociology of science [J]. American sociological review，1956，22（6）：635-659.

引文（参考文献）。

引文是科学研究中一种极平凡的现象，对引文的技术功能，比如，引文的做法和引文的作用，绝大多数科学论文的作者和读者多少也是懂得的。可是，有关引文的实际处理标准，以及这类标准的社会学和科学计量学功能，很多人却几乎一无所知。事实上，创立科学引文索引的起因，并不是社会学家的学术争论，也不是科学史家去证明的其商业发展的成功，而是一位科学情报学家加菲尔德对情报检索的改革。大家知道，传统的情报检索法即是行之有效的主题分类法。要说它所依据的分类思想，甚至可以追溯到数千年前古希腊的亚里士多德。加菲尔德的改革思想很简单，在研究了科学引文的平凡性和普遍性之后，他发现，大凡在科学期刊上发表的论文、报道、评论、更正，乃至简讯，等等，无不拥有引文和参考文献；这些引文或参考文献，往往还给出了来源文献的标题、作者姓名、发表的时间和在哪里发表等，由此，人们就可以方便而又清晰地查明具有特殊共同点的各种论文之间的联系。而引文索引就建立在这种"联系"的基础之上。比如，为了查找某个主题的文献，你可以先找到某一篇这个主题的论文；从这篇论文又可以找到它所附的几篇甚至许多篇参考文献；从这些参考文献又可追溯到更多的参考文献，以此类推。

因此，有人把引证比作一张网，论文就是其网结；也有人把论文比作科学百花园中的学术成果，引证则是联结这些成果而形成的轨迹。循着引文网络或轨迹，人们就可找到某种科学思想的发展线索或道路。对科学社会学家来说，引文使他们大开眼界，透过引文就可窥见科学文献的内在联系；对科学史家来说，借助引文，他们可以准确地建立起不同科学思想或科学学派的家谱；对科学计量学家来说，引文则成了他们进行科学计量研究的基础和单元；把这些单元聚集起来，就出现了科学计量学的理论，人们就可以定量地评判个人或团体对某个领域人类知识增长的贡献。

第四节　加菲尔德的《科学引文索引》

鉴于引文的基础资料来源是美国加菲尔德的《科学引文索引》（英语缩写

SCI，纸本参见图 16-1），为此，有必要对加菲尔德索引的内容、性质和功能做一简单介绍。

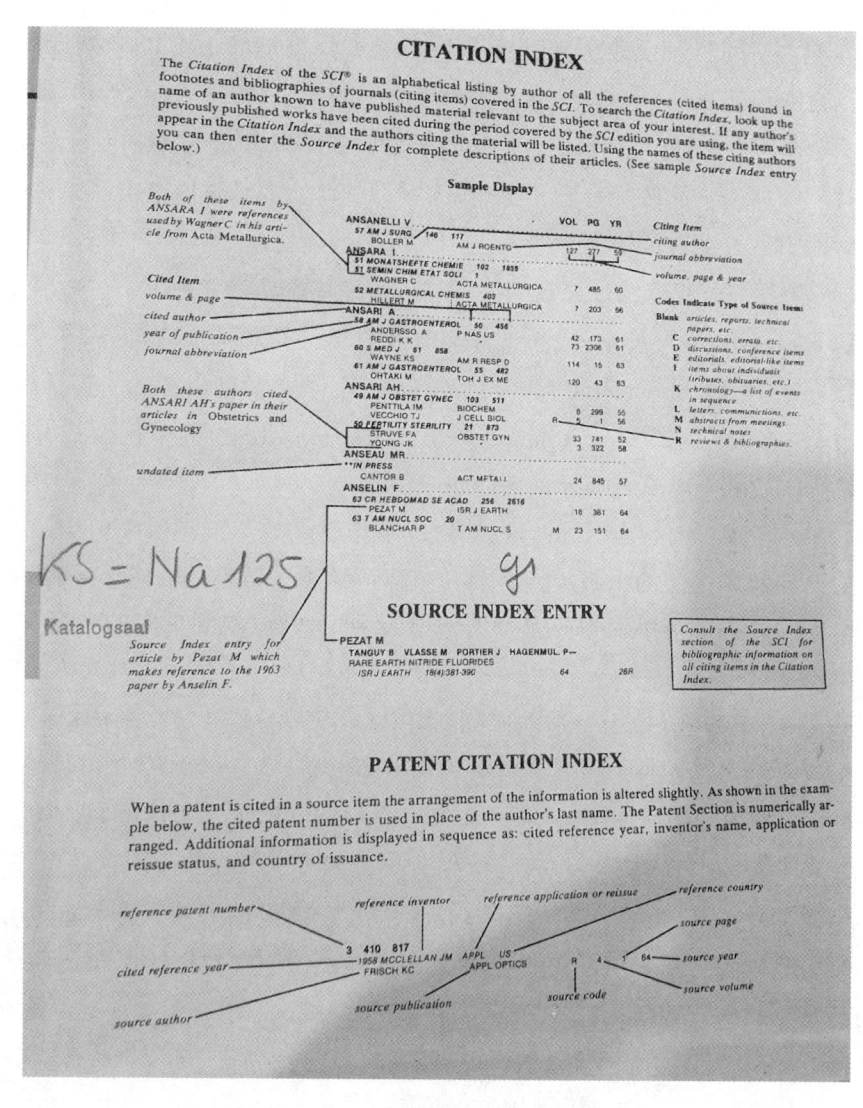

图 16-1　《科学引文索引》纸本①

《科学引文索引》始创于 1963 年，创始人是美国费城科学情报研究所加菲尔德博士。其实，这个研究所自 1960 年 4 月建立起就不是一个一般意义上

---

①　来源于社交媒体：Katrin Weller。

理解的科研机构，它是一个营业性的科学情报机构。由于经营 SCI 的成功，加菲尔德现在已是百万富翁。

《科学引文索引》是一种国际性的多学科索引，包括的学科有数、理、化、地学、空间科学、农、林、医、生物学等；收录的出版物主要是期刊、图书，也有科研报告、会议报道、技术说明、专利，等等。

《科学引文索引》创刊时，为全年单卷本；1964 年改为季刊；1979 年改为双月刊；后来，又改为月刊，全年 13 本，最后一本是年度索引，并且以印刷本和磁带两种版本同时发行。

《科学引文索引》经过繁重的编辑加工，最终产品有五种索引，即引文索引（Citation Index）、来源索引（Source Index）、专利索引（Patent Index）、轮排主题词索引（Per-muterm Subject Index）、团体索引（Corporate Index）和《期刊引文报告》（Journal Citation Reports，简称 JCR）。其中，最关键的是"引文索引"和"来源索引"两部分。

（1）引文索引。从该索引可以知道，某作者的论文被哪些人引用了，并同时给出该作者论文的出版年代、期刊名称、卷码、页码和引证该文的人名、期刊名称、卷码、页码、年代，但只给出第一作者名（如果多人合著的话），不给出论文名称。

（2）来源索引。该索引是在已知引证作者姓名的条件下开始使用的，可以查到论文的名称，全部作者的姓名和论文的出处。

（3）专利索引。该索引是按专利号排列，可以查找引用该专利的作者人名，文章发表的期刊名称、卷码、年代。

（4）轮排主题词索引。该索引是仿照主题索引而编排的，为不熟悉引文索引而熟悉传统主题索引的人提供方便。借助该索引，在已知主题词的情况下找到有关的作者姓名。

（5）团体索引。通过该索引，可以从作者单位名称入手，查找作者姓名及其论文发表的期刊、卷码、页码、年代。

（6）《期刊引文报告》开始于 1975 年，是《科学引文索引》的一个副产品。它是在多年累积的 SCI 数据库的基础上，借助电子计算机，对每一种期刊的引证与被引证的状况，进行系统归类、整理和分析。根据《期刊引文报告》提供的数据，人们可以定量地评价各种期刊之间的相互影响和作用。比如，在引文分析的基础上，可以查明某期刊在一定时期是怎样被引证的，哪些期刊引证它，引证频次如何；该期刊又是如何引证其他期刊的；期刊引证和被引证按年代分布和期刊自引状况；等等。

目前《科学引文索引》只能检索到1961年，加菲尔德提出，准备把它回溯到1900年。到那时，《科学引文索引》在科学计量学上将会发挥更大的作用。

第五节 引文计量的应用

事实上，引文计量是科学计量学在当代最杰出的贡献。它的出现，使各国科学家和管理者纷纷开始思考原来很少想到的这样一种实践。据报道，当加菲尔德《科学引文索引》在国际科学共同体中最初出现的时候，伴随它的是在《科学》和《自然》等期刊上流露出来的一致的慌张。人们对它既表示关心，又说些冷言冷语，夹杂着小心翼翼的兴趣和欢迎；尔后不久，当看到引文计量的应用前景时，又"好像一阵快感流过科学共同体的集体脊梁"。

下面，仅以科学决策为例，介绍几种引文计量的应用实践。

一、同行评议的有效辅助手段

当代，在评价科学及科学项目时，绝大多数国家凭借的都是同行评议。毫无疑问，同行评议是一种行之有效的评议制度。然而，它也不是完美无缺的。比如，在20世纪70年代末80年代初，随着科学计量学的日趋成熟，在欧美诸发达国家里，引文计量法向同行评议制提出了谨慎的挑战。据美国科学促进协会主办的《科学》（1982年）报道，当时美国人为了反省同行评议制是"浪费还是有利"而曾诉诸法律。这是因为，人们发现，在分配科研经费的过程中，传统的同行评议并不总是有效的。

现在，人们普遍认为，同行评议有四大缺点：①对老项目，削减经费有困难。原因是同行大抵专业相同或相近，人很熟。②新生学科，尤其是交叉学科，得不到资助。这是因为，由于历史的原因，在经费拨款决策机构里，已经形成了特殊的利益集团或派别。③敷衍了事，不负责任。这种情况在提升教授职位时尤是如此。④决策评议专家或机构层次不同，很难统一到底。

显然，克服上述同行评议缺点的最有效的办法，就是引文计量。它能为同行评议和决策提供客观、定量、丰富的参照信息。

二、评价一个国家的科学水平

众所周知，要准确地评价不同国家在不同领域的科学水平，要确切地绘制每个国家在世界科学地图上的位置，并不是件容易的事。现在，科学计量学恰恰为我们提供了这样的可能性。

比如，布劳温教授曾做过另一项国际比较研究（1978—1982年）。他采取一整套科学计量学指标，研究了全世界包括美苏在内的各国科学状况，从而绘制出了一张张布氏世界科学地理图。正是在这项研究中，布劳温宣布，在此期间，中国自然科学出版物的总量，从世界的第38位（1978年）上升到了第23位（1982年）。

又如，为了表征一个国家的科学水平，科学计量学上还有一项指标，称作影响权重（influence weight）。从本质上说，这项指标是反映一个国家引文平衡程度的量，即 $W=N_1/N_2$，其中，W 表示影响权重，N_1 表示一个国家论文收到的全部被外国引证的引文条数，N_2 表示这个国家论文引证外国参考文献的总数。有几位英国科学计量学家曾就英国科学的影响权重做过国际比较，得出了英国有些学科正在衰退的结论。虽然这只是一项指标，但这一表征英国科学在世界上的地位的研究报告，曾在英国高级科学家和科学政策制定者中间传阅，并产生了重要影响。

三、评价科学家及其科学成就

作为科研单位的领导者，也许更能体会评定科研人员和科研成果的困难。科学计量学研究表明，作为一名科学家，每年若发表4篇论文，被视为正常水平；大约有1/4的论文发表之后，无人问津，即没有人引证它；在有人引证的论文中，平均每年有1.7条引文。如若一篇论文每年被引证率达4次或4次以上，则可列为"经典文献"。

诸如此类的科学计量学成果应用在评价科研人员上，现在一般采用4项指标，即论文总数、（被）引文总数、论文的平均（被）引文数和被高频引证过的论文数。显然，这几项指标，简单易行，人人看得懂，无须借助计算机或复杂计算，亦无须借助专家的帮助。在美国，有人曾把引文计量方法与同行评议做过对比研究。有一次，美国一所大学对467名要授予博士学位的生物化学研究生做考评。一方面是按常规办法，聘请了152位生物化学家作为同行评议专家，另一方面是大胆采用了引文计量办法。结果令人惊讶，两者的结论基本吻合。只是用引文计量办法较为定量、客观而较少人为因素的干扰。

引文计量的应用和实例还有许多，这里恕不一一列举。

第六节　布劳温与科学计量学

布劳温博士（见图16-2）是国际知名科学计量学家、放射化学家。布劳温，1932年出生于匈牙利。1956年，他毕业于罗马尼亚克卢日县的巴伯斯大学（V. Babes University）；同年，他继续在罗马尼亚布加勒斯特原子物理研究所工作。1963年后他回到祖国匈牙利，在埃得维士·罗兰大学（旧译厄缶大学）无机与分析化学研究所工作。1967年，他取得分析化学科学副博士学位；1980年，获博士学位；随后，取得了教授职位。

图16-2　布劳温（Tibor Braun, 1932—2022）[1]

布劳温除担任埃得维士·罗兰大学化学教授外，还有第二职业，即担任匈牙利科学院图书馆副馆长兼该馆情报科学与科学计量学研究部主任。

他是国际权威期刊《科学计量学》的创始人及执行主编。同时，他还是《放射分析与核化学》论文版和通信版两个国际期刊的创始人及主编。《科学计量学》是布劳温在普赖斯、加菲尔德、多勃罗夫等国际著名科学计量学家的支持下，于1978年创办的。《放射分析与核化学》论文版和通信版两个同名期刊，则是1984年他与国际化学界同行一起创办的。

---

[1] Obituary：Tibor Braun（1932—2022）. https://www.springer.com/journal/11192/updates/23568946.

布劳温曾告诉我们，他的学术兴趣乃是横跨于硬科学与软科学两大科学领域之间的。他研究化学，主要是吸附剂化学、放射分析化学、放射化学；他研究科学学，主要是科学计量学、科学政策的定量研究、科学管理。

实践证明，布劳温在从事科学研究的两个科学领域里，都取得了丰硕的成果。早在1954年，布劳温就开始发表有关定量分析的化学论文。截至1985年，他共发表化学论文63篇（包括合著）、化学专著12本（均是与人合著）。自20世纪70年代初起，他开始注意并研究科学计量学。1975年，他发表了第一篇科学计量学的论文，截止到1985年，他共发表科学计量学论文21篇，与他人合著和合编的科学学专著4本。若把布劳温两个方面的工作加到一起，不难看出他是一位多产的科学家。

作为一位颇有成就的化学家（硬科学家），竟然深入地涉足科学学研究，这在我国似乎还没有如此的例子。据我们所知，布劳温走向科学计量学的研究并不是什么"心血来潮"，或者仅仅为了满足自己"科学的好奇心"，而是一开始就受到实际需要的推动。在一篇文章中，他曾回忆起20世纪70年代初期参加科学院化学学部的一次专家委员会进行科学同行评议的情景。他说，他一直认为，这种评议有很大的主观性，并为此而深感不安。为了追寻同行评议的客观依据，他毅然走上了科学文献定量研究的道路。

布劳温的几乎全部科学计量学论著，均是遵循普赖斯教授生前推荐，即以加菲尔德索引为基础的。这就是为什么他的科学计量学研究成果总是处在国际研究前沿的原因。布劳温是把自己的研究紧密联系匈牙利的实际的。为此，他的研究为匈牙利科学领导人进行国家级科学决策，提供了国际视角和定量依据。理所当然，他的科学计量学方面的研究工作，不断受到匈牙利国家领导人和科学同行的重视和好评。比如，他在科学学方面的4本专著中，3本分别是由匈牙利科学院院长、秘书长和学部主任作序的。这次我们翻译的《科学计量学指标》（见图16-3），则是其中最优秀的一本。

图16-3 《科学计量学指标》封面

布劳温与我国科学学界的交往已经有整整五年的时间了。这首先归功于已故的普赖斯教授。那是 1982 年的春天，普赖斯给赵红州同志写信，建议赵红州把他的论文《科学劳动的智力常数》送布劳温审阅。赵红州很快收到了一封热情洋溢的回信。从信的附注上可以看到，布劳温把赵红州同志的信，同时复制并寄给了普赖斯！布劳温作为《科学计量学》的执行主编，又把赵红州的文章送交普赖斯（杂志主编之一）审定。普赖斯曾来信告诉我们，他很愉快地接受了这项任务，并且把蹩脚的英文译稿，修改成了流畅的文字（不用说，我们的英语文字水平是很低很低的）。《科学劳动的智力常数》终于在 1984 年第一期《科学计量学》上发表了。这是中国科学学工作者第一次在国际学术刊物上发表学术论文！遗憾的是，这时普赖斯教授已与世长辞了。他没有来得及赶上与我们一起分享我们首次发表论文的愉快。

为了发展普赖斯为我们建立起来的科学学友谊，在 1986 年 3 月 11 日至 23 日，我们荣幸地在北京会见了布劳温教授。这是一次成功的学术访问。作为我们的客人，他在北京、上海（上海科学学研究所冯之浚教授的客人）做了一系列科学计量学和分析化学（在复旦大学）的学术报告，受到中国同行的一致好评。

在布劳温与中国学者的友谊中，还包括他在布达佩斯与符志良同志（1984）以及孟连生同志（1985）的热情会见。

正是为了科学学的友谊，为了中国科学技术现代化，我们才决定翻译《科学计量学指标》。值此译稿完成之时，我们衷心地感谢边肇祺教授、刘宗仁教授、王兴成教授、李兴权教授、鲍建成教授和李崇惠教授在翻译过程中给予我们的真诚帮助。还有何辉同志为我们复印了许多图表，绳世荣同志誊抄了全部译稿，在此一并致谢。由于我们的知识领域所限，在包括科学术语在内的翻译中，肯定会有这样那样的缺点和错误，我们愿意求教于情报学界，尤其是从事文献计量学研究的老师和同志们。

第 17 章　科学计量学和情报计量学的今天和明天[①]

在当代，作为科学学的一门核心分支学科，科学计量学（scientometrics）如今已是家喻户晓的基础学科。由于历史原因，出身不同学科领域的研究者又给它起了不同的名字，诸如文献计量学（bibliometrics）、情报计量学（informetrics）、技术计量学（technometrics）等。但在当代权威科学家默顿和加菲尔德看来，它们都是一门学科——科学计量学，而已故的普赖斯则是"科学计量学之父"。默顿（见图 17-1）和加菲尔德的这一观点，在七年后，即 1993 年 9 月德国柏林举办的第四次国际文献计量学、信息计量学和科学计量学讨论会上，得到了知名科学计量学家格伦采尔和绍普夫林的再次认同。他们在递交大会的著名论文《小科学计量学，大科学计量学，以及其他》中有极其明确的说明："在下文中，凡提到文献计量学一词，若无特别说明，皆用作信息计量学、科学计量学和技术计量学的同义词。"

图 17-1　默顿（Robert K. Merton，1910—2003）

关于科学计量学的历史渊源，笔者和赵红州教授合作，在《科学计量学的历史和现状》一文中，有过较详细的阐述。自那篇文章问世以来，又十多年过去了。科学计量学新的进展如何？国际科学计量学界有什么重要举措？我国科学计量学家又有什么新著？科学计量学未来如何？这些问题，正是本文打算加以考察和研究的。

[①] 原载于《科学学与科学技术管理》，1997 年第 7~11 期。

第一节　普赖斯后的科学计量学

世所公认，自20世纪60年代末开始，有关科学计量的研究出现了迅速发展的态势。这一态势的基本标志是：

（1）有关科学计量学研究的出版物（包括论文和书）大量涌现。

（2）各种定量方法应用于科学学、情报学的许多研究之中。

（3）苏联科学学家纳利莫夫提出的科学计量学和美国情报科学家普里查德提出的文献计量学这两个术语，均创立于1969年，且很快得到学术界的认同。

（4）在科学计量学、文献计量学的旗帜下，一个新的科学共同体开始形成。

（5）以美国发布的《科学指标》为代表，在各国科学政策活动中，为了评价科学，看起来十分客观的科学计量学指标和比较容易由文献资料得到的经验数据，皆得到各国非常普遍的认同和采用。

（6）作为这个科学计量学共同体的实体机构——国际第一家科学计量学期刊《科学计量学》杂志，于1978年在匈牙利创刊。

（7）科学计量学研究项目开始得到国际科学基金组织和各国政府的拨款资助。

对国际科学计量学界来说，科学计量学之父普赖斯1983年不幸去世，几乎成了科学计量学发展道路上的转折点。一方面人们为失去该领域里的"大建筑师"而悲伤。另一方面，这位科学计量学之父的死，似乎更激发了人们对他开拓的这个领域的兴趣和研究热情。著名匈牙利科学计量学家布劳温率先决定，以他任主编的《科学计量学》杂志为基地，设立国际科学计量学普赖斯奖，1984年开始颁奖，旨在奖励为科学的定量研究及其应用做出贡献的人物。该奖一年评选一次。首次普赖斯奖获得者是《科学引文索文》（SCI）创立者加菲尔德博士。接着依次是美国俄勒冈大学科学学家莫拉夫西克（1985年）、匈牙利科学计量学家布劳温（1986年）、美国情报科学家斯莫尔和苏联科学学家纳利莫夫（1987年）、美国科学家纳林（1988年）、捷克科学家弗拉奇和英国知名情报学家布鲁克斯（1989年）。1990年至1992年间，因故三年没有评选，1993年又恢复评选。值得指出的是，1993年的评选中，我国著名科学学家赵红州教授曾被提名为获奖候选人。1993年的获奖者是匈牙利的舒伯特，1995年是冯·拉安和美国著名科学社会学家默顿。1994年因故没有评奖①。

从学术角度看，在普赖斯身后，科学计量学研究依然处于兴旺期。比利时学者埃格赫（L. Egghe）的意见是对的，他说："文献计量学、信息计量学和科学计量学正在发展成为越来越专业化的研究学科。这是毫无疑义的。"研究表明，近十多年来，科学计量学、文献计量学和情报计量学研究大致可分属四个大类：①把变量数据拟合为经验和概率分布，或做曲线拟合；②做科学或学科地理分布图；③绩效研究、影响研究、评价研究；④各种其他定量研究。不仅在三个"计量学"名义下的论文数量增长很快，而且高质量的论文也不在少数。比如匈牙利布劳温、舒伯特和格伦采尔在20世纪80年代末做的一件工作，他们以世界2 649个科学期刊和96个国家为样本，搞出了一套综合指标，以评价和预测几乎全部重大学科领域与子领域里各个国家的科学能力。众所周知，评价一个国家科学活动及其成就的方法多种多样。人们常用单参数科学指标或这类单参数科学指标的综合评价法，根据这些指标的计算值，做出各国科学实力的排序。而布劳温等人的上述工作，正是各种综合评价法中最成功的一套科学计量学指标。其最大特点是它依据的是SCI科学引文数据库，因而具有国际可比性，曾被各国科学计量学同行誉为本领域里的"圣经"。

德国菲施、吉赛和丹尼尔等人关于大学科研成果的评价研究亦是重要领域之一。据文献研究表明，近十多年来，德国科学计量学研究论文中有2/3是属于德国大学评价的。最初的目的是引进英、美两国的大学排名，从而开展对学术科研机构的必要的评价研究。出乎意料的是，其研究结果引起了政府决策者和公众的注意和兴趣，他们要求知道隐藏在科研和教学后面的更多的信息。这是因为大学科研和教学，一方面对文化和经济的发展十分重要，另一方面此方面投入巨大，政府和公众关心这些投入的效果。从评价对象来

---

① 普赖斯奖获奖者详细名单见：https://www.issi-society.org/awards/derek-de-solla-price-memorial-medal/.

说，德国科学计量学界首先把科研绩效（Research Performance）定义为：①科学活动；②科学成果；③科研投资效率。具体来说，他们开展的是国家、单位（大学或研究所）、系或研究室、科学家个人等不同层次的科研绩效评价。开始，他们集中搞的是整个大学的科研绩效水平评价；近几年来，则开始转向相似学科间、系（研究室）和科研人员个人之间科研绩效定量比较研究。以科学绩效评价指标为例，德国同行大致采取五项科学计量学常用指标：①科学论文计量；②所获得引文计量；③获奖状况计量；④获得科研项目资助计量；⑤学术任职状况计量。德国李比希大学吉赛提出的有关大学科学研究质量计量指标系统，既有德国特色，又有普遍意义。因为如前所述，他是在借鉴了英美大学排名计量评价实践经验的基础上推出的。

吉赛把大学科研质量指标系统定为十项指标，并分为三组，见表17-1。第一组指标属科研人员质量指标，其中包括学位获得比例、德国大学中取得（如教授）资格比例、德国国家级评审专家比例、享受洪堡研究基金而在大学任职的外国科学家比例。第二组指标属大学讲座教授职位任命指标，其中包括被其他大学聘为讲座教授的比例，及其拒绝率和接受率。第三组指标属大学从外部获得拨款或基金的指标，其中包括获得外部经费总额比例、获得联邦政府拨款比例、获得其他来源基金比例。

表17-1　德国大学科研指标的计量指标

指标	具体内容
指标组 I	科研人员质量指标： 指标1　各级学位获得比例 指标2　取得大学（如教授）资格比例 指标3　国家级评审专家比例 指标4　享受洪堡基金而在大学供职的外国学者比例
指标组 II	大学讲座教授聘任指标： 指标5　被外校聘为讲座教授的比例 指标6　拒绝外校聘任讲座教授比例 指标7　接受外校聘任讲座教授比例
指标组 III	大学从外部获得经费指标： 指标8　从外部获得总经费的比例 指标9　获得联邦政府拨款比例 指标10　获得其他来源的经费比例

科学学的历程 The Journey of 'Science of Science'

在科学计量学理论方向上，在普赖斯之后，同样取得了若干可喜的进展。首先值得指出的是文献信息集中度研究。集中度，或称富集现象、非均匀分布现象，乃是人类社会和自然界常常见到的一种分布现象。诸如个人收入的不平均规律、某一产业中诸公司占有份额的非均匀性、人口地理分布的差异性等，皆属此列。事实上，在图书文献信息领域里，先驱者们早已从不同角度对此进行过定量研究，他们是洛特卡定律（1926年）、布拉福德定律（1934）、齐普夫定律（1935）、普赖斯定律（20世纪60年代），以及特鲁斯韦尔在1969年提出的"80-20"律，在我国情报界，同行们称之为"二八"律。在这些先驱者们工作的基础上，若干科学计量学家在两个方面做了推进：一是借用经济计量学中已经几乎公理化的研究成果，诸如洛伦茨曲线、基尼系数、塞思测度、帕累托定律等。这方面工作的代表人物是比利时学者埃格赫（Leo Egghe）和鲁索（Ronald Rousseau）。他们的工作为信息计量学开拓了新领域。二是文献信息随机等级分布通用模型研究。这方面的代表人物主要如印度的巴苏和拉维桑德拉·劳等。众所周知，洛伦茨曲线常应用于一类事物属性的非均衡性现象，但在多条曲线交汇的情况下，它就很难对其非均衡性做出明确的描述。而基尼系数和普拉特指数（Pratt Index）用在集中度计量时，则尤常用于信息损失的情况。于是，巴苏提出了双指数概念，以处理多曲线情况下的平均集中度及其偏斜度问题。

特别值得介绍的是有关文献信息离散分布截尾距研究。国际科学计量学与信息计量学杂志编委、我国知名科学计量学者、上海大学文献信息系教授山石告诉笔者，匈牙利格伦采尔、舒伯特等人在这方面的研究工作，代表着情报计量学的最高水平，他们的论文符合科学论文的最高标准，行文格式最严谨，即引理—定理—证明那种形式[1]。格伦采尔和舒伯特乃是匈牙利以布劳温为首的科学计量学学派的中坚人物，近些年来，他们一直致力于科学生产过程的数学模拟和截尾距研究。具体地说，他们用截尾距方法来描述情报计量学的数学分布，特别是用两种形式的截尾距完整地刻画了广义韦林分布（Waring distribution）。山石教授指出，这是一件相当重要的工作，并且具有明显的学科特色。这是因为科学文献的分布总是离散的，所以，情报计量学所涉及的数学分布函数一般也总以离散分布为主，且变量取值为正整数。

---

[1] 山石教授给蒋国华的信，1996年6月18日。

此外，尤其值得指出的是，我国的科学计量学、文献计量学和情报计量学在普赖斯身后，亦即自 20 世纪 80 年代以来，也取得了长足进步，涌现出了一批数量虽然不多，但在理论建树方面同样堪称国际一流的计量学研究专家和学者。

中国管理科学研究院副院长、科学学研究所所长赵红州教授是我国科学计量学最早的拓荒者和带头人。不过，由于科研资料和手段的限制，他所进行的科学计量学研究是非主流的，即非文献和引文计量研究，而是历史上大跨度科学成果的定量研究。他在独立发现"汤浅现象"的基础上，发现了著名的科学劳动智力常数。他证明，历史上科学成果数量总是与杰出科学家人数成正比，与这个队伍的平均年龄到当时最佳年龄的距离成反比。即：

$$W = K \frac{N}{(A-a)}$$

其中，

W——历史上重大科学成果数量；

N——历史上杰出科学家人数；

A——当时科学家队伍的平均年龄；

a——当时最佳峰值年龄；

K——比例常数，即科学劳动智力常数的倒数。

他的论文《科学劳动的智力常数》送到《科学计量学》杂志发表后，引起了国际科学计量学界的热情关注。他收到的索要抽印本的明信片，来自 20 多个国家的 50 多位学者。

赵红州教授的另一项研究亦是非常精彩的。他和笔者合作的论文《科学发现的采掘模型》在英国发表后，同样引起了学术界的极大兴趣，也收到了不少索要论文的明信片。我们在文章中证明，科学成果在空间和能量两个层次上的分布服从统计规律，在一定历史时期，重大科学成就就集中在一两个物质层次和能量级别上。科学发现的路径犹如矿藏的采掘一样：它沿着越来越深的物质层次和能量级别不断掘进。在不同时期，总有一门或两门学科为当采学科。当采学科转移的条件乃是该当采层次上各种换能效应基本上得到发现；否则，即使提前掘进了，也会出现大规模的回采现象。科学发现采掘模型具有一定的预测功能。此外，赵红州、郑文艺、唐敬年和笔者，还在科学知识的波谱结构、知识单元与指数规律、科学知识单元的静智荷及其在荷空间的表示问题等方面进行了计址研究和尝试。

上海大学山石教授对三种形式的截尾距［即代数截尾距，记为 $E(X|X \geq K)$；调和截尾距，记为 $H(X|X \geq K)$；几何截尾距，记为 $G(X|X \geq K)$］的文献计量学研究具有一流水平，他分别令

$$E(X|X \geq K) = \alpha K + \beta$$
$$H(X|X \geq K) = \alpha K + \beta$$
$$G(X|X \geq K) = \alpha K + \beta$$

这时，他得出了与之完全等价的（即充分必要的）三种离散分布。第一种分布即是众所周知的韦林分布，后两种则是得到的新分布，经山石及其学生用不同数据多次检验，发现后两种新分布都很有效。他的这项工作递交到第五届国际科学计量学与信息计量学大会，引发了与会者的极大兴趣。

山石教授另一项出色的工作是建立了偏斜型分布的较完整的理论结构。设 $f(X=K)$ 为随机变量 X 取值 K 时的概率，$K=1, 2, \cdots$ 再设

$$F(X=K) = \sum_{i=k}^{\infty} f(X=i)$$

并定义广义齐普夫分布 $F(x=K)$ 为

$$\lim_{K \to \infty} \frac{\ln \frac{F(X=K+1)}{F(X=K)}}{\ln\left(1 + \frac{1}{K}\right)} = -a$$

其中，a 为一个正实数。

山石由此证明了一个重要变量：广义齐普夫分布的代数截尾距基本上是线性的，即：

$$\frac{\sum_{i=k}^{\infty} if(X=i)}{F(X=K)} = ak + O(k)$$

此外，山石教授还得到了韦林分布的一种推广形式——多变量韦林分布。这对目前信息计量学研究依然以单变量研究为主的状况来说，显然是一个重要进展。

河南师范大学梁立明教授的几项科学计量学工作也十分出色。第一项是推进了齐普夫—帕累托分布。普赖斯在他的名著《小科学，大科学》中曾有个天才猜测：单就论文质量而言，似乎也存在一种帕累托分布。梁教授在单

纯数量指标和单纯质址指标的基础上，推导出了把两种指标合一的综合指标，其排序依然服从齐普夫—帕累托分布。第二项是关于重大科技成果的概率分布模型研究。一个科学家在其不同年龄段上创造的科学成果数量是非均衡分布的。早在1990年，她就猜想重大科技成果按年龄段可能是威布尔分布，是一种非高斯分布。随后，她根据赵红州教授《科学能力学引论》和日本科学史家汤浅光朝《解说科学文化史年表》提供的数据资料，从科技成果的世纪分布、国家分布、学科分布等方面验证了她上述猜想的成立及其普遍性。此外，梁教授还对中国科学发展做出了诸如科技论文地理与学科分布、高校与科研院（所）的排序—频度分布、国家自然科学基金项目的科学计量学指标评价研究，以及国民经济综合指标的排序—频度分布等的探索工作，并取得了成功。

武汉大学图书情报学院邱均平教授，在文献计量学的开拓和推广方面，也做了很重要的贡献，诸如利用灰色系统理论及建模方法，提出了我国图书出版发展数量模型；在我国科学文献的时序分布和老化研究过程中，首次提出了"引文半衰期"和"文献半衰期"的不同概念；以及早在20世纪80年代，就对我国《中文自然科学引文索引》（兰州大学版）进行了较为系统的文献计量学分析，研究论文获得湖北省自然科学优秀论文二等奖。根据中国科学院文献情报中心丁颖同志1996年1月完成的硕士论文《中国文献计量学研究之文献计量学分析》提供的数据，到1994年底为止，邱均平教授的专著《文献计量学》被引次数高居榜首，为129次。

我国著名情报计量学家天津师范大学王崇德教授、中山大学罗式胜教授、中南工业大学陈文化教授、湖南省委党校谷兴荣教授和中国科技信息研究所武夷山教授等，都在不同的课题领域，诸如布拉福德定律研究、互引分析、大学科学水平评价研究、我国科技发展定量规律研究等方面，取得了很有意义的研究成果。

第二节　科学计量学、情报计量学日趋成熟

翻开中国科学学发展史，在中国科学学与科学技术政策研究会成立前后，

科学学的历程 The Journey of 'Science of Science'

曾有不少专家撰文论述过一个新生学科成熟的基本指标问题。但所有论述的目的均是为了证明建立中国科学学与科学技术政策研究会的合理性和必要性。

第一位普赖斯科学计量学奖获得者加菲尔德也曾撰文强调"科学计量学日趋成熟"。当我们在 1995 年创刊的《国际科学计量学与信息计量学杂志》（The International Journal of Scientometrics and Informetrics，简称 JISSI）的创刊号上[1]，读到两位比利时学者埃格赫和鲁索合写的论文《科学计量学与信息计量学日趋成熟》时，笔者不禁举双手赞同！如果说十多年前[2]的加菲尔德博士，作为普赖斯的亲密朋友、"科学引文索引"的创立者，他的《科学计量学日趋成熟》的论断乃是一种为了一门新生学科被社会承认而发出的呼喊和对这门新学科的未来充满自信和预见的话，那么，埃格赫和鲁索几乎与加菲尔德文章同名的论文，则是对这门已经成熟了的新学科的赞美和祝福。

科学计量学、情报计量学的确已经成熟了。笔者以为，科学计量学、情报计量学成熟的标志有以下五个方面。

一、本来各自独立发展起来的诸"计量学"正在汇集和融合成一门科学

普赖斯在他的著名论文《科学的科学》中，在论述科学学形成史时，有过一段十分精彩的表述。他说："分析研究科学自身的各门学科，都是逐个产生出来的，但是现在，他们都开始显现出连结为一个统一整体的许多迹象……这门新学科我们更喜欢称它为科学的科学（即科学学）。"俗话说，历史不会重复，但常常会重演。而今科学计量学的发展史正在以十分惊人的相似重演其亲本学科——科学学的发展史。定量地分析研究科学及其他文献信息的各门学科，诸如文献计量学（bibliometrics）、科学计量学（scientometrics）、信息计量学（informetrics）、技术计量学（technometrics）、图书馆计量学（librametrics）、统计书目学（statistical bibliography）等，的确在近十多年来开始汇聚、连结，乃至显现出融合成为一门科学的迹象。众所周知，这些不同术语所代表的研究领域，几乎都可上溯到半个多世纪乃至一百余年前。如

---

[1] International Journal of Scientometrics and Informetrics（1995—1996）电子版地址：https：//www.issi-society.org/publications/international-journal-of-scientometrics-and-informetrics-1995-1996/.

[2] 指作者发表此文（1997 年）时的十多年前。本文后面类似的时间表达所参照的时间点均为作者此文发表的时间。

果仅从这些专有术语出现的年代看，也至少有二三十年历史。如前所述，科学计量学和文献计量学均是1969年分别由苏联的纳利莫夫、多勃洛夫和英国的普里查德所创立的。而信息计量学则是由联邦德国学者纳凯于1979年提出的。苏联科学技术情报研究所于1984年设置了一个信息计量学委员会，并特地聘任纳凯为该委员会第一任主席。1988年，苏联数学家戈尔科娃主编了一本书，名称即为《信息计量学》。正是在这本书里，苏联科学家们把威布尔（Weibull）分布和系统论的方法应用到了信息计量学领域。也恰恰就是在20世纪80年代末，东西方科学计量学家、信息计量学家、文献计量学家初次相遇，他们几乎都惊异地感到，大家就专业问题交流起来竟没有任何困难。事后，英国知名情报科学家布鲁克斯写道："研究表明，东西方学者对信息（文献）研究的发展线路，乃是同根同源的。虽然各自曾分别发展长达五十年之久，又很少接触，不过近年来，我很高兴地发现，出现了新的研究兴趣的融合。"

诚然，如同对地球表面土地的丈量，人们称之为几何学（geometry）一样，大凡使用后缀计量学（-metrics或-metry）的学科，也都有自己某种特定的研究领域。比如，印度著名图书情报专家朗加纳桑在听了科学学奠基人贝尔纳的演讲并于同年提出数量图书馆学（librametry）时，他的定义是：数量图书馆学这门学科乃是将统计计算的方法应用于图书馆的管理。当普里查德1969年新造出文献计量学一词时，他的意思是取代原来的统计书目学，研究方向依然是将定量分析方法应用于书目学。所以，此后许多年，图书馆界的文献中，人们常常看到文献计量学（bibliometrics）和数量文献学（bibliometry）两个术语混用的情形。科学计量学在其独立发展过程中，苏联科学学家在1969年创造这个词时说得很明白：科学计量学是指科学学研究中的定量方面的问题。有一点还要特别指出，scientometrics一词在西方科学家那里常常被搞错，因为在英语里，science一词仅指自然科学，而在俄语里指一切知识（既包括自然科学，也包括人文科学、社会科学）。至于信息计量学，或称情报计量学，根据创造这一术语的德国学者的意思，它是指一切信息（情报）过程的定量处理方面。显然，它既包含了文献计量学，也包含了图书馆计量学。正因为如此，国内不少同行在说到这门学科时，依然沿用"情报计量学"这一表述。虽然上述所有这些"计量学"学科均有自己相对独立的研究领域，但从术语学角度来检验，人们就会发现，时至今日，这些"计量学"都很难有自己独立的专有词典。恰恰相反，它们所用的许多新术语，均是共同借用、合用或共同创造的。印度著名文献计量学家森说过："术语乃是对学科领域做出区分之首要指标。"专有术语的共用和混用，正好证明了这些"计量学"研究领域在交叉和融合着。尽管如同布劳温指出的那样，对这个问题，目前还不能说从定义上取得一致意见，但在不少学者看来，它们走向一门科学的趋势已经无须再加以证明了。

二、科学计量学已是一门硬科学

人们也许很少听说过，贝尔纳1939年出版的科学学奠基著作《科学的社会功能》，乃"是一部硬科学著作"，因为它是用当时所能达到的数学方法写成的一部科学社会学的定量报告书。也正因为《科学的社会功能》达到了硬科学的水准，它才有资格宣告一门新学科的诞生。

说到"硬科学"，读者马上会联想到它的对应词"软科学"。遗憾的是，我国学术界对"软科学"一词的阐释和应用，已经远离这个词的创始者的原意和国际学术界随后80多年来不断对它的应用和发展所涵盖的定义。文献研究表明，"硬科学"和"软科学"的创立，应归功于20世纪英国大学者罗素。在1914年著名的劳威尔讲座上，罗素创造性地把人类认识外部世界的一切知识，统分为"硬知识"和"软知识"两大类。此后，便不断有人对"硬科学""软科学"进行科学分类学的研究。有人甚至给出了有关科学的"硬—软"二维分类，其中一维是"自然（硬）科学"，另一维则是"社会（软）科学"。但对硬科学和软科学之相似和差异进行系统而又定量研究的第一人，则是普赖斯。他在一篇题为《硬科学、软科学、技术和非科学的引文计量》的文章中，给出了判别科学软、硬度的普赖斯指数（Price's Index）。他指出，"普赖斯指数高于43%的科学期刊，无疑属于硬科学范畴"。

值得指出的是，有人根据普赖斯指数对科学计量学这门学科进行了评价研究。比如，法国学者特鲁韦，在他的论文《科学知识的计量》中指出："最新研究表明，根据普赖斯指数，科学计量学已经变成一个具有硬科学特征的高度专业化的研究领域。"

三、科学计量学国际学术讨论会已经常态化

人们常说，一门学科学术研讨会的兴旺，就是这门学科兴旺的一个重要

标志。自 1987 年"国际首届文献计量学与信息检索理论研讨会"在比利时举行以来，国际科学、情报、文献、图书馆计量学界的这个盛会每两年举行一次，经久不衰。

需要强调的是，首届科学计量学国际讨论会之所以能举行，应归功于两位比利时学者。据埃格赫和鲁索回忆，在 1980 年以前，他们从未听说过在西方学术界举行过类似的会议。自 1983 年他俩进入文献计量学领域[①]，直到 1987 年以前，他们已经关注到，在东欧和苏联，都举行过有关科学计量学和语言学的会议，如苏联的多勃洛夫在基辅，保加利亚图莫夫（Tomov）在瓦尔纳，格伦采尔在民主德国，都主持过这类学术会议，以及在其他东欧国家召开过一些规模更小的科学计量学讨论会。只是由于冷战的原因，西方学者对苏东学者的科学计量学传统及其工作不甚了了。在西方，学者们已看到或亲自参加了不少图书情报会议，其中大多含有文献计量学、文献系统数学模型等内容，诸如美国情报科学协会的年会、加拿大情报科学协会的年会、国际情报检索的研究与开发会议等。尤其值得指出，国际情报科学研究论坛自 1976 年创立以来，至 1985 年间共举行 16 次会议，每次会议都包含科学计量学的内容和议题。埃格赫和鲁索还亲自参加过多次国际科技指标学术讨论会。此外，他们还了解到，在印度专业图书馆与情报中心协会的全印年会上，文献计量学始终是与会代表讨论的议题之一。此外，这个协会还下设一个文献计量学专业委员会（自 1992 年后，改称情报计量学专业委员会）。不过，当他们打算从数学领域跨过边界，深入科学与情报计量领域进行探索时，他们惊异地发现：一是常常发表计量学文章的杂志数量十分有限；二是涵盖计量学领域一切重要方面的学科专著尚无问世；三是还没有有关这门学科的专业国际会议；四是还没有科学计量学、文献计量学和情报计量学的国际专业学会。

于是，这两位比利时情报计量学家想到，首先应组织召开国际计量学会议，因为他们觉得一个没有国际专业会议和国际专业杂志的国际学会是没有任何意义的。他们所做的第一件事是给世界各地（包括只知道名字）的同行写信，告知拟开国际会议的想法。值得庆幸的是，几乎所有回信都是积极支

[①] 埃格赫和鲁索多次撰文提到，在 1983 年以前，差不多有十多年时间他们干的是数学工作。此外，当时他们认可文献计量学这一通用术语，但现在，则更愿意称其为信息计量学。顺便说一句，埃格赫从 1979 年开始一直是大学图书馆员，而鲁索是从 1977 年开始攻读图书文献学硕士课程的。

持的态度，有的还提醒他们注意财政问题。组织这一次会议他们得到了大学同事的帮助可免费使用教室做会场，会上主讲人可以不付酬金，而且，参加者还可多少交纳一点会费。此外，他们的计划还得到比利时国家科学基金会和他们大学（UIA）校方的资助。尤其让他们感动的是来自加拿大安大略大学琼·塔格教授的信息，她表示，如果他们举办第一届，她就接着举办第二届！

就这样，第一届国际计量学会议如期于1987年8月在比利时迪彭贝克举行，有来自22个国家的80名代表出席，48人在会上发表了演讲。由于起初考虑会议主题应宽一点为好，于是他们将会议命名为：第一届国际文献计量学与情报检索理论研讨会。只是这次会议的论文集出版后，倒使国际同行们大吃一惊，因为它竟取名为《情报计量学》！此后的历届科学计量学国际会议情况，如表17-2所示。读者可以看到，会议的名称在不断演变，只是在逐渐统一和融合。顺便说一句，现在的名称中，依然保留了科学计量学和情报计量学两者并列的情况，那正是这些计量学的领域在东西方具有不同发展线路和考虑暂时妥协的结果。

值得指出的是，除第一届会议以外，历届会议均有我国科学计量学和情报计量学的专家出席。他们是：许文霞（第二届），武夷山（第三届），武夷山、山石（第四届），王崇德（第五届）。山石教授告诉笔者，他正准备出席1997年在以色列召开的第六届国际科学计量学与情报计量学讨论会。

表17-2　前六届国际科学计量学和情报计量学会议一览表[①]

届次	会议名称	年月	地点	参加人数
1	国际文献计量学与情报检索理论讨论会 1st（International Conference on Bibliometrics and Theoretical Aspects of Information Retrieval）	1987.8	比利时	80人 22个国家
2	国际文献计量学、科学计量学和情报计量学讨论会 2nd（International Conference on Bibliometrics, Scientometrics and Informetrics）	1989.7	加拿大	60人
3	国际情报计量学讨论会 3rd（International Conference on Informetrics）	1991.8	印度	200人左右

---

① 最新的会议列表可从ISSI官网获取：https://www.issi-society.org/conferences/.

续表

届次	会议名称	年月	地点	参加人数
4	国际文献计量学、情报计量学与科学计量学讨论会 4th（International Conference on Bibliometrics, Informetrics and Scientometrics）	1993.9	德国	189 人（33 个国家）
5	国际科学计量学与情报计量学讨论会 5th（International Conference of the International Society for Scientometrics and Informetrics）	1995.6	美国	
6	国际科学计量学与情报计量学讨论会 6th（International Conference of the International Society for Scientometrics and Informetrics）	1997.6	以色列	

四、科学计量学、情报计量学有了自己的国际科学学会

如果说一个科学学会的建立是这门学科成熟的标志和结果，那么，一门日趋成熟的学科则必然或迟或早地会建立起自己的专业学会。

1986 年，两位比利时学者埃格赫（见图 17-2）和鲁索（见图 17-3）忽发奇想，倡导组织和召开首届国际文献计量学讨论会，也许包括他们两人自己在内，谁也没有把握会议会取得成功。为此，他们在会议名称上不得不加上了"情报检索"的字样，以吸引更广泛的研究领域的学者来参加会议。后来人们看到，1987 年在比利时迪彭贝克召开的第一届国际文献计量学会议的确是成功了。但随后的发展，既有顺利，比如，每隔两年连续几届会议都取得了成功，且再往后几届都已各有承办者；也有困难和波折，比如，第一、第二届会议论文集销售状况不佳（只分别全价发行 370 本和 230 本），爱思唯尔出版公司于是改变主意，不同意继续出版；还有，第一届有代表 80 人出席，来自 22 个国家，而第二届在加拿大举办时，

图 17-2　埃格赫（Leo Egghe，1952—）

图 17-3　鲁索（Ronald Rousseau，1949—）

只有代表 60 人出席，于是有人认为，这类会议不景气了（当然，随后的两届，即第三、第四届在印度班加罗尔和德国柏林的会议出席者均近 200 人左右的事实，证明他们的预测错了）。顺利和挫折都教育着国际计量学界的同行。为了这个新学科的发展，必须寻找某种学术活动的稳定性，于是他们想到了建立国际科学计量学学会。

第一次讨论建立国际学会的可能性，是在 1991 年印度班加罗尔举行的第三届国际情报计量学讨论会上。首倡者是德国科学学家克雷奇默（见图 17-4）。克雷奇默博士原是民主德国科学院科学家。她的博士论文是经济学方面的，博士后论文则是科学计量学方面的。现在她在德国柏林自由大学工作。在随后的 1993 年柏林第四届会议上，组建学会的建议得到了正式批准，并正式对外宣布。根据本届会议对学会名称的讨论，并征询了历届和将要主办的国际科学计量学讨论会会议主席的意见，最后，会议执行委员会决定将新生的学会命名为"国际科学计量学与情报计量学学会"，简称 ISSI。顺便说一句，会议强调指出，学会名称中科学计量学和情报计量学的排名次序并非表示有什么侧重。之所以这样决定，有一个因素是缩略语形式的讳避考虑。因为 ISIS 一词人们早已熟知并有他用。ISSI 分设个人会员和团体会员，创办学会通讯，并连接上国际互联网，以便向会员通报在世界各地正在进行中的科研活动和学术会议状况。

图 17-4　克雷奇默（Hildrun Kretschmer, 1947—）[①]

为了让国内科学学和情报学界的同行对这个新生的科学学学会有一个比较全面而又准确的了解，兹将该学会的成立公告全文译出如下（原文如图 17-5 所示）：

  1993 年 9 月 11 日至 9 月 15 日，国际第四届文献计量学、情报计量学和科学计量学讨论会在德国柏林举行。这届旨在纪念科学计量学之父

[①] Bernd Markscheffel, Hildrun Kretschmer. Report of The 10th International Conference on Webometrics, Informetrics and Scientometrics（WIS），COLLNET Journal of Scientometrics and Information Management，2015，9：1，1-4，DOI：10.1080/09737766.2015.1027098. 个人详细介绍 https：//prabook.com/web/hildrun.kretschmer/578397.

Concentration of Forces

Foundation of the
INTERNATIONAL SOCIETY FOR SCIENTOMETRICS AND INFORMETRICS (ISSI)

From 11 to 15 September 1993, the 'Fourth International Conference on Bibliometrics, Informetrics and Scientometrics' was held in Berlin, Germany. The meeting, which was dedicated to the memory of Derek de Solla Price, the founding father of our field of research, has been a great success. The fact that it was attended by 189 participants from 33 countries shows that this emerging scientific field is gaining importance and worldwide recognition. In order to further stimulate this development, the program committee has decided to found the International Society for Scientometrics and Informetrics (ISSI).

After a period of preparations, the new Society was officially founded on 5 October 1994 in Utrecht, The Netherlands.

ISSI's goals are the advancement of theory, method and explanation of the following areas:

1. Quantitative studies of:
   - scientific, technological and other scholarly and substantive information;
   - the science of science and technology, social sciences, arts and humanities;
   - generation, diffusion and use of information;
   - information systems, including libraries, archives and databases.
2. Mathematical, statistical and computational modelling and analysis of information processes.

In order to achieve this, the organization directs its activities at:

1. Communication and exchange of professional information;
2. Improving standards, theory and practice in all areas of the discipline;
3. Education and training;
4. Enhancing the public perception of the discipline.

In recognition of her expertise and dedication, Dr. Hildrun Kretschmer, organizer of the Berlin conference, has been chosen to be the first president of ISSI.

Secretary-treasurer is Dr. C. le Pair, Technology Foundation (STW), P.O. Box 3021, 3502 GA Utrecht, The Netherlands.

Meanwhile, plans for the Fifth International Conference are taking shape. From 7 to 10 June 1995, the Graduate School of Library and Information Science (GSLIS) of Rosary College in River Forest (Suburban Chicago), Illinois, 60305, USA, will host the next biennial meeting.

In the following pages you will find an ISSI-membership application form, as well as more information on the upcoming conference.

ISSI Membership Information

If you are active in the field of Scientometrics or Informetrics, you can become a member of the newly-founded Society. For a membership fee of $ 20.-, you will recieve early information on activities in the field through regularly appearing newsletters.

In view of the fact that many researchers in our field live in developing countries, the ISSI Board has decided on a special, reduced fee of $ 5.- for people from those countries.

图 17-5　国际科学计量学与情报计量学学会（ISSI）成立公告（1995 年春）

普赖斯的会议取得了巨大成功。来自 33 个国家的 189 名代表出席了这次会议。这件事实本身即表明，这个成长中的科学领域正日益取得重要的地位和赢得国际范围内的认可。为了进一步推进其发展，大会执行委员会决定成立国际科学计量学与情报计量学学会（ISSI）。

经过一段时间的筹备，本新学会于 1994 年 10 月 5 日在荷兰乌得勒支市正式成立。

本学会的宗旨是促进下述领域的理论、方法和解释性研究：

1. 科学技术和其他重要学术情报的定量研究。

科学学、技术学、社会科学学、艺术学和人文科学学的定量研究；情报的产生、传播和使用的定量研究；包括图书馆、档案和数据库等在内的情报系统的定量研究。

2. 情报过程的数学、统计和计算模型及分析。

为了实现上述目标，本学会按以下四个方面开展自己的活动：①交流专业情报；②在本学科范围内不断完善标准、理论和实践；③教育和培训；④增进公众对本学科的了解和认识。

鉴于对其才能和奉献精神的赞赏，会议选举柏林会议的组织者克雷奇默博士为本学会第一任会长。推选佩尔（Cornelis Le Pair）博士为本学会秘书兼司库。佩尔博士通讯地址如下：Dr. C. le Pair, Technology Foundation（STW），P. O. Box 3021，3502 GA，Utrecht, The Netherlands。

与此同时，第五届国际会议计划已经敲定。位于芝加哥附近的罗索丽学院图书情报科学研究生院，将主持这届两年一度的国际会议（1995. 6. 7—10）。

本学会会员申请表见附页。倘若您是科学计量学和情报计量学领域的积极分子，您就能成为本学会的会员。每年会费交纳20美元，您就会收到本学会通讯，及时了解本会及世界各地的学术活动。

考虑到许多计量学研究者均来自发展中国家，本学会执行委员会决定给予他们减少会费数额的政策，即每人每年只需交纳5美元。

五、《国际科学计量学与情报计量学杂志》问世

科学计量学成熟的最后值得一提的指标，就是在这个研究领域，又一家新杂志《国际科学计量学与情报计量学杂志》于1995年春正式创刊。该刊与刚刚成立的"国际科学计量学与情报计量学学会"同名。这本身就表明，该刊乃是学会的主办刊物无疑。恰如第一任会长克雷奇默博士指出的，"创建自己刊物的目的就是要作为本学会的喉舌"。

该刊在创刊号上写道："本刊宗旨是为情报计量学和科学计量学的思想和学术成果的传播和交流，提供一个讲坛。"

"本刊发表诸如科学学、技术学（包括技术计量学）、社会科学学（studies of social sciences）、艺术学（studies of art）、人文科学学（studies of humanities）、情报科学、情报系统管理、情报服务等领域的定量研究成果。"

尤其值得指出的是，该刊虽然组成了来自 15 个国家 23 名学者的编委会，但没有设主编，只设一名执行主编。他就是印度学者苏比尔·K. 森（见图 17-6）。该刊为季刊，由印度出版商出版。

该杂志创刊，可上溯到 1993 年 12 月。当时森先生在一次会议上遇到了印度出版商潘地博士（Dr. Pandey），并告诉他，自己准备创办一家情报计量学杂志。几个月后，当他们再次会面时，潘地博士同意了这个计划。森先生的行动得到全印度同行的支持，尤其还得到了刚刚当选的国际科学计量学与情报计量学学会会长克雷奇默博士的支持。她当即表示，新杂志可得到学会的合作和支持。当他们开始筹备时，原先只有一个词即"国际情报计量学"，并且认为，情报计量学"包容了文献计量学、图书馆计量学和科学计量学"。克雷奇默会长指出："科学计量学还不能认为由情报计量学所包容，这两个词都是十分重要的。许多情报学家可能不喜欢称为科学计量学家，同样，许多科学计量学家也并非就是情报计量学家。最后，印度学者听从了克雷奇默博士的建议，把两个计量学并列在杂志的名称之中。

图 17-6　苏比尔·K. 森（Subir K. Sen，1947—2013）①

顺便需要指出的是，在印度学者森先生看来，情报科学（情报计量学是其中一个分支领域）乃是一门应用社会科学（an applied social science），而科学学则是一门基础社会科学（a basic social science）。科学计量学和情报计量学这两门学科，犹如一组二部曲，必将成为当代社会科学中的新学科，且是颇有发展前景的新学科。因此，我们可以预料科学计量学与情报计量学的融合和一门新学科的诞生，而《国际科学计量学与情报计量学》杂志必将记录下这门新学科的未来发展趋向和轨迹。

---

① Newsletter 33. https：//www.issi-society.org/media/1137/newsletter33.pdf.

科学学的历程　The Journey of 'Science of Science'

第三节　大科学计量学和小科学计量学的辩证统一

在科学计量学发展史上，有过一次关于大科学计量学与小科学计量学的著名论战。虽然这次论战至今没有统一结论，或许还将继续下去，但由这次论战所引发的有关科学发展（某种意义上，可以称作科学运作）模式的讨论，却具有十分重大的实践意义和深远的理论意义。

首先挑起这场论战的是匈牙利著名科学计量学家格伦采尔和德国马普学会的绍普夫林。他们向柏林召开的第四届国际文献计量学、科学计量学和情报计量学讨论会递交了一篇论文，题目为《小科学计量学，大科学计量学，以及其他》。也许作者自知此举非同小可，在正式递交大会之前，他们预印若干，以征求同行的意见。收到预印本的有：德国的博尼茨（Manfred Bonitz）和格鲁普（Hariolf Grupp）、南非的莫德（Henk Moed）、保加利亚的托多罗夫（Radosvet Todorov）、匈牙利的温克勒（Peter Vinkler）和 20 世纪 80 年代初来过中国并首先向世界介绍中国科学学研究的德国学者万英加特（Peter Weingart）。

国际上第一家科学计量学杂志主编布劳温及时抓住了这一机会，于是，这场"大""小"之争在会上和会后展开起来。接着，布劳温把两位作者的文章分送世界各国科学计量学家和情报计量学家，欢迎就科学计量学的概念、宗旨、现状和存在的问题，发表意见，参加讨论。最后，《科学计量学》杂志 1994 年 2、3 期合刊，全文发表了 30 位同行的评价文章。

格伦采尔（见图 17-7）和绍普夫林（U. Schoepflin）提出的"小科学计量学"和"大科学计量学"问题，从形式上看是借用了普赖斯对"小科学""大科学"的

图 17-7　格伦采尔（Wolfgang Glänzel，1955—）①

描述和含义。这就是普赖斯在 1963 年发表的名著《小科学，大科学》。而论

---

① 现任 Scientometrics 主编。2013 年 11 月 7 日 Tibor Braun 卸任主编，由 Wolfgang Glänzel 接任。

· 154 ·

文的题目则是直接仿效了由默顿和加菲尔德按普赖斯遗愿完成的上述名作的修订版,这两位把书名变更为《小科学计量学,大科学计量学,以及其他》。

在格伦采尔和绍普夫林看来,以普赖斯《小科学,大科学》发表为代表,从20世纪60年代到70年代末,乃是科学计量学的创立和成长阶段。这一时期的特征是:最初大多表现为一部分热情的研究者对计量研究的个人爱好,随后,交叉科学的方法、数学模型和物理学模型、社会学和心理学的方法,以及图书情报学的方法和模型,都被综合和借用过来。但从总的规模上说,这一阶段属"小科学计量学"阶段。

从20世纪70年代末80年代初开始,科学计量学开始显现出"大科学计量学"的形态,其特征是:学科本身已经日趋成熟,有诸多研究层面,有诸多的子领域,形成了科学交流网络和结构,创办了国际期刊,召开了国际会议,尤其是在发达国家,服务于国家科学政策的重大项目的资助已经成为资助科学计量学研究的常规方式。由此,他们得出结论:"这门学科已经从'小科学计量学'变成了'大科学计量学'。"

但在上述"成功历史"的背后,他们两位接着指出,自普赖斯的《小科学,大科学》这一奠基作发表30年来,科学计量学这门学科在方法论、理论模型、新的研究方向的开辟等方面似乎停滞不前;文献计量学、科学计量学、情报计量学、技术计量学这些分支基本上是一门学科,本身还很年轻,可是它们不仅在相互交流上趋向老死不相往来,而且颇有"大路朝天,各走一边"之势。此外,科学计量学尤其受到科学政策与规划的直接利益的左右,好像科学计量学仅仅就是为其提供成套的数据资料;某些计量学理论家又好像开始脱离实际,甚至超过了基础研究与思辨的界限;在术语使用上,已经出现所谓的"巴比伦混乱"(Babylonian chaos),以致当第二届国际科学计量学讨论会的主办者——加拿大琼·塔格,邀请已故著名情报科学家布鲁克斯就术语混乱现象发表意见时,他把论文的题目就取作:《文献——,科学——,情报—计量学???我们谈的都是什么?》如前所述,在英语中代表这类计量研究的专有术语有三四个,据说在德语中有五个之多。现在全球范围内公认的术语有四个,即文献计量学、情报计量学、科学计量学和技术计量学。遗憾的是,在它们之间,既缺乏共同兴趣课题的联系,也没有有效的对话,相反,它们之间颇有离散之状。

于是,格伦采尔和绍普夫林警告说,这些就是学科危机的征兆!

他们两位接着指出，简单地说，危机的根源可分为人才、科学政治、技术、情报资料和经济等诸多方面。

（1）缺乏集大成的创造型人才是上述危机的首要原因。20世纪80年代初以来的十年间，几位"计量学"领域里的领头人物相继逝世：第一位是科学计量学之父普赖斯（1983），随后是莫拉夫西克、多勃罗夫、扬布朗斯基和布鲁克斯（1991）。众所周知，科学史上大科学家的逝世常常会导致学术方向的困惑和科学交流的停滞。在我们所耕耘的领域里，这种情况也不例外。事实上，人们已经看到，在各国大学里所开设的上述四个"计量学"的课程，已经或正在开始受到影响。

（2）科学计量学的读者群成分发生了变化。最初，关心计量学研究的主要是三类读者群：搞情报、文献计量学研究的工作者，许多从自身专业领域出发对此感兴趣的科学家，科学政策和科学产业部门的决策者和工作者。可是，近十多年来，除第一、第三类的群体继续增大外，第二类明显减弱，结果是计量文献中，有关宏观指标及其研究大量涌现，研究兴趣迅速从基础性和方法论研究转向应用性研究，与此同时，商业性思想在文献计量学领域普及开来。

（3）科研经费短缺是影响发展中国家计量学研究的经济因素。事实上，时至今日的数字化社会，科学计量学研究者和情报计量学研究者一样，基本上分为两类：能够付钱购买昂贵的数据资料，负担得起处理和分析复杂数据的费用和有钱支持长期的计量学研究计划的人，和没有钱支持上述这一切工作的人。人们看到，至少在宏观计量研究方面，后者（缺少经费者）只能在二者之间做出选择：要么向那些有运气的同行买数据，要么只根据已发表的数据搞研究。东欧及广大发展中国家的计量学工作者即处在这种困境之中。

（4）科学计量学和情报计量学工作者们，似乎对其研究成果在科学政策方面的不恰当应用熟视无睹。因为各国不同研究学派之间缺乏有效交流和没有达到共识，这种状况反而有所加强。分散研究导致无法积极捍卫本学科的科学规范。

（5）归根到底，危机的深刻根源在于科学计量学和情报计量学的"大科学"活动费用极其昂贵，这就必然导致某些研究小组或团体完全处于孤立的状态。而那些经费短缺的研究小组或团体渐渐失去其科研独立性，有的甚至会解散或逐渐消失。于是，一个总的趋势是，理论和方法的探索少了，而为科学政策部门和科学产业部门搞技术操作性的委托项目多了。科学计量学、情报计量学、文献计量学或许会变成科学史的脚注，而其本身则愈加会变成一些非常专门化的研究题目，再也不是一门公认的独立学科了。

格伦采尔和绍普夫林最后呼吁，在本学科"危急存亡之秋"，首要问题是对学科的本体、理论和术语这三个基本问题，应抵达最低程度的共识。作为相关领域的工作者，应当对这个领域总体上负起责任。这个领域整个来说可以称为一切有关科学交流，科学情报（信息）的存储、传播和检索的定量模型和问题研究。显然，这个定义较通常提到的要宽泛，它可以包容现有一切有关计量研究的方方面面，诸如科学政策研究、图书馆学、情报检索理论等方面的研究和应用均可包括在内。

第二，文献计量学、情报计量学也好，科学计量学、技术计量学也好，乃是一门真正的横跨一切科学领域的交叉科学。以科学计量学为例，如今在全世界科学计量学工作者的队伍里，人们到处可以找到物理学家、化学家、数学家、医学科学家、社会学家、心理学家、哲学家、历史学家，等等。其理论和方法研究所及，同样十分宽阔和丰富。这门学科的生命力亦在于此。因此，来自不同专业背景的计量学工作者应当敞开心扉，加强合作，主动交流，共同把这门新学科建设好。

第三，科学计量学和情报计量学应当大力加强基础研究。在现阶段，所谓基础研究，指的是有关情报（信息）与"商品"之间本质差异的研究，因为情报（信息）的传递或交流并不是简单地服从物理学定律或经济法则。有关情报（信息）作为"不变中介（物）"（medium-invariant）性质的研究，因为作为中介物的情报（信息）在再生产的时候，它不再是人类认知过程中的一个必不可少的基础部分。有关情报（信息）的本体论研究，因为在目前科学计量学和情报计量学研究中，情报（信息）接受者的数量仅仅作为相关性（接受）的一种变量，试问，情报（信息）的"价值"（value），它的相关性（relevance）一般是由什么决定的呢？有关科学出版物基本单元的研究，因为计量研究中人们常把出版物作为科学情报（信息）的基本单元（elementary units）来对待，试问，什么是其更基本的单元呢？凡此种种，乃是现今摆在全世界科学计量学家、情报计量学家、文献计量学家和技术计量学家面前的大课题。

第四，计量学家们也不应放弃对社会科学和人文科学各种定量方法的借鉴，甚至应引入自然科学意义上的"实验研究"。因为仅仅作为经验框架里的"特例研究"，要想取得复杂模型和复杂方法的研究进展，那几乎是无望的。对用于比如说作为决策基础的方法，宜慎之又慎。此外，计量学家们还应瞄准数学和社会科学中方法上的进展，以便对本学科的方法问题进行彻底的探索与研究。因为只有研究标准赶上上述各门科学的进展，科学计量学、情报计量学、文献计量学和技术计量学才能成为一门对数学家有吸引力的学科，而且赢得来自社会科学家的认同。

第五，为了避免重复研究，计量学工作者要注意吸收和承认相邻领域发展起来的某些方法、模型和概念。同时，为了提高研究可靠性，应仔细分析和规范科学计量学研究和数据处理过程中的"技术标准"。

第六，科学界应当讨论和制定"道德规范"（code of ethics），公布科学界共同应遵守的科学行为准则。有了这样一个为科学界全体成员都能遵循的规范，必将有助于维系和捍卫文献计量学、科学计量学和情报计量学的研究标准。

格伦采尔和绍普夫林两位的高论一出，立刻受到全世界科学计量学、文献计量学、情报计量学和技术计量学研究工作者的关注。尽管同行们对他们的观点不尽同意，但多数觉得，借此机会大家一齐来反思一下是十分有益的。归纳起来，同行们的意见如下：

其一，同行们首先对格伦采尔和绍普夫林的文章及其提出的问题表示欢迎。

比利时情报计量学家鲁索认为，已经证明两位的文章是对第四次国际文献计量学、科学计量学和情报计量学讨论会的一个重要贡献。他说：我本人完全赞同他俩发出的关于在情报计量学中重新加强基础性、方法论、实验性研究，以及必须在科研和出版中建立技术和科学标准的呼吁。

德国学者博尼茨（Manfred Bonitz）认为，他有三条理由支持格伦采尔和绍普夫林的观点。首先，他觉得这样的文章对学科发展非常有益。他曾有幸三次见到此文：早在1992年在布达佩斯就见到手稿，同年12月在德国卡尔斯鲁厄举行的科学技术计量会上又见到这篇论文，再有就是1993年在柏林的第四届科学计量学国际讨论会上，每次见到，总觉得很好。其次，他回忆起1978年（当时他在民主德国）提出"信息论"（informatics）时的遭遇，由这件事他认识到，一门学科的创立并不单单取决于某些个人的意愿，也不取决于他们的观点多么符合逻辑。最后，从为第四届科学计量学国际会议准备一篇评价1984—1993年普赖斯奖获奖者的论文，他发现，即使把这些获得者的成就整个说一遍，也依然不能全面展示科学计量学这样一门复杂学科的方方面面。如果说他们两位的文章有什么需要补充的话，博尼茨建议，行将建立的国际科学计量学与情报计量学学会，应着手创办一所国际科学计量学与情报计量学学院，以便培养年轻一代。

美国芝加哥大学的情报学家布克斯坦则说，他不相信文献计量学已陷入了危机。可是，它的确处于一个非常关键的时期。一个时期以来，有见识、有思想的探索的确是少了，甚至可以说，几乎没有。因此，他们两位的文章很出色，他们指出了上述问题之所在，况且把它说得明明白白，令人信服。因此，他认为，简单地说同意或不同意并不合适，因为问题是很复杂的。倒不如借此机会，在他们文章的基础上广泛地展开讨论更好些。

英国曼彻斯特大学数学家伯勒尔更是热情地给予大加赞扬。他说："应当祝贺格伦采尔和绍普夫林，他们写出了一篇思想深刻、涵盖宽阔、极富论战性的好文章！它值得我们中间每一个人，无论是在从事，或一直在从事，还是打算要从事我们计量学的任何一个分支领域的研究工作的每一个人，读一读，想一想。尤其值得指出的是，这篇文章在向我们挑战，在质疑我们所从事的计量学研究工作的价值和正确性。倘若其中有我们所不同意的观点，那么，我们必须说明不同意的理由和给出明确的回答。鉴于我本人在文献计量学、情报计量学和科学计量学中的工作范围要比文章作者窄得多，所以，我基本上赞同他们两位的观点。"

以色列希伯来大学情报学家佩里茨对两位的文章亦表示欢迎。她认为，格伦采尔和绍普夫林做了一件非常漂亮的工作，在唤醒我们的责任心，勾画出了危机的性质，并给出了克服危机的办法。

虽然格伦采尔和绍普夫林两位的文章涉及的面很宽，但总的看来，基本持赞成或部分赞成的同行还是多数。

其二，有关学科是否成熟的问题。

尽管多数同行没有正面涉及这个问题，但在字里行间都承认，自己所从事的是一门新生学科。

科学计量学匈牙利学派中的骨干舒伯特，以库恩科学革命结构的分析方法，阐释了科学计量学的由来及其发展。他指出，如果说一门新学科和一种新杂志的创立，通常便是这门学科成熟程度的标准的话，那么国际上第一种《科学计量学》杂志于1978年在匈牙利诞生就值得一书。正是对该杂志创刊以来所载文献的分析表明有一个猜想是有道理的，即科学计量学这个研究领域正在经历着一个所谓的"知识结晶过程"，正从原来的"软"科学变成一门比较"硬"的硬科学。

埃格赫指出，就格伦采尔和绍普夫林两位提出的诸如"危机""术语混乱"等问题而言，那不过是一门学科发展中不同发展阶段形态的自然反映。毋庸置疑，文献计量学、科学计量学、情报计量学正在变成一门越来越专业化的科学学科。

拉丁美洲学者中，肯定的成分更为明显。他们说："至少在拉丁美洲，科学计量学作为一门学科，在公众中已经赢得越来越高的权威。"

匈牙利学者温克勒则通过定量比较法证明，科学计量学已经是一门不容置疑的独立学科。在格伦采尔和绍普夫林的文章中，的确涉及科学计量学有关的一些实际问题，其中之一就是科学计量学研究的科学性，即是否成熟的问题。温克勒认为，要证明科学计量学是否成熟，可以用内标准和外标准评价两种方法。且不论内标准评价复杂一些，单就外标准评价，就可以提出如下定性与定量相结合的若干条指标：①专门或部分教授科学计量学的大学院系，比如，系的数量、这些系中教师的数量等；②大学中有关科学计量学的课程，比如，课程数量、教授时数、学生数量等；③科学计量学专业学位论文，比如，学位论文数量等；④开展有关科学计量学活动的国家性或国际性的学术学会，比如，学会数量，各学会的会员数量；⑤做科学计量学研究的政府支持的或非营利的研究机构，比如，机构数量、各机构人员数量等；⑥属于科学计量学的营利性研究机构，比如，机构数量、各机构人员数量等；⑦有关科学计量学的国家或国际性会议、讨论会、讲习班等，比如，每种会议次数、参加会议人数等；⑧国家或国际科学计量学专门期刊（或部分刊登），比如，期刊数量、发行份数、刊载论文数等；⑨百科全书类辞书收入有关科学计量学的条目，比如，条目数量等；⑩有关科学计量学的研究论文，比如，论文总数、每年论文数量等；⑪有关科学计量学的期刊、导报、会议论文集，比如，总数、每年发行种类数、册数等；⑫科学计量学的专著、书籍（包括部分章节），比如，图书册数等；⑬科学计量学高引文率的论文，比如，被引条数等；⑭科学计量学论文引证科学计量学论文的引文数量，比如，引文总数等；⑮有关领域或实际工作中应用科学计量学成果，比如，引用科学计量学成果的次数、应用项目数量、应用机构数量等。通常是应用科学计量学成果于评价科研成果等。

按此指标系统，温克勒曾花了很长时间搜集有关科学计量学科学水平状况的情报数据。结果，他用严格的数据分析证明，如果按普赖斯在《小科学，大科学》中提出的学科发展指数模型衡量，那么可以说，科学计量学正处在指数开始增长的起飞点上。因为温克勒把上述科学计量学的若干指标和早已公认而又同属分支学科地位的一些领域，诸如有机化学、物理化学、统计学、图书馆学等相比较，他发现，科学计量学已经成熟，但尚不到"常规科学"的阶段。温克勒提供的具体分析如下：

（1）常发表某一学科论文的期刊数量比较。根据1992年版美国费城科学情报研究所出版的《期刊引文报告》和《科学引文索引》，经常多多少少发表科学计量学论文的期刊有6~8家，而发表有机化学论文的期刊则有32家，发表物理化学论文的为65家，发表统计与概率论文的为44家，情报科学为53家（其中含有若干科学计量学的文章），科学史与科学哲学为11家。

（2）某一学科的国际专业学会创立日期比较。国际科学计量学与情报计量学学会创建于1993年，而国际生物化学联合会创立于1955年，国际纯化学与应用化学联合会则创立于1919年。

（3）某一学科召开国际专业会议数量比较。众所周知，国际科学计量学与情报计量学会议，自1987年开始，一直是每两年举行一次，在欧洲，这类会议每年有3~5次。相比之下，仅仅有机化学的各种国际性会议每年就有20~30个。

（4）某一学科发表的论文数量比较。若以匈牙利主办的最有代表性的《科学计量学》杂志载文状况为例，据统计，该刊自1978年创刊至1992年，共发表论文774篇，而国际《有机化学》杂志，仅1983年这一年，就发表了论文1 227篇。

（5）某一学科的综述性、评论性杂志和学术专著的数量比较。迄今为止，在科学计量学领域，国际期刊有两家，但尚无评论性的科学计量学杂志。据不完全统计，目前全世界已出版的科学计量学的专著数量约为15~20本，而有机化学类专著数量则可能是这个数量的几千倍！

其三，有关科学计量学是否存在危机的问题。

格伦采尔和绍普夫林文章的中心意思之一，是科学计量学发展中出现了危机征兆。显然，科学发展中的危机问题乃是一个非常严肃的科学哲学问题。因此，不少同行都对两位的观点发表了意见。

（1）匈牙利的舒伯特及荷兰的沃特思、莱德道夫等人从已故科学哲学家库恩的科学发展观出发，针对科学计量学实际，提出了反批评。按照库恩的观点，在科学史上，"常规科学"发展期以出现"危机"而结束，而这正是为行将到来的"革命"做准备。"革命"的结果则形成新的"规范"，接着就是新的"常规科学"发展期开始了。因此，从这个意义上说，所谓危机绝不是一种病态，相反，它恰恰是科学进化链条上不可避免的一环（一个阶段）。因此，格伦采尔和绍普夫林非常敏感地提出的危机问题，并非真的是科学计量学的危机，而是有利于科学计量学发展的前兆。要知道，我们所遇到的问题的实质在于，在图书馆与情报科学、统计学、社会学，或者管理科学的传统基础框架里，已经无法应付与容纳正在不断大量出现的有关定量地研究科学自身的问题。这个新的研究领域就是我们称呼的科学计量学、文献计量学或者情报计量学。不过，这个新的研究规范尚在形成之中，他们两位列举的种种征兆，诸如多个术语同时并存的问题、对基本概念（如引文）认识不一的问题、对某些技术细节的讨论无止无休的问题，等等，恰恰就是典型的"前规范时期"的特征。这些问题或者说这些特征的消失，只有等到一个新的有用而又被普遍接受的规范结晶产生出来之时为止。

（2）英国情报学家梅多斯等对危机论持基本赞成的态度。在梅多斯看来，格伦采尔和绍普夫林文章的中心观点是说，现在科学计量学面临着某种危机，因为这门新学科好像迷路了。而这种说法是有一定道理的。科学计量学在近几年好像活力不如从前了，比如，现在到处是有关洛特卡定律和布拉德福定律的一般化谈论或应用的情形。一种合理的回答是，这种一般化乃是20世纪慢慢累积过程的一部分，指望一朝一夕就能迅速突破是不现实的。值得指出的是，近二十年来许多科学计量学论文，大多不过是在上述先驱者的成果基础上的工作而已。现在那些典型的科学计量学文章，不是应用已知方法去解释新数据资料，就是寻求对那些已知方法或定律的新的解释和系统概括。其实真正的问题是，我们是否有望对科学共同体及其处理情报的方式，在不久的将来给出一种全新的定量的阐释。

（3）美国的布克斯坦和荷兰的佩尔等人认为，无所谓危机不危机，困难也好，危机也好，其实所有科学都有。

布克斯坦指出，格伦采尔和绍普夫林两位表示的担忧是大可不必的，因为其他许多学科也面临着各种问题。若要说危机，全世界的科学才是真正处于危机之中。因此说，危机是大家都感觉到了的，但并非我们这个领域所特有。每与其他学科领域的学者交谈，其抱怨之声几乎与两位文章中所提出的一模一样。

佩尔的观点则更加乐观。他认为，这三个"计量学"的"现状并非如同格伦采尔和绍普夫林两位认为的那么暗淡"。在大家很尊重的其他一些科学领域里，类似的情况比比皆是。以经济学为例，这个学科已存在很多年了，没有人希望它在不久的将来便消亡了。再进一步说，大家知道，也的确有一些非常杰出的经济学家，他们已经把人们的深刻认识推进到个人、团体、国家，乃至我们整个地球村的一切经济行为之中。因此，他们受到人们的拥戴，他们做出的许多发现或成果早已成为公众的一般常识。但在另一方面，那些二流的经济学家、经济官员（政治家）、银行家、实业大亨等，同样在发表许许多多的有关经济的演讲和言论。他们的这一套东西虽然被广泛传播，但都严重背离了早已基础坚实的经济理论，甚至与事实相去甚远。尤其值得指出的是，在1985年至1986年间，佩尔恰好收集了70多位世界"一流"经济学家关于未来利率发展趋势的讲话，可是，当一年半后拿实际数字与之相对照，令人惊奇的是，他们预测的价值均等于零！尽管如此，世界上没有人认为，经济学这门学科已经处在危机之中。最后，佩尔建议："我想，我们应当如往日一样继续前进，要继续对新人和怪人表示容忍。"

（4）南非的波利思和西班牙的门德茨等人则对危机论持基本否定的态度。他们认为："没有重要证据表明，科学计量学已处危机之中。"仅从《科学计量学》杂志1978—1992年发表的文章看，如果以发表一篇文章计算，那么有40多个国家和500多位作者。再看看科学计量学和情报计量学的国际会议，这个共同体正呈迅速扩大之势，两年一度的国际专业会议正在吸引越来越多的学者参会。此外，也不能把危机归结为"集大成人物"的辞世。像普赖斯、多勃洛夫等科学计量学大家的去世确实给学科发展造成了损失，但近几年我们学科领域的进步证明，研究照样在深入和发展，虽然很少但一些新的重要人物在成长。要知道，一个有500人左右的研究共同体中，人们绝不能指望会有大批的杰出人物出现。

其四，关于"术语上的巴比伦混乱"的问题。

也许这个问题的普遍性和直接性的缘故，几乎每一位同行都对此或多或少地发表了意见。且不说英语中现在有关"计量学"的独立构词已有4个，在德语中据说高达5个，也不说对每个术语各自理解的含义千差万别，虽然如已故情报学家布鲁克斯所说，在交谈和阅读各自递交的论文时竟也没有什么困难，但毕竟不是一件好事。比如，无论是学科内还是学科外，在涉及学科名称时不是从文献计量学、科学计量学、情报计量学到技术计量学写一串，就是不得不写出其中一个，然后加上脚注或文内注，说明这四个"计量学"术语不过是同义语。

对此，全世界的"计量学"家似乎也有点束手无策。针对格伦采尔和绍普夫林两位提出的第一条对策，即"无论如何，对诸如本体、理论和术语等基本问题，应取得最低限度的共识，乃是一项基本任务"，笔者几乎把每篇文章都读了之后发现，有三位同行的意见最具代表性：一位是国际科学计量学与情报计量学学会第一任会长德国科学学家克雷奇默博士，一位是西班牙的门德茨，一位是以色列的佩里茨。

克雷奇默认为，"术语上的巴比伦混乱"乃是任何一门尚在发展中的新学科的常规特征，而并非为科学计量学、文献计量学和情报计量学所特有。科学史表明，要改变这种局面恰恰是这个学科领域加速发展的需要。当然，这需要等待很长时间。所以，她建议，眼下可做的一件事是尽快编辑出版《文献计量学、情报计量学和科学计量学词典》，以应对目前存在的"术语上的巴比伦混乱"。

门德茨建议，要根治术语上的混乱，就要坚持和促进科学计量学、情报计量学、文献计量学、技术计量学各自内部和外部（相互之间）的开放性。光花几天时间待在一起，比如说开会，是不足以让各个学派、各研究小组之间进行充分的学术交流的。应当积极申请一般研究项目，无论是国家级还是国际级的项目，都可申请，以便相互交流，起码可以使不同研究小组之间、不同地区或国家之间的计量学研究工作者常来常往。这样必定非常有助于真正的相互接触与交流。也唯有广泛的交流和接触，才能使计量学研究者相互充分理解各自的研究兴趣，从而抵达术语上共识共用的彼岸。

佩里茨则认为，解决术语危机应着眼于未来计量学研究者的培养。她说，我是一名教师，就我所知，任何一门渴望得到学术界承认的学科，或迟或早都必须在大学建立教学基地。没有教学，没有学生，没有师生之间富有成效的交流，任何新生学科都注定要失败。所以，无论采取什么形式，也无论在组织上如何操作，科学计量学、文献计量学和情报计量学必须活跃和行动起来，开设课程，培养学生，授予学位，以便尽快地让这个学科走进科学的殿堂。

此外，值得一提的是，有关科学计量学、文献计量学、情报计量学、技术计量学的定义，尽管正在渐趋统一，甚至有人正在努力将它们统一为一个名称，但是在目前来说，仍有不少同行在坚持各自对诸子学科的理解。

总的看来，正如已故英国情报学家布鲁克斯曾著文分析的一样，对这些计量科学，东方学者倾向于归为科学计量学，而西方学者则倾向于归为情报计量学。有的学者甚至提出应归结为文献计量学，并明确指出："传统看来，文献计量学的研究对象的概念最宽阔，它包括任何一种文献的信息。因此，倘若我们都同意，所有文献计量学方法都是科学计量学和情报计量学的最有效的方法。这样，我们就应当同意，事实上我们所拥有的只是一个学科领域，而文献计量学即是它的大名。"

其五，关于"小科学计量学与大科学计量学"之争。

格伦采尔和绍普夫林在文章中，对从小科学计量学发展到今天的大科学计量学和今天大科学计量学时代科学计量学本身面临的困境和危机，一一做了既敏锐又详细的分析，诚如绝大多数同行在布劳温组织的笔谈中所表明的，这的确是"做了一件大好事"。

然而，无论上述两个问题的提出者，还是对这两个问题的评论者，似乎都把功夫下在问题（特别是后一个问题）的解剖性的分析上，而没有在两个问题的内在联系及其实质上落笔着墨。绝大多数文章都把分析的重点放在科学计量学、文献计量学和情报计量学（有的还提到技术计量学）自身面临和存在的问题上，诸如术语混乱问题、相互交流太少问题、危机的哲学分析问题、学科成熟程度的判别问题、学科质量高低的评价指标问题、基础理论与为科学政策服务的关系问题，等等。毋庸讳言，上述对个别问题的具体分析大多是有道理的，有的还是颇有深度的。但如同忽视了大道理与小道理的关系问题，小道理阐述得再深刻也依然有雾里看花的感觉一样，由于绝大多数分析都脱离了小科学与大科学、小科学计量学与大科学计量学的背景与联系，所以，在问题存在的必然性、问题出现原因的深刻性，以及解决问题对策的合理性等方面，难免顾此失彼，或缺乏"理论的彻底性"。比如，对术语上混乱的束手无策，对为科学政策服务的大科学时代特征认识不足等，即属此例。值得指出的是，有少数几位计量学家难能可贵地站到了小科学计量学与大科学计量学的背景与联系上，来分析和评论格伦采尔和绍普夫林两位的文章。因此，他们得出的结论显然具有一种时代赋予的深刻性。

（1）在当代，判断一门学科的成就与所面临的困难，不能脱离大科学时代背景。

中国古代有个寓言叫"刻舟求剑"，讽刺的是情况变了还按老规矩办事的做法。著名科学计量学家美国德雷克塞尔大学的格里菲思正是以批评"刻舟求剑者"的语言，来评价格伦采尔和绍普夫林的工作。他说："格伦采尔和绍普夫林两位的文章，在许多具体特例中是正确的，可是，他们简直就是从错误的地方出发走到了错误的目的地。"他还借用数学的语汇说他们只是假定 $y(1)$、$y(2)$ 与 $x(1)$、$x(2)$ 有对应函数关系，于是就说他们证明了 $x(n)$ 和 $y(n)$ 因果关系的成立。显然，这是不能成立的。同样，当格伦采尔和绍普夫林提出诸如"集大成大人物的陨落""文献计量学正在从基础研究转向应用项目""在委托和资助项目中政策和产业性的占绝对地位"，以及提到由一批学者和文章提出的社会难题时，他们实际上什么也没有说明。因为他们并没有就科学计量学在大科学条件下已经做、应该做和为什么要做的问题提供什么。格里菲思接着分析说，就科学社会进程最普遍的问题而言，"最佳"科学成果的实现，乃是在智力成就与平行发展的科学社会结构之间具有强相互关系时才有可能。而社会成果虽总的来说与人类智力进步有关，但影响因素还有许多。在人类的智力劳动中，伟大的进步需要的不仅仅是巨大的努力，而且还需要各种各样的思想、技能和假说。正是在这点上，格伦采尔和绍普夫林没有清楚地阐明他们所认为的科学计量学所取得的或期望取得的成功的社会条件。比如，大科学的一个重要时代特征是国家规模上的规划科学，科学计量学作为当代一门新生学科当然也不能例外。所以，笼统地讲，科学计量学在为国家科学规划与政策服务方面做多做少，便是这门学科是否处于危机的指标，显然是不恰当的。还是格里菲思说的对，他说："我想强调的主要之点是，一个学科领域发展抵达较高水平，需要智力（科学）与社会的强相互作用。""可以肯定地说，（格伦采尔和绍普夫林所谓的科学计量学）成就是不会为科学计量学本身发展成为一项独立的智力活动而引来资源条件的。"

(2) 各国大科学发展条件不同，科学计量学在本国的发展模式与遇到的困难也不同。

众所周知，美国是当代大科学水平最高的国家之一。比如，"人们应当记住一件看起来难以理解的事实，即美国控制着占世界知识交易量（all knowledge mogering）的百分之四十左右"。在美国，科学计量学也有相当的发展，不仅科学计量学之父普赖斯是美国耶鲁大学教授，一位可以位列"没有被人颂扬过的科学计量学创始人"地位的萨顿（George Sarton）也是美国哈佛大学教授，而且导致科学计量学、情报计量学革命性进步的《科学引文索引》也诞生在美国。此外，还有为数不少的科学计量学、文献计量学和情报计量学的著名学者和研究队伍。但从相对指标，或者说，按学科的社会建制、持久的学术与研究项目（经费）、大学开设课程状况等指标来看，格里菲思认为，科学计量学在美国亦不过属小科学阶段。所以他把他文章的题目取为：《小科学计量学，小科学计量学，小科学计量学，小科学计量学……等等，等等》。格里菲思说："虽然我完全可以以美国人的大科学口气说话，但我对许多（美国）国内科学计量学研究的同行和单位还是略知一二的。"他接着分析说，首先从社会建制来说，全世界大约只有匈牙利布达佩斯和荷兰莱顿有专门从事科学计量学、情报计量学和文献计量学的研究机构。在美国几乎还没有，甚至是在科学计量学界知名的斯莫尔（Henry Small）和纳林（Francis Narin），也既要为生活而奔忙，又要做相关的应用研究以维持他们继续干自己感兴趣的事（即如科学计量学研究）。其次，从研究资助来说，格里菲思说，在美国，到目前为止，供科学计量学研究自由支配的资源还没有达到 20 世纪上半叶萨顿在科学史研究上争取到的水平。即使是已故的普赖斯的情况，他也最终只是被瑞典科学院选为外籍院士。因为说到底，当时搞科学计量学一无人二无钱，科学计量学只是一个与社会大目标无多大关系的小学科。直到目前，格里菲思认定："我相信，在美国也只有两门学科可能做科学计量学的研究，并给予学术地位，这就是社会学和图书情报学。"再次，从大学开设课程等情况看，美国的情况也不尽如人意。现在的科学计量学也远没有达到科学史在萨顿努力下于 20 世纪初期达到的水平。据默顿研究，到 1915 年，在美国就有 113 所大学里讲授 176 门有关科学史的课程。针对这种情况，格里菲思呼吁对科学计量学教学工作应给予更大的关注。他甚至大胆建议向计量学的应用研究工作征收一定的费用，以便每年组织 20~30 人到费城去，组成一个科学计量学研究小组。这个研究小组的组成可以是：大约 1/3 为普赖斯奖获得者，1/3 为优秀研究人员，而年龄要比第一组的年轻些，还有 1/3 为新哲学博士或学生。为什么选择费城？因为数据库在这里，有了想法便可以直接做试验。为什么这么选择人员组成？这就有点重演 20 世纪 70 年代由已故的普赖斯和格里菲思领导过的研讨会的情形。

（3）小科学计量学与大科学计量学在大科学时代的辩证统一。

除了许多分析脱离小科学与大科学、小科学计量学与大科学计量学的时代背景与联系外，绝大多数同行不是没有提及，就是提到小科学计量学与大科学计量学的关系时，往往把两者截然对立起来。比如，有的学者在批评低估和忽视联系实际和为科学政策服务的倾向方面，观点鲜明而又正确。他写道："在当代，经济计量学已经是一门界定非常明确的学科，它之所以成为一门关键学科，并非由于其单纯的理论研究，而是由于其实际的应用和对社会的效用。现在，情报计量学的情况不也很类似吗？信息产业发展速度正远远超过其他的产业。只要我们把我们的领域认定为信息产业中的应用情报计量学，那么，我们会比现在发挥的作用更大。"可是，在分析小科学计量学与大科学计量学关系的时候，却陷入了形而上学。这时这位印度学者说，只要我们注重包括科学政策、科学项目、科学管理在内的图书情报科学方面的定量基础研究，只要经开发和认定的计量研究成果能被包括信息科学家、科学行政官员、信息产业界人士在内的实践者所运用，那么，我们就有了"大科学计量学"了！到那时，"小科学计量学"，连同"小图书馆计量学""小文献计量学"，都将成为过去。在这里，小科学计量学与大科学计量学被对立起来了。

如同小科学与大科学的概念的创立归功于普赖斯一样，恰恰也是普赖斯早就创造性地指出它们之间的辩证关系。普赖斯说："显而易见，小科学包含许多大的成分。而现代大科学，在某些学术边缘或角落处，也会包容那些无名拓荒者的小的运作。"接着他还以 15 世纪以来的科学史实证明，由小科学到大科学乃是一个渐变过程，因此，"小科学有时即大科学，而大科学有时却是小科学"。纽约州立大学情报计量学家麦格拉思的话是对的，他说："只要有足够兴趣的、足够自由度的、足够独立的个体文献计量学研究者在干文献计量学，文献计量学就将继续存在下去。"个体文献计量学工作者，属小科学方式。显然,"小文献计量学"将继续存在下去。科学史表明,大科学没有堵塞小科学的发展通路;大科学时代的科学并不等于每一项研究都是大规模、大投入的。事实上,正如日本学者江渡指出的:"旨在从事基础研究的科学家,大都不怎么喜欢联合研究,而宁愿喜欢小科学。"不论现在还是未来,即使如江渡说的,从科学计量学角度看,由国家决策者资助的"大科学计量学"项目将会变成"更大的科学计量学"(bigger scientometrics),那时,"小科学计量学"乃至"更小的科学计量学"依然也会存在。

人类科学从近代小科学发展到当代大科学,在小科学时代就有大科学,在大科学时代依然还有小科学。小科学走向大科学,大科学条件下有小科学,这就是科学发展的辩证法。科学计量学、情报计量学、文献计量学、技术计量学,作为人类科学大家庭里的分支领域,它们的发展也必然要遵循一般科学发展的辩证规律。小科学计量学与大科学计量学将作为统一体中的两个方面长期共存,共同走向辉煌的未来。

第四节　科学计量学、情报计量学的未来

比利时情报计量学家鲁索在应邀撰写笔谈文章时,在其题头写上了著名物理学家玻尔的一句名言:"预言是困难的,预言未来犹难。"尽管如此,在这一小节里还是想展望一下自己所喜爱的这门新生的交叉学科的未来。不过,这不是预言,或者说,与其说是预言,倒不如说是一种希望,一种发自科学计量学耕耘者内心的希望。

《科学计量学》杂志主编布劳温为了出版格伦采尔和绍普夫林两位的文章而组编笔谈专刊时,加了一个编辑者序言。他在序言题头也以典型的西方书刊编排方式写上了又一位大物理学家费米的一句话:"在我来这里前,我对这个问题的理解是模糊的。在听了您的课之后,我的认识依然是模糊的,不过,是更高一个层次上的模糊。"为了应命写这篇综述性文章,笔者翻阅了许多有关本题的专著和杂志,可是直到快写完这篇文章,笔者内心充满的依然是犹如费米所说的"模糊"感觉。但在这"模糊"中,仿佛迎面走来的不是"危机",而一种新的挑战,一种新的希望。

为此，笔者愿郑重推介两位情报计量学家关于本学科未来的观点。一位是德国知名情报计量学家特尔内，他明确表示，他不赞成"危机说"，而赞成"挑战说"。他认为，在未来的几年中，随着从目前以杂志期刊为中心的同行评议过程（peer review process）转向以信息网络为中心的绩效评议过程（merit review process），科学计量学、情报计量学、文献计量学的计量技术很可能要给予重新解释和规定。信息技术系统的设计者将会对学习更多的有关我们的计量模型、工具和知识发生兴趣，以便有效管理网络信息流和改进知识生产的社会实践。此外，美国和欧洲正在发展中的信息高速公路，必将加速人们对各种各样智力交叉网络的需求，人—机将不得不愈加协同工作，以便共同为科学发展的战略规划奠定分析的基础。

另一位是比利时的鲁索，他对科学计量学、情报计量学与经济计量学所做的比较最为精彩。他认为，大凡这些带"计量学"（-metrics）词根成分的学科，诸如科学计量学、文献计量学、情报计量学和技术计量学等，都有一个共同的亲本学科（mother-discipline），这就是信息科学。为此，鲁索推测，随着科学计量学、情报计量学等子学科的发展，它们与亲本学科——信息科学的关系也将愈加紧密，它们的名字也将逐渐与亲本学科相一致，即叫作情报计量学或信息计量学。他明确表示："与格伦采尔和绍普夫林的结论不同，我愿说，情报计量学（信息计量学）并非处于危机之中，而恰恰是处于一个非常的暂态时期（与任何常规科学一样）。我完全相信，情报计量学（信息计量学）将变得越来越强大，并最终将作为信息科学的一个子领域而赢得其地位，如同经济计量学因其在一般经济科学中的作用而赢得它的地位一样。"

众所周知，经济计量学在我国被称为计量经济学或数量经济学，三者在事实上都是一回事，或者在英文中是同一个词——Econometrics。当代绝大多数经济学家都认可其研究方法，即认可数学在经济学中的应用。但在一个世纪前，情形却并非如此。那时的经济学，大抵都囿于思辨和描述科学的范畴。自1926年挪威经济学家弗里希（R. Frisch, 1895—1973）创立经济计量学之后，数学在经济科学中的主导作用便立刻显现出来。43年后，即1969年，弗里希因其在经济计量学上的成就，与人分享了这一年的诺贝尔经济学奖。这是诺贝尔奖历史上首次创设并颁发经济学奖。有趣的是，此后的诺贝尔经济奖获得者，绝大多数都是经济计量学的行家。

和1926年提出的经济计量学术语相比，科学计量学或文献计量学术语的出现则要晚得多。如前所述，它们同是 1969 年分别由苏联科学学家纳利莫夫和美国情报科学家普里查德创立的。这一年，恰好是诺贝尔经济学奖创设并颁奖的年份。如果说，经济计量学自术语提出到其成果获诺贝尔奖花去了 42 年时间，那么，鲁索预测，在不久的将来，从 1969 年算起也经过 43 年左右，即 2012 年，"在信息科学中也将产生一个诺贝尔奖，而获奖者正是情报计量学家（信息计量学家）。或者说得更确切一点，情报计量学家（信息计量学家）将因服务于经济而获诺贝尔经济学奖"。

在第二次世界大战后，差不多在 20 世纪五六十年代，正是全世界大科学迅速发展的时期。其时，普赖斯在他的名作《小科学，大科学》中，曾提醒大科学家要注意并调整自己的政治战略。他预言，高级科学家和重要的科学管理部门首脑不久即将进入政界。因为在大科学时代，社会需要他们，在国家和国际层次上都需要他们来改造和重建整个科学的内部结构，需要他们来处理科学的外部问题，为人类服务。

当前，所有雄心在胸的科学计量学家、情报计量学家（信息计量学家）、文献计量学家、技术计量学家都要注意并调整自己计量学研究的经济战略。特别是中国的计量学家们，应在科教兴国的旗帜下，大踏步地走上"面向经济建设"的道路。在 21 世纪初的不远将来，在为经济服务的伟大实践中，科学计量学家、情报计量学家（信息计量学家）必将抵达辉煌的顶点。

第18章　浅谈文献计量学[①]

文献计量学（bibliometrics）乃是应用数学、统计学等数量方法，对文献情报进行定量分析研究的科学。它是情报科学、图书馆学的一门重要的分支学科。

最早的文献计量研究，开始于20世纪一二十年代。1917年，文献学家科尔（F. T. Cole）发表了《比较解剖学史》[②]，其中第一篇即是"文献的统计分析"，首次定量地分析了1550年至1860年间的比较解剖学文献。1922年5月，英国图书馆学家休姆（E. W. Hulme）在剑桥大学做了两次题为"统计书目学与现代文明的关系"的著名讲演，并首次使用了"统计书目学"（Statistical bibliography）这一术语。1927年，P. L. K. 格罗斯和E. M. 格罗斯对《化学教学》杂志的引文做了分析。这是文献学史上第一次引文分析。此后，随着洛特卡（A. J. Lotka）定律（1926）、布拉德福（S. C. Bradford, 1878—1948）定律（1934）、齐普夫（G. K. Zipf, 1902—1950）定律（1935）、普赖斯（D. de Solla Price, 1922—1983）定律、贝尔纳（J. D. Bernal, 1901—1971）"半衰期"理论（1958）、普赖斯指数（1971），以及加菲尔德（E. Garfield）《科学引文索引》（SCI, Science Citation Index）的相继创立，文献计量学日趋成熟。20世纪中期，科学学家普赖斯利用统计科学文献的办法，发现了科学发展指数增长规律。这项发现吸引了各国科学家对科学发展做定量研究，并逐渐形成了一门新的科学学分支学科——科学计量学（Scientometrics）。科学计量学与统计书目学的结合和交叉，终于为文献计量学的诞生创造了条件。1969年，英国情报学家普里查德（见图18-1）首次提出用术语"文献计量学"取代"统计书目学"。这一主张，很快得到情报学和图书馆学界的普遍认可。

[①] 原载于《交叉科学辞典》，人民出版社1990年版。
[②] F. J. Cole, N. B. Eales, The history of comparative anatomy, Part I—a statistical analysis of the literature, Sci. Prog. 1917, 11 (44): 578-596.

文献计量学的研究内容是：

（1）基础理论研究，其中包括文献情报体系结构的研究、文献情报交流规律的研究、文献情报数量关系的研究、文献情报交流系统研究等。

（2）计量方法研究，其中包括文献统计法、引文分析法、书目分析法、数学模型法、回归分析法等。

（3）文献计量学的应用研究，其中包括在情报学、图书馆学研究中的应用，在图书情报管理中的应用，在文献情报工作和情报分析研究工作中的应用，以及在科学学、未来学、人才学、科学管理和预测学等方面的应用。

图 18-1　普里查德（Alan Pritchard, 1941—2015）[1]

我国的文献计量学研究开始于 20 世纪 70 年代末。首先是部分情报界同志对文献计量学的研究对象、性质和任务等，进行了介绍和讨论。然后，随着一般理论讨论的深入，实际应用研究也开始逐渐展开，其中较有代表性的方面有确定核心期刊、计算科技文献的半衰期，以及引文分析研究，等等。武汉大学图书情报学院率先开设了"文献计量学"的课程。武汉大学的邱均平和中国科学院武汉分院的罗式胜分别出版了专著《文献计量学》。自 1979 年以来，据不完全统计，国内有关文献计量学的论文已达 300 余篇。所有这些，说明文献计量学在中国是有生命力的。

---

[1]　Alan Pritchard obituary. https：//www.theguardian.com/books/2015/sep/28/alan-pritchard-obituary. 更多信息参见：https：//alchemywebsite.com/Alan_Pritchard_Memorial.html

第 19 章　海通博士论科学学与科学计量学[①]

在苏联，继 1969 年纳利莫夫和穆利钦科合著的《科学计量学》问世以后，1983 年，苏联科学出版社又出版了第二本《科学计量学》[③]，作者是苏联科学技术史研究所科学创造研究室的海通博士（见图 19-1）。全书共约 15 万字，并附有 197 幅图表，652 篇参考文献，内容极为丰富，可谓科学计量学这一分支学科自 20 世纪 60 年代奠基以来的集大成之作。

作者旁征博引，详细分析了科学计量学在科学学体系中的地位和作用，广泛地研究了科学的计量问题，深入浅出地评述了当前科学计量学发展过程中各种计量方法以及借助这些方法所取得的研究成果。最后，作者还对科学计量学所揭示的各个基本规律进行了有益的探讨。

图 19-1　海通博士（Хайтун С. Д, 1941—）[②]

第一节　科学计量学的定义问题

谈到科学计量学的定义时，作者认为，首先应当弄清楚哪些应该计量，哪些不能计量。长期以来，科学一直被看作是一种知识体系。在当代，科学不仅是系统化了的知识的总和，而且是一种特殊的目标体系和在自己发展过程中服从于特殊规律的特殊活动方式。众所周知，知识体系是科学史研究的

[①] 原载于《科学学文摘、索引》1984 年第 3 期；《世界科学》1986 年第 5 期。收入本书时，做了一些改动，题目是后加的。
[②] 来源：https://www.koob.ru/khaitun/.
[③] Хайтун С. Д. Наукометрия. Состояние и перспективы. 1983.

· 174 ·

对象，只有特殊活动方式才是科学学研究的对象。科学史家也研究科学的活动方式，那是为了研究科学知识发展的需要；科学学家也研究知识化了的科学，那只是为了深入地研究科学活动的需要。因此，当今科学学界有各种各样的科学计量学定义，例如，纳利莫夫和穆利钦科认为："所谓科学计量学乃是把科学作为信息过程来研究的定量方法。"布鲁西洛夫说："科学计量学乃是研究科学的正确的数学方法。"还有如多勃罗夫说的，"任何定量地研究科学，都是科学计量学"。凡此种种，不一而足。

作者认为，上述这些科学计量学定义都未必确切，因为它们都等同于社会学计量法和心理学计量法等。最后一个定义更加模糊。它不能与科学的数学模型和科学决策理论分开，从而也就难于提出科学计量学的研究任务。因此，科学计量学的定义应当窄一点，这就是：科学计量学，乃是从事科学活动中可重复计量的研究，并由此揭示出科学活动客观的定量规律。科学计量学显然是科学学的一个分支学科。

作者从科学活动的非高斯分布特性谈起，指出了科学学研究所具有的三个特殊性，即：比自然科学多得多的现象多重性；比自然科学大得多的计量结果的主观性；比自然科学小得多的数学公式的适用性。因此，对科学进行计量是困难的。

在探讨科学计量的基本规律时，作者高度评价了美国耶鲁大学普赖斯教授的功绩。比如，科学指数逻辑增长规律就是由普赖斯在《小科学，大科学》一书中提出并奠基的。

作者最后指出，科学计量方法的发展，尤其科学计量学方法的发展，首先要转向非高斯分布的数学统计学，其次要抛弃各种隐性指标，这样就能总体上彻底地重新构筑起现代定量分析科学活动诸方法的综合体系。而这个极其复杂的任务的解决，则需要不同专业领域科学工作者的努力协作。

第二节　科学学与科学的定量研究

在海通看来，科学学的基本任务，乃是为科学沿着集约化方向的变革奠定科学的基础。在今后数十年中，这个任务必须解决。因为恰如科学诸参数的时间动态特性所表明的那样，正是在这段时间里，科学将从粗放发展为主的阶段转变为集约发展为主的阶段。为了完成这个任务，科学学需借助定量方法。

科学学的定量分支学科有三个：科学计量学研究的是科学学研究对象中诸参数的定量规律，以及（其他经验科学学分支学科中的）各种测量结果；科学的数学模型则是利用科学计量学所揭示的规律性，借助数学关系（即模型）来描述测量结果；决策理论（如运筹学、博弈论等）则是利用上述计量成果和数学关系，寻求研究对象的一定参数值，以使该对象在由具体研究目标所给定的方向上最优化。

科学活动旨在生产新的知识。因此，比起其他许多形式的人类活动来，它更富有创造性的特征。正因为如此，科学活动的非高斯特性，比其他形式的人类活动表现得更为强烈。与自然科学中的定量分析不同，对科学活动本身做定量分析，其特殊性比研究其他形式的人类活动（如经济学）要显著得多。因此，对科学学来说，从人类活动的非高斯性，导出实事求是的结论，以为自身定量分析之用就显得特别重要。

总而言之，科学学所面临的任务及其研究对象的特征，对科学学本身提出了十分明确的要求。

在科学计量学逐渐成为科学学的一门独立分支学科的情况下，科学计量学的首要任务就是揭示科学的定量规律性。这个任务至今犹然，只不过不再是唯一的了。如今，科学计量学已经扩展了自己的疆域，它会同其他科学学分支学科一起，共同开展各种综合课题的研究。这就必然要求科学计量学进而去对科学学个别研究对象的参数值做可重复测定，以便弄清楚是什么使这一对象区别于其他研究对象。同时，定量规律的存在，则保证了逐一详细地研究对象的可能性。人们发现，根据这些定量规律就能够引进一个统一的参数系统，而这些参数就是定量规律的参数。参数值的确定则是在逐一研究上述各对象的可重复计量过程中实现的。

科学计量学在其他科学学分支学科中所做的科学活动参数计量，其意义不单单在计量本身，而主要在于取得了为下一步借助科学数学模型和决策理论等工具进行分析研究的素材。因此，科学计量学是百分之二百地对科学活动做定量分析的基础。首先，它提供了上述所有分析赖以建立于其上的定量规律。其次，它和科学学的其他分支学科一起，提供了进一步定量分析的素材，并具体负责重复测定学科结构（即科学本身结构）的各项参数。

第三节　科学结构与科学计量学

现在，人们把科学论文作为科学计量学诸项指标（杂志数量、出版物数量、引文数量等）的基础。因此，所谓科学计量学分析，就是对科学论文的统计分析。

科学论文是科学家的劳动成果，是科学家活动的物化产品。所以，科学计量指标按其内容来说，是具体的、客观的。科学计量学就是要测定科学客观结构的参数。

一般地说，不同的科学学分支学科，即是研究科学的各种不同的特殊结构，比如学科结构、组织结构、心理结构、社会心理结构等。它们统一起来，便形成科学的一般结构。每一种特殊结构都有其基本的定量特性。这种定量特性表征该结构形成的品级。这样，我们才能来谈论组织结构的集中水平，才能来谈论科学家个人和科学团体之间研究课题的协调水平等等。每一种特殊的科学结构在一定时期都有其结构形成的最佳水平。相对整个科学来说，决定这种最佳结构水平的，既有内在因素，又有外部因素。对于每一种特殊结构来说，最佳结构往往表现为一对对特殊的矛盾，比如组织结构中的集中与分散的矛盾，研究课题领域中协调与自主的矛盾等等。

科学的一般结构，也有一个组成最佳结构的问题。所谓最佳，指的是在一定时期内科学诸特殊结构之间的相对最佳匹配，因为组织结构并不一定总是与学科结构或心理结构等相吻合一致的。因此，科学一般结构的最佳结构的形成，以及诸特殊结构之间的相对最佳组合，乃是由科学的内部和外部因素决定的。

科学的集约化，亦即科学的最优化。科学集约化发展的必要性，必然驱使人们去寻求科学特殊结构的最佳结构水平，寻求它们相互之间的最佳匹配。可见，科学学面临的任务是，系统地测定科学诸特殊结构的各种参数值，确定其结构形成的品级，以及它们相互之间的组合匹配值。

与此相关联，科学计量学面临的任务是，系统地测定科学活动的学科结构的各种参数值，确定其结构形成的品级。

可见，科学学相当一部分任务似乎应由科学计量学来完成，比如重复测定科学的某一门特殊结构的诸参数值等。不过，还应考虑的是，科学的学科结构乃是科学活动的基础结构。它表明，科学活动的确是科学的，而不是任何别的什么。

第四节　科学计量学向何处去

正是科学计量学的研究，才使得人们能够得出结论：必须从高斯统计过渡到非高斯统计。因为在科学学中，科学计量学乃是"负责"可重复计量研究的。

这一结论对整个科学学都是有意义的。今天，在科学学研究中所得到的那些定量资料都具有不稳定性和很差的可重复性，并且到底能不能被解释清楚，其原因就在于此时此地错误地采用了高斯统计。非高斯统计方法的应用，将使人们获得较为稳定、可重复的现象图景。对现在已有的那些定量资料，则需对它们做一次重新审订与修正。

如同其他的社会研究一样，科学活动的研究也应当是多方案的，以便在分析可供选择方案的基础上，择取最优决策。在分析科学计量学发展前景的时候，尤其应该采用多方案分析法。至于在回答科学计量学发展的可能方向这一问题时，本书作者成功的程度如何，读者自有明断。

第 20 章　普赖斯奖获得者论科学计量学和科学学

1984年12月20日，加菲尔德作为首届普赖斯国际科学计量学奖获得者而受到各国同行们的钦慕和赞誉。

美国已故著名科学学家莫拉夫西克教授在授奖仪式上，作为授奖人发表了一段非常耐人寻味的讲话。

首先，他指出，科学计量学乃是一门交叉科学。这就意味着，它并不是介于两个传统学科之间的一门小学科，而是由于其研究领域宽阔而与大批传统学科均有交叉。这就是为什么，当代研究科学计量学的人们之中，有历史学家、社会学家、哲学家、物理学家、科学管理者、政府和私人基金会管理者、经济学家，以及许多其他各界人士。在莫拉夫西克看来，所有这些研究者可以分作两类：一是所谓"学者"型的，他们是在探索科学计量学；二是所谓"搞科学政策的"，他们是在应用科学计量学。显然，由于这两类人的侧重点不同而表现出各种各样的兴趣和观点。

其次，莫拉夫西克给予加菲尔德极高的评价。他说，鉴于科学计量的这种巨大的多样性，和随之而来的学术交锋范围的宽阔（正是这种交锋使科学计量学如此生气勃勃和饶有兴趣），所以，新开奖的第一位获得者应当是这样一个人："他的贡献能使科学学这个共同体联合起来；他的成就应当是重大的，而几乎可以不再顾及这个共同体中某个成员的个别观点。"加菲尔德的工作正是满足了上述条件，他的工作也许比其他任何一个人的工作都更合适获奖。这是因为，加菲尔德开创性的工作和他的思想实际上的实现，为科学计量学奠定了一个结构框架和提供了一种研究手段。

这个科学计量学的"研究手段"不是别的，就是加菲尔德20世纪50年代摸索、60年代创立的《科学引文索引》。本文将主要介绍加菲尔德创立《科学引文索引》的原始设想和对科学计量学发展的独到见解。

加菲尔德说，他最初构想《科学引文索引》的时候，一股脑儿想的几乎全都是情报检索问题，基本上把引文索引看作查找科学文献的一种方法，看作实现文献目录最佳管理的一种手段。虽然有一个时期他曾设想过科学史研究怎么搞法的问题，但是，真正开始认识到引证分析在科学史研究（特别是在科学社会学研究）过程中所具有的巨大潜力，那还是后来的事。再说哥伦比亚大学的 R. K. 默顿和卡内基—梅隆大学的 A. 纽厄尔，对此看得要远许多。他们认为，《科学引文索引》不仅可能会影响到社会历史研究，而且还可能影响到科学本身。毫无疑问，这一点现在已经变成了现实。人们适当地应用引证分析这个工具，提出了各种有关历史上科学和当代科学的新见解。随之，也就出现了一个崭新的研究领域，这就是科学计量学。《科学引文索引》乃是科学计量学研究的重要工具之一，尽管它不是唯一的武器。

经济计量学和社会统计学这两个技术，至少从 20 世纪 30 年代，我们就开始使用了。生物统计学甚至出现得更早。后来，不可避免的，人们又创造出了文献统计学这个术语。奇怪的是，为什么科学计量学却是那样的姗姗来迟？英语中的"Scientometrics"，显然来自俄语"Наукометрия"。后者在苏联已经使用许多年了。

有人把科学计量学定义为"关于科学和技术进步的计量研究"。匈牙利德布勒森市柯树特·拉约什大学物理化学系 M. T. 贝克教授则把科学计量学称为"对科学活动、科学生产率和科学进步所做的定量评估和相互比较的学问"。用更通俗的话来说，那就是费城科学情报所的 M. 马林所解释的，"科学计量学的基本之点，乃是博采各种数量技术，以应用于科学学研究"。

科学计量学研究有着广泛的应用潜力。无论政府部门，还是科学研究机构，对"把关于科学增长的定量知识应用于科学管理"都表示出了极大的兴趣。各种科学计量指标，正被用于估计不同国家科学的相对"健康状况"。最终，科学计量学还可能被用来决策，帮助各国选定究竟在哪些研究领域里需要投资拨款。

说到科学学与科学计量学的相互关系，加菲尔德指出，现在科学学研究工作者所常用的各种数量，包括（但不是限于）取得了科学学位的人数、科学家所取得的专利数目、发表的科学论文数量、文献中出现的参考文献数目、每一篇论文被引证的次数、给科学家拨款总额、研究机构用于科学活动经费预算总额，等等。所有这些数字，都可以用于科学政策研究和科研项目的评估，以测定不同国家、不同地区，或者某个特定大学的科学"实力"。随后，人们就可以弄清不同科学领域的兴衰荣辱，或者查明"哪个领域最活跃"。简单地说，科学计量学乃是有关全世界和共同体人口统计学的一门学问。

从本质上说来，现在的科学计量学研究，有许多都是文献统计学的研究。英国伦敦的西北图书馆管理技术学院 A. 普里查德认为，所谓文献统计学，乃是把数学和统计学方法应用于图书及其他的交流手段。若上述交流手段专指科学出版物，应用的结果，就是科学的文献统计学。

科学学作为一门独特的专门学科，乃是从 1939 年贝尔纳发表《科学的社会功能》一书发展起来的，然而后续进展却十分缓慢。尽管在分析科学及各种科学指标方面，有不少人早就做过某些尝试，但是，正如苏联莫斯科大学纳利莫夫和其他学者指出的那样，成为科学政策研究转折点的，乃是贝尔纳的《科学的社会功能》。第二次世界大战之后，科学史和科学社会学受到了普遍的高度重视。随着这些学科的渐趋成熟，科学史家和科学社会学家便开始越来越注重科学活动的计量研究。这类定量研究的迅速发展，不可避免地导致了科学计量学的诞生。

作为见证人，加菲尔德详细介绍了 20 世纪中叶以来科学计量学研究的发展状况和主要事件。他指出，从 20 世纪 30 年代至 60 年代初期，科学的计量和定量研究一直只见于一些应时之作。可是，正如默顿所指出的那样，两件大事出来之后，大大加速了该领域的研究：一件是费城科学情报研究所开始出版《科学引文索引》（1963），它为许许多多的这类定量研究提供了原始素材；另一件则是耶鲁大学的普赖斯发表了他的《巴比伦以来的科学》（1961）。在该书题为"科学的病态"的末一章中，普赖斯根据近三百年来的科学出版物发展状况，进一步推进了科学增长的某些数学模型。普赖斯本人在最近再版《巴比伦以来的科学》时回忆道，这本书连同由这本书发展而来的《小科学，大科学》，宛如"一石激水，浪花千层"，引来了一系列旨在对诸如期刊数目、论文数目、作者数目以及引证数目等进行计量探索的定量研究。紧接着，人们还开始了文献学、书目学的研究，召开了各种有关文献统计学和科学计量学的专题学术讨论会……在 20 世纪 60 年代和 70 年代，普赖斯一直是科学计量学领域里的开拓者。1971 年，美国加州大学圣迭戈分校的 H. W. 梅纳德出版了他的一卷本《科学：增长和变化》，详细阐述了普赖斯的工作。

蒙特利尔大学的 Y. M. 拉布金也同意，正是普赖斯的工作，开创了科学计量学研究，甚至还带动了苏联的科学计量学研究。"自（20世纪）60年代以来，苏联对科学的定量研究，根本上说，乃是随着普赖斯关于科学增长模式的研究而发展起来的。……普赖斯的这项研究吸引了莫斯科大学纳利莫夫和乌克兰科学院G. 多勃罗夫的关注。由于他们两人的努力，科学的定量研究才变成了一个飞速发展的领域。"

美国德雷克塞尔大学的B. 格里菲思也说道："尽管对科学家、科学论文以及其他与传播科学知识有关的计量研究，至少早在20世纪20年代就开始了，然而，其关键性的大事则是普赖斯1965年的那篇论文：《科学论文的网络》。……这是……第一次借助原始资料，富有意义地勾画出了明晰的科学模型的网络图景。其结果是令人惊异的优美和精巧。"

加菲尔德认为，在整个20世纪70年代，科学计量学发展是十分迅速的。其主要工作有：

第一，苏联纳利莫夫和穆利钦科合著的《科学计量学》在1971年由俄文译成了英文，在美国出版。

第二，1972年，美国国家基金会发布了第一部《科学指标》。该《科学指标》计划每两年出版一次。《科学指标》公布的目标，是"定量地描述美国科学研究的现状"。其大量资料均列成表格，画成图表。如表20-1所示为该书目录页，从中可以大致对该书的内容范围有所了解。显然，这项工作提供了极其漂亮的原始资料，从中人们可以对未来的科学的"健康状况"进行预测研究。美国国家科学基金会《科学指标》编辑部负责人R. 赖特指出，第一部《科学指标》的出版发行，使美国政策支持大学基础研究的经费增加了5 000万美元。

表20-1　1976年《科学指标》目录页

科学技术的国际指标	1
研究与发展的资源	4
科学的国际性	10
技术革新与技术发明	20
美国在国际技术中的转让作用	30
生产率与贸易平衡	33
研究与发展的资源	43

续表

研究与发展的国际资源	30
在一些实用领域联邦政府资助的研究与发展	51
研究设施	59
科技情报	59
基础研究的资源	65
基础研究的国家资源	68
大学中的基础研究	75
由大学管理而经费由联邦政府资助的研究与发展中的基础研究费用支出	80
联邦政府实验室内部的基础研究	82
工业界的基础研究	83
非营利机构中的基础研究	83
研究成果与应用	88
工业界的研究与发展及发明	91
工业界研究与发展的资源	94
工业界研究与发展的成果	108
研究与发展及发明的社会经济成果	125
科学人员和工程技术人员	129
科学人员与工程技术人员的特点和使用	132
研究与发展人员	140
博士科学家与博士工程师	145
科学与工程技术中的妇女和少数民族	152
科学家和工程师中的失业	157
科学家和工程师的补给增加	159
公众对科学技术的态度	167
对科学技术及对科技人员的总的态度	169
科学技术的成果	173
科学技术能力	177
公众对科学技术的偏爱	179

第三，1976年，F. 纳林等人出版了《文献统计学评估法：应用出版物和引文分析评价科学活动》。该书以出版物和引文分析为基础，概括描述了为国家基金会所做的科学评估工作的目前状况。加菲尔德认为，"对科学计量学这

个学科有兴趣的人来说，该书不失为一部理想的参考书"。

第四，1978 年 Y. 埃尔卡纳、J. 莱德伯格、朱克曼等人合编并出版了一本题为《〈科学指标〉的出版有助于对科学的计量》的书。该书对《科学指标》的评说可谓入木三分。该书的特点乃是多学科学者的集体创作，是根据 1974 年在加利福尼亚斯坦福行为科学高级研究所举行的学术讨论会编辑而成的。该书把对科学产业模型的考察列为一章，而对科学指标政治背景的研讨则编入另一章。加菲尔德和斯莫尔一起参加了这次学术讨论会。

第五，有人还对迄今为止公开发表的科学计量学研究工作进行了概括和总结。1974 年，英国约克大学社会学系的 G. N. 吉尔伯特和 S. 伍尔加发表了一篇题为《科学的研究》的评论。在这篇文章中，他们把定量研究科学增长的方法分为两大类。"一种方法，即是从已有资料着手，任选一种合适的描述方法（通常是数学函数表达法），然后，就可以用趋势外推法来预测未来科学的发展。另一种方法乃是关于科学的社会进程的假设而开始建立的，这类假设的基础是社会学调查的结果或纯粹的直觉。后来，还有人对这类假设的含义进行了研究，结果同样能够由此导出数学函数表达式。"莫拉夫西克教授发表了题为《关于科学定量研究进展的报告》（1977）。他指出，科学计量学既可使科学投入定量化，还可以使科学产出定量化。科学的投入，首先是人和钱；其次是建造的实验室大楼、实验装备数量和科学家使用的计算机时数。恰如莫拉夫西克指出的，至今几乎还没有什么科学计量学工作是研究这类科学投入量的。至于科学的产出，那更容易而且更适合于科学计量研究。一般认为，科学的产出包括，发表论文的科学家人数及其地理分布、每年发表的论文数、每篇论文或每位作者被引证的次数。

在莫拉夫西克发表上述专论后不久，又涌现了不少科学计量学的研究工作文献。正如他后来指出的那样，对科学计量学研究来说，科学增长、科学交流和科学活动等各个方面，目前均已时机成熟。

尽管如此，直到 20 世纪 70 年代末，对科学计量工作者来说，要找到适合刊登本专业论文的期刊，仍然是一件困难的事。有鉴于此，加菲尔德强调指出，我们之中许多对科学计量学颇有兴趣的同行都感到，应当有一家专门杂志，这是期待已久的事了。于是，在 1978 年 9 月，《科学计量学》杂志创刊。该杂志执行的主编是匈牙利化学家 T. 布劳温。《科学计量学》由匈牙利科学院出版社和荷兰爱思唯尔科学出版公司联合出版。该杂志主编是贝克、普赖斯、多勃罗夫和加菲尔德本人。在好几期的《近期目次》和《社会科学引文索引》上，都登载了《科学计量学》的广告。该杂志为双月刊，一年出 6 期，邮订由爱思唯尔科学出版公司办理，每年 76 美元。

该杂志的头五期，广泛涉及的是科学和科学的政策方面的问题。例如，1979 年 1 月号，刊登了诸如法国科学精英的研究能力和现状、瑞典社会科学研究理事会的经费分配等论文。

《科学计量学》的撰稿者中，许多人皆系在创立、确定这个科学领域的过程中起过积极作用的分子。除上述已经提到过的许多人外，还有 H. 英哈伯、D. 克兰、R. 罗森和 J. 弗拉希等人，而他们也还只是很少一部分的撰稿者。往后，任何一位将从事科学计量学研究的人，都会从杂志上不断看到他们自己的大名。

加菲尔德认为，尽管他之前谈了很多有关引文计量的内容，但"引文分析还只是科学计量学的一个部分"。他强调指出，无论在工业国家，还是在世界不发达地区，对科学进行计量，皆已成为一件大事。现在世界各国到处都在要求更有效地使用尚且还不充裕的科研经费。科学计量学恰好能够提供这种让立法者能理解的定量数据和资料。

最后，加菲尔德意味深长地说："本人作为《科学计量学》杂志的主编之一，对或许会载入史册的发展前景，常常感到激情满怀。正如我给该杂志的发刊词中说过的那样，许多研究工作，我读来总是仰慕不已，因为他们运用的正是好久以前我们费城科学情报研究所汇编的情报资料。而我们自己却由于这样或那样的原因，没有能够加以分析和研究。不过，这也许是科学成功所必须付出的一种代价。但是，应当看到，如果我们总是全然忽视对自己手头资料的研究，那真是最痛苦不过的事啊！"

第 21 章　科学计量学与同行评议[①]

自 300 多年前英国皇家学会编辑出版的《哲学汇刊》（1665 年创刊）开创同行评议的先河以来，作为"一种有组织的用于评价科研工作的方法"，同行评议不仅早已成为科学界的一个惯例，而且始终处于科学检查、评审过程的中心地位。换句话说，同行评议早已深深地植根于科学的结构和活动之中，并得到了一整套价值观念的支持。但是，20 世纪 60 年代以后，随着科学计量学（文献计量学、情报计量学和技术计量学亦包含其中）的兴起，同行评议一统天下的局面开始有所变化，甚至在某些领域和场合，其稳固的中心地位也发生了某种动摇。本文的目的就是试图对这种"变化"或"动摇"的过程与原因，做一次粗浅的描述与分析，企盼学界同仁批评和指教。

第一节　同行评议的由来与当代实践

科学界有关同行评议的实践，可以上溯到英国皇家学会于 1665 年创立《哲学汇刊》（封面见图 21-1）。1662 年成立的英国皇家学会，其宗旨是把对当时的所谓自然哲学感兴趣的人组织起来。当时学会的秘书奥尔登伯格负责从会员和其他科学通讯员那里收取报告他们科学新发现的信件。于是，他天才地想起了将这些信件印发，加以流通，这就是科学史上最早的杂志之一——《哲学汇刊》。要出版发行，马上

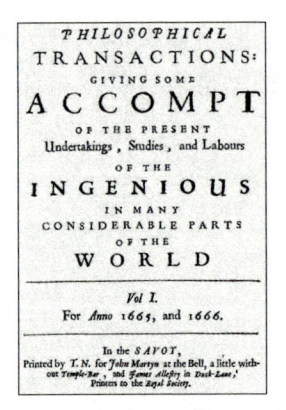

图 21-1　《哲学汇刊》封面

[①] 原载于《中国科技论坛》1998 年第 6 期，与方勇、孙诚合写。收入本书时文字略有改动。

遇到编辑和审稿问题。为此，皇家学会理事会指示：《哲学汇刊》……批准授予皇家学会理事会的出版特许证，但首先要经该理事会部分理事评议。这样，一些科学家对另一些科学家的研究工作进行评议的把关功能就诞生了。几个世纪以来，这种把关实践便演变成了今天名目繁多但实践起来又大抵相似的同行评议。

同行评议（peer review）在当代实践中有许多同义词，这在汉语和英语中的情形大致也是一样的，诸如同行咨询（peer advice）、同行评估（peer evaluation）、同行审查（peer censor-ship）、专家鉴定（refereeing），等等。国内外现在都把同行评议（peer review）作为包容上述诸多同义语的通用术语。

1990年，英国同行评议调查组给研究理事会咨询委员会的报告中，将同行评议定义为"由从事该领域或接近该领域的专家来评定一项工作的学术水平或重要性的一种机制"。美国国家科学基金会（NSF）在提交给国会的一个有关同行评议的报告里，将同行评议定义为："NSF根据决策过程标准，确定应向哪些申请项目提供研究经费，因为NSF的负责官员在确定哪些申请者可以获得资助是根据与申请者同一研究领域的其他研究人员的评议结果"。国内学者认为，"同行评议指的是，某一或若干领域的专家采用一种评价标准，共同对涉及上述领域的一项事物进行评价的活动"。这些定义都不同程度地反映了同行评议的特征，但似乎都没有储彬和赫凯特两位在《没有同行的科学》一书中给出的定义来得简洁。他们说："所谓同行评议，乃是一种有组织的用于评价科研工作的方法。"

在当代，科学家常常采用同行评议的办法来验证科研工作的正确性，证实研究成果的合理性，以及分配各种总是短缺的资源，诸如评定科学基金的发放、决定科学奖项的颁发、期刊决定论文能否发表等，还有各种专业职称的评定、学位的授予，等等。

我国在1982年设立了中国科学院科学基金。1986年2月进而成立国家自然科学基金委员会。这是我国科学史上规模最大的同行评议实践活动。根据1987年至1995年的资料统计，在国家基金委资助的项目中，获国家自然科学奖201项。得到基金资助的项目获自然科学奖的比例逐年提高，如1987年占30%，1989年占50%，1991年占62%，1993年占67%，1995年则达到87.7%。其中一批成果居国际领先和先进水平，如吴文俊教授的机器证明理论，郭可信教授的五次对称准晶，赵忠贤教授的高温超导、非线性光学晶体等。科学基金资助的基础性研究在国内外重要会议和主要学术刊物发表的论文达到10万余篇，出版专著近2 000部。此外，在1987年至1995年间，国家自然科学基金资助项目还获国家科技进步奖258项，获国家发明奖67项。所有这些都说明，以同行评议专家评审系统为核心的科学基金制，已经和正在推动中国自然科学尤其是基础性研究的发展。

第二节　同行评议并非无懈可击

列宁指出："世界上一切事物都有两面。"对同行评议来说，它也不能无视这个定理。一方面是同行评议在发挥着推动科学进步的巨大的社会功能，它本身也早已成为现代科学大厦赖以矗立其上的重要基石之一；另一方面，随着21世纪的到来，从社会各个层面，诸如政府科技管理部门、科研院所、大学、基金会、杂志社、科学团体，乃至国会议员、人民代表，似乎都在发出同一个声音，即同行评议并非完美无缺，并非无懈可击，它需要修正和改进。

人们指望同行评议的运作要能体现公正性和便利性的优点，其评议结果又要确实可靠、高质量、富有预见性和创新性。但是，事实并不总是让人满意的，也许正应了中国的一句古语，叫作"盛名之下，其实难副"。对此，两位美国科学学家有过一段非常精彩的评论，他们说："也许，目前人们对同行评议所赋予的重要性，已远远超过了以往任何时候。比如，人们给基金同行评议所加的担子，可能早已超乎理性了。因为近几十年来，争取科研资助的重要性日甚一日，为争取资助开展的竞争日趋激烈；此外，数量巨大的申请书、报告书日益涌现，要求同行评议实现如此多的性质截然不同的目的，显然其已难以胜任。在许多不同场合下，人们采用同行评议的办法，把传统学科或交叉学科的科研基金分配给科学家个人或小组，评议书稿出版的可能性，评审授予科学家个人学术职称、职务、薪金、荣誉称号，等等。最近，人们还用它来裁定科学中的不端行为的事件，等等。也许，同行评议已经将战线拉得过长，所评议的对象领域是如此不同，以致人们觉得它已失去同行评议的意义，或者，即使该评议的对象领域相同，它亦因评审演讲人和听众的不同而弄得意义各不相同。一些'同行群体'是由科学家、专家组成的，而有一些则包括了来自科学外部的领导人。在某些情况下，同行们的表态明确，而在另一些场合，他们只是表示建议或签个名了事。"其所以如此，根源还得从同行评议自身本质之中去寻找。

其一，同行评议的主观性。所谓同行评议，本质上说，乃是科学家个人意见的表述。于是评议人个人的世界观、学识、年龄、心理素质、修养及兴趣爱好等因素不可避免地会对评议过程和结果产生一定程度的影响。当碍于人情关系或产生利益冲突时，同行评议公正性的天平往往会发生倾斜。

其二，同行评议的知识规范性。评议人一般是某学科领域的资深专家。在实践中，要够得上资深标准，常常年龄偏大，其知识体系已形成规范。这种已规范的知识结构，往往青睐在规范的知识体系中的论证和研究，而排斥有创见的学术思想和新的学术生长点。所以，同行评议某种程度上不利于知识的创新，不利于新生学科和交叉学科的发展。

其三，同行评议的滞后控制性。对同行评议的监督因其保密性而无法适时控制，从而不能及时防止越轨的同行评议和纠正错误的同行评议。

在决定科学奖项是否授予和授予何人上，诺贝尔科学奖的历史给了我们一个很好的参考。诺贝尔奖奖金获得者的提名和遴选是一项同行评议的工作。诺贝尔奖近100年的历史证明，它的大部分时候的评奖工作是让人信服的，全世界有许多杰出的科学家都受到了奖励，而诺贝尔奖也由于推动了全人类科学和文明的发展，在公众中赢得了至高无上的声誉。

但是，同行评议制本身固有的局限，使诺贝尔奖的评定上也出现过一些差错。如1923年生理学及医学奖金，授予了加拿大人班廷（F. G. Banting）和英国的麦克劳德（J. J. R. Macleod）。麦克劳德当时是班廷分离胰岛素的实验室的主任，但"在进行胰岛素的试验时，他甚至没有在场"，在诺贝尔奖奖金获得者名单上，麦克劳德是"显而易见不那么杰出的研究者"。1926年丹麦人菲比格（J. Fibiger）获得生理学及医学奖金，但他对恶性肿瘤扩散的研究后来被发现是完全错误的。这个插曲使得诺贝尔医学奖金委员会非常尴尬，以致它在做出一个含糊其词的决定后几乎有四十年之久不再授予癌症研究人员以奖金。

除了错给了谁奖金外，诺贝尔奖评奖委员会还"错在没有给谁奖金"。如爱因斯坦因发现光电效应在1921年获奖，但他最杰出的成就狭义相对论和广义相对论却被诺贝尔奖忽略了。另一个典型的例子是美国解剖学家和胚胎学家伊万斯（H. M. Evans）对维生素 E 的研究，被认为值得授予诺贝尔奖奖金，尽管它在与其他研究项目竞争时未能获胜。科学界存在着像伊万斯这样的人，证明了最高级的奖金制度也有执行得不够完善之处。

为了揭示决定论文是否能发表的同行评议制的问题，哈休姆（E. R. Harcum）和罗森（E. F. Rosen）选择了先后被若干杂志退稿的围绕一个主题的 4 篇原始论文（这些论文最终被某一期刊刊发）。他们研究了拒绝发表这些论文的期刊的把关者们（gatekeepers）对这些文章的评审意见，发现很多评议人根本没有认真阅读原文，他们仅靠对以前相关论文的经验就对它们判了"死刑"。不少评议人误解了作者的原意，疏忽了论文的重要内容，或者根本就没有注意到作者提出的问题，而作者的新观点更是没能得到重视。

第三节　科学计量学的崛起

科学计量学是对科学进行定量研究的学科。在科学学的发展和科学研究中数学化趋势的推动下，科学计量学迅速地从 19 世纪末、20 世纪初对科学的零散统计分析发展成为一门充满勃勃生机的学科。普赖斯（D. J. de S. Price）的两本著作《巴比伦以来的科学》和《小科学，大科学》的出版及加菲尔德《E. Garfield》和《科学引文索引》（SCI）的问世，是科学计量学发展史上两件奠基性的大事。而在 1969 年，苏联出版了世界上第一本科学计量学的著作——《科学计量学》，这标志着科学计量学的奠基工作基本完成。科学计量学几十年的发展，已在科学发展定量规律、科学管理定量评价等方面形成了系统的理论、指标和方法。

加菲尔德依据 SCI 数据，通过定量分析诺贝尔奖获得者获奖前后的引文数，发现引文计量的确是人才评价的有效工具（见图 21-2）。如对 1962 年和 1963 年诺贝尔物理、化学和医学奖获得者在 1961 年获得的引文数进行研究发现，平均每位获奖者的被引用数是 169 次，而同期一般作者的平均被引数只是 5.51 次，前者是后者的 30 倍。1977 年，他又统计了 1950 年至 1977 年诺贝尔科学奖金获得者们在 1961 年至 1975 年间所获引文数，162 位获奖者的最高引文数是 18 888 次，即苏联著名物理学家朗道（L. D. Landau），最低被引数是 79 次。只有 6 位获奖者的被引次数低于 200 次，获奖者平均被引数是 2 877 次。而同一时段，一般作者的平均被引数低于 50 次。

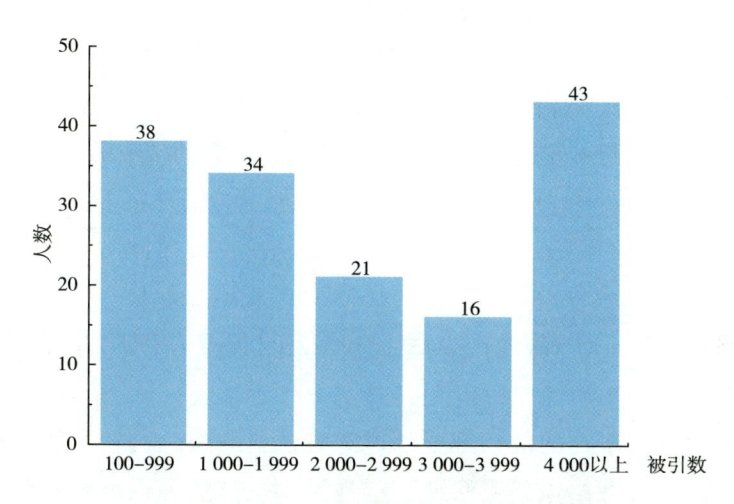

图 21-2　1955—1977 年诺贝尔科学奖获得者
在 1961—1975 年的被引数分布

但是，是否高被引的科学工作者都是杰出科学家呢？1970 年加菲尔德编纂了一份 1967 年引文数居前 50 位的名单，发现其中有 6 位诺贝尔奖获得者，后来发现又有 6 位被授予了诺贝尔奖。1977 年，他又统计出 1961 年至 1975 年间引文数最高的 250 位作者，发现其中的 42 位（17%）是诺贝尔奖获得者，151 位（60%）至少是一个国家的科学院院士。加菲尔德还曾利用 1968 年 SCI 的数据，即 1967 年被引次数最多的 50 位科学家名单，去预测 1969 年的诺贝尔奖获得者，结果发现 50 人中有 2 人获奖。

总之，加菲尔德的研究工作向人们表明，一项科研工作的被引次数高低一定程度上可以反映该项工作的学术价值高低。通过计量科研人员的论文被引数，可以衡量科研人员的学术水平，从而为科研奖项授予、科研成果评审、专业职称评定等的同行评议提供一个客观的计量指标。

不少人因引文中存在自引和贬义引证，而对引文计量的客观性提出怀疑。其实，一定程度的自引反映了作者工作的连续性，而过分的自引只会使作者的论文质量下降，这要在 SCI 收录的刊物上发表就会很困难。有人反映，有些作者会把一篇文章拆成好几篇发表，以提高自己的发表论文数。实际上，拆分的结果只会使单篇论文的价值下降，从而导致被引数的减少。因此以论文被引数而不是论文数作为评价人才的主要计量指标是很重要的。所谓贬义引证，本质上说属于科学批评的范畴。它的存在，反映了科学的发展进步。研究发现，错误的论文不会招来很多次的引证，往往在有人指出该文的错误后，就很快被科学界弃之不理，除非有人又发现了该文新的错误。如果一篇论文受到频繁的贬义引证，则表明该文的错误很可能是科学发展中的一个新的暂时为常规科学所不容的生长点。这种错误是有它的价值的。

第四节　科学计量学与同行评议的有机结合

　　如同任何新生事物的成长都要经过艰难曲折一样，科学计量学在科学评议领域中的出现一开始也不受欢迎。这是因为从定量的视角来研究科学和科学的发展，原先在科学家和科学的管理者那里很少或者甚至没有想过。据报道，当加菲尔德的《科学引文索引》最初在国际科学共同体中亮相时，伴随它的曾是一阵比如在《科学》和《自然》杂志上流露出来的一致的慌张。人们既对它表示关心，又说些冷言冷语，又夹杂着小心翼翼的兴趣和欢迎。此后不久，当看到科学计量学的应用前景时，又好像一阵快感流过科学共同体的神经。有研究表明，转折点是1975年。在这一年5月2日出版的国际权威杂志《科学》上，有文宣布："一种新的评价科学产出的方法已经赢得了它应该有的荣誉。引文分析历经磨难已经抵达这样一个程度，即它向科学的管理者展示的是越来越令人感兴趣的可能性。"毋庸讳言，科学的定量分析已经无可争辩地在评价科研成果和分配研究资源方面赢得了自己的地位。

　　当然，在国际科学界一直行之有效且已有300余年历史的同行评议面前，科学计量学方法还很幼小和稚嫩。现在要做的事是，科学的管理者应当视科学计量学方法为对同行评议的有效补充，或者说，把科学计量学方法和同行评议两者有机地结合起来。这样做，不仅应该，而且是可能的。

　　首先，从本体论上讲，世间万物本来就是质和量的统一。马克思主义经典作家早就告诫人们："每一种有用物……都可以从质和量两个角度来考虑。"在讨论开放的复杂巨系统（包括社会系统）的方法论时，钱学森教授提出了定性定量相结合的综合集成方法。这一方法的实质是:"将专家群体(各种有关的专家)、数据和各种信息与计算机技术有机结合起来,把各种学科的科学理论和人的经验知识结合起来。这三者本身也构成了一个系统。这个方法的成功应用,就在于发挥这个系统的整体优势和综合优势。"

在科研管理活动中,同行评议与科学计量学的有机结合,正是定性定量相结合的综合集成方法的最好体现。同行评议能充分发挥专家的特长和优势,科学计量学则能给专家评议的主观判断提供客观数据作参考。

其次,从实践和历史角度看,科学计量学和同行评议的联结与合作,在过去的 20 年间①已经取得了长足的进步。最全面、最广泛地把科学计量学方法引入国家科学评议体制的是匈牙利和荷兰。尤其是匈牙利,在布劳温教授的领导下,早在 20 世纪 80 年代中期就开始试验在科学评价过程中采用定性和定量相结合的方法,并把这一方法扩展到匈牙利科学院和大学科研活动的评价中。此外,在法国、英国和比利时等国,也都"已开始谨慎地实验性使用"科学计量学方法。美国是一个非常特别的国家,它既是一个科学计量学研究最发达的地方,比如科学计量学之父普赖斯、《科学引文索引》等都在美国,但又是一个自称依然处于"小科学计量学阶段"的国家,比如,美国著名科学计量学家格里菲思就坚持说,"从相对指标,或者说,按学科的社会建制、持久的学术研究项目(经费)、大学开设课程状况等指标看,科学计量学在美国亦不过属小科学阶段;它既是一个科学计量学应用最早的国家,比如,早在 1972 年美国就出版了世界上第一部政府组织的《科学指标》,在科学家评价、科学成果评价方面也多有研究报告或案例问世,但又是一个至今没有全国统一应用的国家,比如在国家科学基金会尚未全面采用定量与定性相结合的试验和应用。"但正如储彬和赫凯特指出的,"研究评价已经摆到了世界科学政策的议事日程之上。这是因为,科学的定量分析可以向决策者们指点资源分配决定中的迷津。"

在我国,自 20 世纪 80 年代,特别是 90 年代以来,人们对科学计量学的兴趣和共识在增加,比如,科学计量学研究成果、国家自然科学基金资助的有关科学计量学的课题、科学计量学研究的论文和著作等几乎都在按指数增长。此外,科学管理部门正在从兴趣走向具体应用,不少科研院所和高校已

---

① 指本文发表时 1998 年的过去 20 年间。

经着手把科学计量学方法和指标引入本单位科研活动和科学家绩效的评审过程之中。比如，中国科学院文献信息中心建成的"中文科学引文索引数据库"，正在日益扩展着的用户和领域，这本身就是一个很好的证明。此外，南京大学、中国石油大学等也已经在职称评审和实验室验收等方面进行同行评议和科学计量指标相结合的尝试，并取得了成功。

21世纪正在向我们走来。在这世纪之交，有一件最能影响下一世纪的事件，就是全球信息高速公路的开拓和实现。它必将影响人类社会的方方面面，其中当然科学的评价包括在内。也许，人们可以大胆预言，信息高速公路正在给科学计量学方法插上翅膀，一个至少可与同行评议平起平坐的、以信息网络为基础的科学计量学指标和方法全面应用的时代正在到来。

第 22 章　科学计量学与我国基础科学的发展趋势[①]

基础科学在现代科学结构中占有重要地位。"基础科学是民族生存所必需的一种国家资源。"一个国家，如果依靠别的国家的基础科学来发展自己的应用科学和开发研究，那么，它的经济和贸易将不可能是世界第一流的，即便现在是第一流的，要不了多久，也必然会在竞争激烈的世界经济格局中被淘汰。

那么，用什么方法才能测度各国基础科学发展的水平与速度呢？目前，国际上运用得最有效的方法，乃是科学文献的引证分析方法。我们知道，一篇有学术价值的论文，终究会引起人们的注意，并且一般说来，会被许多学者引证，正像马克思主义的经典论述经常被人引证一样。根据科学计量学的研究，全世界范围内科学论文数大约平均 15.6 年翻一番，而每一篇论文被别人引证的概率，大约平均 15.6 年减少一半。在全部论文中，约有 10% 的论文，平均每年都要被人引证 4 次以上，并且经久不衰。这类论文就叫"经典文献"。相反，又有 10% 的论文，如"石沉大海"，无人引证，无人问津。从历史的角度看，一个人，或是一个科研小组，一份杂志，一门学科，一个国家，只要其学术论文经常被人引证着，就说明它对世界的影响较大；它的学术论文数量和质量越高，就越容易被人引证。因此，学术论文的数目、学术论文被人引证的频次数，以及它的影响因子，就成了人们常用的测度基础科学发展水平与速度的参数。

按照科学计量学的观点来观察中国基础科学的发展，是一件有趣的工作。这件工作首先是由匈牙利科学家 T. 布劳温教授所领导的匈牙利科学计量学研究所完成的。他利用美国费城情报所《科学引文索引》（SCI）提供的近 4 000 种国际一流杂志的引证资料，做出了 100 多个国家基础科学的比较分

[①] 原载于《光明日报》1986 年 6 月 25 日。收入本书时文字略有改动。

析。结果表明，中国基础科学的发展是相当落后的，与我国的形象极不相称。但是，可喜的是，1975年以后，中国基础科学有了长足的进步，发展速度居于世界首位。

（1）按中国学者在世界一流杂志上发表论文的总数量的排名情况，中国在1979年处于世界第38位；到了1982年，中国便跃进到第23位。其增长速度平均每年为62.13%。

（2）中国基础科学的学科发展是不平衡的。发展最快的是化学，论文增长速度平均每年为329.54%；第二是数学，增长速度为177.3%；第三是物理学，速度为107.74%。

（3）如果考虑论文的质量和在世界上的影响，那么，中国的数学在世界上的影响最大，它的平均引文率和平均影响因子都超过临界线。如果把各国数学的影响因子大小排出名次的话，中国数学由1979年的35位、1980年的30位、1981年的24位，到1982年的18位，平均每年递增5~6个名次。难怪布劳温教授风趣地说："如果一个国家的足球队能以此种速度提升名次的话，那么，它的教练一定要获得金质奖章了。"

中国物理学在世界上的影响也是比较大的。中国学者的物理专业论文被引率达42%，超过了国际平均水平（32%），其中多次被引用的文章占15%。如果按影响因子排列，1979年为第30位，1981年为第27位，1982年则上升为第23位。按照布劳温的意见，"中国物理学所以如此进步，与中青年学者进入发达国家的实验室或大学有关"。

总而言之，从科学计量学的角度来看中国的基础科学发展，可以得出几个有益的结论：第一，中国基础科学的落后状况与伟大中国的大国形象不相称。尽管截至1985年中国基础科学的名次还在递增，但是，中国基础科学的发展还是不如印度，也不如日本和以色列，这种情况就太不应该了。因此，我国科学技术的战略规划，千万不可忽略基础科学在现代科学技术结构中的应有比例。第二，中国科学论文的数量增长速度较快，但是质量有待提高。具体表现在影响因子较小且增长速度较慢。这说明，我国基础科学的国际性较差，不注重国际交流。因此，加强基础科学的国际交往与合作，应当是中国今后的战略方针。第三，中国基础科学的学科结构不合理，具体表现在包括生物学在内的生命科学发展缓慢。这一方面是由于忽视在生命科学方面的投入，另一方面则是由于教育部门片面强调数、理、化，忽视生物学（或生命科学),致使大批优秀的人才过分集中在数、理、化领域,而与国民经济同样息息相关的生命科学领域则人才外流,人心不定,尤其是年轻的人才不愿意到这些领域里来工作。因此,调整我国基础科学的学科结构,乃是科研体制改革的重要内容之一。

第 23 章　影响中国科学计量学发展的若干国际交往纪事[①]

　　科学学在中国的发展大体上乃是与改革开放同步的，这不仅因为科学学作为反思科学自身的新学问，其思想之在当时中国出现本身就是科技界思想解放的一个重要组成部分，而且，它一开始就得到了国际科学学界，特别是美国科学家"科学计量学之父"普赖斯、科学学创始人贝尔纳的嫡传弟子英国物理学家马凯、匈牙利《科学计量学》杂志主编布劳温等许多位国际科学学权威前辈的关心与支持。

　　值此改革开放 30 周年之际[②]，回顾中国科学学发展历程中若干重要国际交往的人和事，对全面认识科学学在中国的诞生与发展，是一件很有意义的事。

一、钱学森与普赖斯

　　众所周知，钱学森是我国最早著文倡导开展科学学研究的大科学家。这一点，在田夫、王兴成主编的《科学学教程》（科学出版社，1983 年第一版）中早有明确记载。1977 年 12 月 9 日的《人民日报》刊载了钱老题为"现代科学技术"的著名论文，文中指出："当现代科学技术已经发展到高度综合而又由基础到应用的严密结构的体系，就应该有一门代替消亡了的自然哲学的学问，它专门研究科学技术体系的组织结构，研究体系的逻辑性和严谨性，研究科学技术与哲学的联系等。这也可以称为'科学的科学'。这门学问在以前不会有，因为自然科学没有形成体系，当然也不会有研究体系的学问。"文献研究表明，钱老是我国科学界明确提出开展科学学研究的第一人。在国外也有一位大科学家与中国科学学之诞生大有关系，他就是美籍英裔科学家普

[①] 原载于《评价与管理》2008 年第 6 卷第 3 期，收入本书时文字略有改动。
[②] 本文发表于 2008 年，时值改革开放 30 周年。

赖斯（Derek J. de Solla Price，1921—1983）。普赖斯生前系美国耶鲁大学医学与科学史系主任，在他谢世后出版的《小科学，大科学》及其续篇（哥伦比亚大学出版社，1986年第一版）序言中，中国科学学界所熟知的默顿和加菲尔德联名敬称普赖斯为"科学计量学之父"，他的名著《小科学，大科学》在我国学术界可谓是家喻户晓，"大科学""大科学时代""大科学小搞，小科学大搞"等名词术语常见之于我国政策文件及报端。事实上，对中国科学学工作者来说，比《小科学，大科学》更早为人所熟悉的，乃是他为纪念贝尔纳的科学学奠基之作《科学的社会功能》发表25周年而撰写的《科学的科学》一文。此文被收入中国社会科学院情报研究所编译的我国第一本科学学著作《科学学译文集》（科学出版社，1980年第一版）。尽管此文的翻译质量欠佳，但普赖斯在该文中给出的关于科学学的定义，被国内外学者所推崇而广泛引用。在普赖斯看来，"分析研究科学自身的各门学科，都是逐个产生出来的，但是现在，它们都开始显现出连结为一个统一整体的许多迹象。这个统一整体将会比它的各个部分的总和还要更大。这门新学科，似乎可以叫作'科学、技术、医学等的历史、哲学、社会学、心理学、经济学、政治学、运筹学等'。我们更喜欢称它为'科学的科学'，因为重叠词可以起到一种经常提醒的作用"。

以上对钱老和普赖斯的简单回顾，或许对学术界同仁来说，几乎是人所共知的，但这两位著名科学家之间，特别是他们与中国科学计量学有何关系，恐怕知道的人就不会太多了。

众所周知，中国科学学的早期组织是1978年全国科学大会后先后成立的隶属于北京自然辩证法研究会的"科学学研究小组"和隶属于中国科学院学部办公室的"科学学全国联络组"。赵文彦、李秀果两位前辈主持"科学学全国联络组"的日常工作。记得"科学学全国联络组"成立不久的一次碰头会上，赵文彦老师非常高兴地把国防科工委钱学森办公室转来的一包资料交给赵红州老师。赵红州打开一看，是普赖斯的名著《小科学，大科学》的复印件。钱老的简短附言告诉我们，该书是普赖斯本人亲自寄赠他的，现在转赠你们。红州和我由于当时的英文水平还不能顺利阅读和研究《小科学，大科学》，所以，事实上那时并没有完全读完和读懂普赖斯的科学学思想。但是，我们觉得，普赖斯赠书钱老，估计原因有三：一是仰慕钱老的科学威名；二是知道钱老在中国科技界的权威地位；三是通过《小科学，大科学》的传播，促进科学学、科学计量学在中国的产生与发展。于是，在征得钱老同意后，我们给普赖斯写了一封信。没想到，普赖斯很快就回了信，从此开始了我们和普赖斯之间差不多四年的交往和友谊，直到他不幸辞世。

也许是他早年曾应李约瑟的邀请，参与了有关中国古代钟表起源的研究并做出了重要贡献，普赖斯对中国传统文化、中国科学技术非常热爱和敬慕，在通信中多次表达来华访问的意愿。作为《科学计量学》杂志的发起者和第一任四位主编之一，他一再鼓励中国科学学家投稿，红州因此而投出了《科学劳动的智力常数》一文给《科学计量学》。1982年春，当时作为执行编辑的布劳温（Tibor Bruan），径直把红州的文章交给了普赖斯审稿。正因为文章得到了普赖斯的肯定，同时用普赖斯的话说，他亲笔把红州的英译稿通顺了一遍，于是很快通过了杂志社的评审程序，同意发表。遗憾的是，文章是在1984年第一期刊出的，普赖斯最终没有亲见他修改过的中国朋友文章的正式发表。为了支持中国科学学的发展，同时也是对红州科学学成就的尊重，普赖斯曾两度邀请我们到美国设在夏威夷火奴鲁鲁（檀香山）的东西方研究中心，出席科学学和科学政策研讨会。当1983年9月中旬红州第二次到达美国东西方研究中心时，却惊闻普赖斯已于8月3日因心脏病突发在伦敦逝世！

见过普赖斯本人的中国科学家可能只有一位——北京工业学院（即现在的北京理工大学）的蔡家骅教授。大约是1981年的春天，我们从好友赵祖华教授那里得知，他的同事蔡教授即将赴美进行学术访问，且要到波士顿去，红州和我立刻寻访到了蔡教授，请求他带上我们的问候去拜访普赖斯。普赖斯非常高兴地接待了蔡教授，并将他的两本名著《小科学，大科学》（1965年版）和《巴比伦以来的科学》（1975扩大版的1978年第三版），送给了蔡教授，并在《巴比伦以来的科学》的扉页上题签，"赠给蔡家骅，由衷祝福中国令人高兴的科学政策。普赖斯于耶鲁大学，1981年4月17日"。在普赖斯逝世后，红州和我还与普赖斯的夫人、女儿琳达，以及普赖斯在耶鲁大学医学与科学史系的学术秘书莱斯科维茨，有过一段时间的通信。所以，在20世纪80年代后期，当我们的好友中国科学院自然科学史所的张钟静研究员去耶鲁大学医学与科学史系做访问学者的时候，我们托她拜访了莱斯科维茨，并通过她拜访了普赖斯夫人。普赖斯夫人则把由我国学术界非常熟悉的两位科学家——默顿（Robert K. Merton）和加菲尔德（Eugene Garfield）——联名写序的《小科学，大科学》及其续篇送给了我们。正是在这篇序言中，默顿和加菲尔德表达了对他俩的好友普赖斯的崇敬之情："尽管科学与知识的系谱学早已因这个'之父'或那个学科的'之父'而显得有点拥挤，但是，我俩几乎可以肯定地说，以本书包括的《小科学，大科学》及新收录的其后发表的九篇论文来看，普赖斯作为'科学计量学之父'的地位是当之无愧的。"

普赖斯的突然逝世，是我国科学计量学与国际学术交往史上的巨大损失，但他在逝世前把布劳温介绍给了中国科学计量学界，从此，中国科学计量学与国际学术交往翻开了新的一页。

二、赵红州、符志良与布劳温

普赖斯把国际知名科学计量学家布劳温介绍给了中国科学学界之后，正是因为赵红州和符志良的杰出贡献，使得布劳温对中国科学学特别是科学计量学及科研评价的发展，产生了前所未有的影响。

在20个世纪70年代，布劳温只是匈牙利艾特维什大学无机分析化学研究所的化学教授，受普赖斯《小科学，大科学》等经典名著的影响，在他的建议和推动下，当时的匈牙利科学院图书馆全套订购了美国科学情报研究所的《科学引文索引》（即SCI），并同时任命他为图书馆兼职副馆长，专门负责研究如何利用SCI这一工具，旨在把科学计量学方法应用于对匈牙利科学发展的定量分析、科学规划与政策研究上。鉴于科学计量学当时恰好处在萌芽阶段，布劳温的远见和背靠匈牙利科学院的组织优势，立即受到了国际科学计量学界的关注和支持。于是，在美国学者普赖斯和加菲尔德、苏联学者多勃罗夫、匈牙利物理化学家贝克教授的支持下，他创办了国际上第一份取名为《科学计量学》的杂志，并由国际著名科技出版商荷兰爱思唯尔科学出版公司和匈牙利科学院出版社联合出版。普赖斯、加菲尔德、贝克、多勃罗夫被同聘为四位主编，布劳温自己则任执行编辑。

早在20世纪80年代初，红州和我一直在筹划邀请普赖斯来访，以推进中国科学学及科学计量学的发展。普赖斯突然离世，又适逢红州《科学劳动的智力常数》在《科学计量学》杂志上发表，于是我们把与国际著名学者交往的渴望转移到了也是普赖斯推荐的布劳温身上，决定邀请布劳温访华，尽管在改革开放初期邀请外国科学家访华是一件非常困难的事。

记得布劳温第一次成功访华是1986年3月11日至23日。当时正是中共中央关于科技体制改革的决定发布不久，全国上下特别是科技界，对我国科技在世界上的位置、世界科技发展的趋势、科学及科研评价，以及科学计量学的由来与发展、美国费城加菲尔德的《科学引文索引》（SCI）的结构与功能、SCI及科学计量学方法在匈牙利科技评价与规划中的应用，甚至对《科学计量学》杂志的出版宗旨、投稿方式、评审程序、发表可能等，都投入了极大的关注和热情。所以，布劳温在友谊宾馆连续两天的精彩演讲和符志良教授同样精彩的即席翻译，吸引了科技界大批的专家学者及研究生、大学生出席，诺大的报告厅不仅挤得满满当当，而且每个与会者都听得聚精会神。特别是有关中国科学技术的数据及其与世界各国的比较分析，与会者尤为关切，听到动情之处，甚至不由自主地报以热烈的掌声！比如，布劳温公布了他和他的同事共同开发的当时对国内学者来说还是闻所未闻的一套科学计量学评价指标系统，并以此对世界各国的科技发展（1978—1982）进行了国际比较。布劳温通过幻灯投影仪，把一张张标有中国科学数字地标的世界科学地理图，分门别类地展示给他的中国听众。大家高兴地发现，在各国自然科学SCI论文总数的排序表上，中国从1978年的世界第38位，迅速上升到了1982年的第23位。针对我国的科学进步，布劳温还风趣地说："如果一个国家的足球队，能以此种速度提升其国际排名的话，这个国家的政府就一定会给该球队的教练颁发金质奖章！"时值我国改革开放初期，当听到我国科技在世界上取得如此进展，谁人能不鼓舞欢欣！看到科学计量指标及评价方法有如此功用，岂能不对中国科学计量学研究者产生一种无形的推动与鼓舞！

　　布劳温教授在中国的学术交流之所以备受欢迎且影响巨大，其中有一个因素或许外人并不知情，那就是当时在中国科学院图书馆工作的符志良教授，他无与伦比的学术口译能力和对布劳温学术背景及其科学计量学研究成果在匈牙利科学院乃至匈牙利国家科技政策中成功应用的案例介绍，对中国的科技界亦产生了巨大影响。符教授系20世纪50年代留学匈牙利的高材生，回国后一直关心匈牙利问题，且是国内知名匈牙利问题专家。早在布劳温访华之前，他作为中国科学院图书馆的业务处处长，早就远见卓识地派遣了年轻研究人员孟连生到布劳温身边学习和考察了。所以，有他做翻译，布劳温演讲时能用母语匈牙利语，演讲格外精彩生动；符教授则对匈牙利语、图书情报与文献计量学专业均十分精通，且口才极佳，结果那两天的学术报告，布劳温讲得口若悬河，滔滔不绝，符教授的即席口译信达传神，妙趣横生。由于在翻译过程中符教授还不断地穿插介绍布劳温在匈牙利的实践案例，所以，在听众看来，报告不啻是一场非常及时的科普讲座，而且是一种学术与艺术的享受。

此次布劳温访问北京之后，红州和我还陪同他去了上海，时任上海科学学研究所所长的刘吉教授接待了布劳温。布劳温还应复旦大学化学系邀请，为该系师生做了有关放射化学新进展的学术演讲。在此期间，我们用一天时间陪他游览了杭州。

符志良教授应我国外交部之请，1988—1996年出任我国驻匈牙利大使馆一等秘书。在此期间，他利用业余时间，把布劳温及匈牙利科学计量学的工作与进展更多地介绍到了国内。

在21世纪初，国家自然科学基金委曾多次邀请布劳温教授访华，并于2004成行。

大家知道，布劳温创办的《科学计量学》杂志一直是SCI收录的著名期刊，20个世纪80年代后期到90年代初，赵红州教授曾任该刊国际编委。2005年梁立明教授任该刊国际编委至今。2008年刘念才教授被聘为该刊编委。

如今回首往事，对中国科学计量学发展产生重要影响的外国专家中，无疑布劳温是紧随普赖斯之后的第二位。

三、金碧辉、梁立明、武夷山与鲁索

鲁索教授（Ronald Rousseau）是现任国际科学计量学与情报计量学学会（International Society of Scientometrics and Informetrics，简称ISSI）会长（任期为2007—2015年）。他是比利时工业科技学院教授，世界著名的情报计量学家、数学家；他还是美国情报科学学会会员、美国纽约科学院院士、加拿大情报科学协会会员、国际电工计算机学会会员；在我国，他被聘为河南师范大学荣誉教授、中国科学院图书馆和大连理工大学的客座教授。2008年6月18日，鲁索非常高兴地给我发来电子邮件：他荣幸地被聘为比利时鲁汶大学奥斯坦德学院的教授！之所以他这么兴奋地告诉我，原因就是鲁汶大学之于比利时，犹如清华北大之于中国。

鲁索教授第一次访华，乃是出席1998年12月4~6日在北京举行的"大学科研评价量化问题国际研讨会暨第五次全国科学计量学与情报计量学学术年会"。这次会议是由中国科学学与科技政策研究会联合多家单位共同举办的，且非常成功。这次会议的论文集《科研评价与指标》（红旗出版社，2000年第一版），至今尚偶有人打听或驰函索购，或许就是很好的证明。这次会议的最初起因，是此前金碧辉教授领导的中国科学院"中国科学引文数据库"（CSCD）在香山中国科学院植物园招待所召开的关于 CSCD 与科研量化评价的研讨会。我有幸应邀为该会做了题为《科学计量学、同行评议与科研评价》的学术报告，受到与会专家欢迎。大家在讨论中强烈建议，由中国科学学与科技政策研究会科学计量学与情报计量学专业委员会牵头，继续召开类似的研讨会。我于是马上想到了埃格赫（Leo Egghe）和鲁索合著的《情报计量学引论》和他俩主编的《情报计量学 87/88》《情报计量学 89/90》。特别是《情报计量学 87/88》，该书是一次国际会议的论文集，而且早几年，我在国家图书馆外文新书展览上曾爱不释手地翻阅了此书很久，最后还是决定整本复印了下来。我想到，要把科学计量学和科研量化评价向前推进，就必须注重国际交流，必须把埃格赫和鲁索这样的国际名家请进来。我的这个想法立即得到了金碧辉、武夷山、梁立明、王战军、山石、李志仁、陈晓田、邱均平、蔡言厚等教授的支持。出席这次研讨会的，除埃格赫和鲁索外，还有科学学创始人贝尔纳的学生、英国皇家学会会员、著名结晶物理学家马凯（Alan Mackay）、第一任国际科学计量学与情报计量学学会会长、柏林自由大学克雷奇默教授（Hildrun Kretschmer）等。鲁索在大会上做了题为"评估科研机构的文献计量学和经济计量学指标"的讲演，受到热烈欢迎。如今国内在谈到同行评议与科学计量学、文献计量学、情报计量学评价指标的关系时，引文率非常高的一句名言——"科学计量学指标并不是要取代专家，而是为了能够对研究工作进行观察和评论，从而使专家能掌握足够的信息，形成根据更充分的意见，并在更高的信息集成水平上更具权威性"，即出自鲁索的这篇演讲。

接着，我们又分别于 2000 年在上海海运学院和 2002 年在大连理工大学，召开了第二届、第三届科研绩效定量评价国际学术会议暨第六次、第七次全国科学计量学与情报计量学学术年会。出席会议的国际朋友更多，他们来自的国家和地区有美国、英国、荷兰、比利时、德国、新加坡和我国香港地区。鲁索教授每次必到，报告精彩，并且与金碧辉、梁立明、武夷山、山石、刘则渊、邱均平、方勇等建立起了深厚的友谊。特别值得指出的是，金碧辉、梁立明、武夷山三位分别以不同的交流与合作方式与鲁索之间建立起来的深厚学术友谊，为中国科学计量学在 21 世纪新的进步和国际交流做出了重大贡献。

鲁索对中国科学计量学的帮助与贡献，举其要者，大致有六：第一，积极来华交流。进入 21 世纪后几乎每年来一次，与中国科学院图书馆、国家自然科学基金委、中国科技信息研究所、河南师范大学、大连理工大学、武汉大学、上海大学等单位，都保持有密切的联系，这也是他之所以成为其中三个单位客座教授的原因之一。第二，与多位中国学者保持着经常的学术交流与信息沟通。无论是他本人的新作，还是国际学术新进展，甚至是国外有关中国科技的评论文章，他都通过电子邮件发过来。我本人就因此而获益良多。第三，主动与中国学者合作写论文，并在国际著名刊物上发表。他很善于在学术交流中捕捉思想火花或灵感，每当发现，他就邀请中国学者讨论、深挖、拓展，最后成文发表。他先后与金碧辉、方勇、梁立明等合作过。第四，帮助培育科学计量学英才。他不仅多次为中国科学院图书馆、河南师范大学、大连理工大学的研究生讲课，而且为我国学者出国深造提供帮助。梁立明教授 2003 年起师从鲁索教授攻读博士学位，2007 年获得比利时安特卫普大学博士学位，同年获得国际 Emerald/EFMD 杰出博士研究奖。第五，提携中国学者参与国际活动。由于鲁索的引荐，梁立明教授和上海大学山石教授同时被聘为国际学术期刊 Journal of Informetrics 编委。无疑，这也是中国科学计量学界的荣誉。对我本人来说，我永远不会忘记鲁索教授的无私帮助。2003 年，第 8 届国际科学计量学与情报计量学大会在澳大利亚悉尼新南威尔士大学召开。由于山石教授没能去成，而我俩合作的关于齐普夫分布的论文中有许多数学公式，对我用英文宣读产生了巨大挑战。当此关键时刻，又是鲁索教授伸出援手，我主要用英文介绍论文的文字部分，他则屈尊作为我的助手，在一旁边操作幻灯片，边做数学解释。第六，中国成功申办 2003 年在北京举办第 9 届国际科学计量学与情报计量学大会，鲁索功不可没。每届国际科学计量学与情报计量学大会的举办地点都是在前两届的大会上确定的。因此，确定在北京举办第 9 届国际科学计量学与情报计量学大会，则是 1999 年在墨西哥科利马举行的第 7 届大会上决定的。参加 ISSI 董事会会议的梁立明教授回国后曾激动地对我说，我们北京能申办成功，除了我们自己的努力外，鲁索的发言与表态，再加上埃格赫和克雷奇默的积极呼应，起到了决定性作用。金碧辉、梁立明、杨湘平和我飞赴悉尼与会，有一项任务就是在大会结束时，出席大会举办地之间的交接仪式，并代表中国科学学与科技政策研究会欢迎各国同行来华与会。最后，包括来自世界多个国家的所有出席悉尼大会的中国学者一起走上主席台，同声高呼："2003北京见！北京欢迎你！"

2003年8月25~29日，第9届国际科学计量学与情报计量学大会如期在北京举办，这是第一次由中国科学学与科技政策研究会组织的国际科学学界的盛会。方新理事长代表中国科学学与科技政策研究会致辞，并做了重要讲话。鲁索作为大会学术委员会主席，再次为中国与国际科学计量学界的友谊做出了巨大贡献。我记得，作为大会主席，我在8月25日的大会开幕式致辞中是这样感激鲁索教授的："我愿借此机会向大会学术委员会主席鲁索博士表达由衷的谢意，感谢他几乎一人肩负了大会收到的全部论文的学术评审的组织工作。没有他竭尽全力的艰苦工作，要完成如此大量的学术工作是不可想象的。"

本文是奉常务副理事长张碧晖教授之命而必须完成的艰苦之作。中国科学学有今天，离不开与国际同行友人的交流，离不开他们的友谊、支持和帮助。比如，最早来华作科学学交流访问的有瑞典隆德大学的厄尔英加、德国的万英加特等，稍后则有匈牙利的布劳温、英国的马凯、美国的加菲尔德、乌克兰的科连诺伊。早期和我国学者保持密切联系的国外同行就更多了，诸如美国的西蒙顿，他是普赖斯推荐给我们的著名的科学人才学专家；美国的格里菲思，他是普赖斯的生前好友，亦是普赖斯追悼会致悼词者；美国的莫拉夫西克，是俄勒冈大学科学理论系著名教授；莫斯科大学科学理论实验室纳里莫夫、穆尔钦科，他们两位还是"科学计量学"名词的创立者；苏联科学院的海通博士，他是世界上第一本科学计量学专著的作者；澳大利亚的希尔；日本东洋大学物理系八木江里教授，她是普赖斯的科学史博士生；等等。尤其要指出的是，以美国长岛大学储荷婷教授为代表的一批在世界各国学习和工作的，或入籍或依旧保持中国国籍的华裔科学计量学专家，是他（她）的努力与桥梁作用，为祖国的科学学事业贡献了力量。如若要一一写来，非一人一文所能胜任。为了较快落实碧辉老师的指示，我思量再三，遂选取我国科学学发展三个不同阶段上三位最具代表性的人物予以着墨。

最后，我要向梁立明、武夷山两位挚友表示由衷谢意，感谢两位百忙之中仔细阅读拙文，并纠正、增补了若干史料和文字。

第五篇　普赖斯与科学计量学

我们几乎无可怀疑……科学计量学之父的位置属于普赖斯。

——R.K.默顿，E.加菲尔德

他同库恩和默顿一道，在某种程度上像库恩一样猛烈，使科学的社会研究经受了一场"革命"。

——B.C.格里菲思

第 24 章 普赖斯评传[①]

美国耶鲁大学科学史系阿瓦隆讲座教授普赖斯（见图 24-1），于 1983 年 9 月 3 日因心脏病发作在伦敦去世，享年 61 岁。这已是他心脏病第四次发作了。

1922 年 1 月 22 日，普赖斯生于伦敦。他的父亲菲利普·普赖斯（Philip Price）是一位裁缝，兼营服装商店；母亲范妮（Fanny de Solla）曾是一位歌唱演员[②]。父亲家族是从波兰来的北欧犹太人；母亲家族则是西班牙犹太人（母亲老家在荷兰阿姆斯特丹，早先来自西班牙）。大约是 1950 年，普赖斯把母亲的家姓 de Solla 和父亲的家姓 Price 合在一起，这样便永远保留了他母亲的姓氏。普赖斯是一位当代最富创造才华的非凡人物。他毕生几乎一直是孤军奋战，与之合作者时有时无，且寥寥无几。他并非科班出身，在身后也没有留下什么学生。普赖斯基本上是靠自己钻研，并找到自己的研究课题；工作起来，多半又是亲自动手，并且或著书或演讲，均不失自己的风格。他长于独立思考，因而，他应当作为"富于思想的人物"而为世人所怀想。为了清晰地表述自己的思想，为了能使自己的思想具有令人信服的证据，普赖斯付出了巨大的努力。他对自己写的作品总是仔细雕琢，对一些重要讲稿总要一审再审，直到每句话都无懈可击。由于他富有才智，且运用甚妙，因而他的文章读来总是让人觉得内容丰富，才华横溢，字字珠玑，充满魅力。

图 24-1　普赖斯
(Derek John de Solla Price, 1922—1983)

[①] 译文原载于《科技发展与改革》1989 年第 8 期。
[②] 普赖斯的母亲在结婚前，曾在剧院唱歌剧。普赖斯的女儿琳达给赵红州、蒋国华的信（1987 年 6 月 24 日）中也提到了这一点。

普赖斯念书是从在伦敦大学读物理开始的。在那里，他以优异成绩取得了理学士学位，后来又获得该校哲学博士学位。不过，这两学位都是他以校外生资格而取得的，他还得一边学习一边工作，以维持自己的生活。在科学史开始成为他的主要兴趣之前，普赖斯写过 7 篇物理学论文。后来，借助在英国化学工业公司做高级研究员的机会，他设法在剑桥大学开辟了自己的科学史研究道路，并取得了第二个哲学博士学位（科学史）。普赖斯做过诸如为卡文迪什实验室收藏的仪器做分类编目这样的临时性工作。正因为这类工作，使他接触到了不少人物和资料。特别要提一下的是，他结识了李约瑟，并且不久便在剑桥大学彼得豪斯图书馆发现了乔叟有关星盘的一部手稿。从科学和历史两个方面，普赖斯巧妙地研究了这部手稿。由此，他写了一本奠定他专业声望的书。他终于把星盘搞了个水落石出（其中有真品，也有赝品），并编纂出当时残存的全部星盘样本的分类一览（大约 650 只）。他还研究了一切有关钟表的问题，其水平达到了这样一种程度，以致李约瑟都曾邀请他合作，并合写了《天文钟研究：中国中世纪的大天文钟——钟表史上失传了的连接装置》一书。普赖斯称这次合作，是他一生中最紧张的时期。正是这次与英国博学大家一起共事的经历，为他后来的工作奠定了基础，并且树立了自己的学术风范。有关钟表的一切资料，不论是英文的、阿拉伯文的、还是中文的，都要查明弄懂，显然，本该如此。倘使不懂阿拉伯文，那么，还要坐下来和行家一起，研究标准星盘，琢磨出其中的道理，直到确凿无疑为止。

在钟表研究方面，普赖斯有过两项重大发现。第一项是有关安特基西拉岛计算器的发现[①]。这是一件从公元前 1 世纪古希腊船上找到的青铜齿轮传动装置。自 1901 年以来，它一直存放在雅典的博物馆里。经过多年思考（1950—1959），普赖斯写出了一篇初探性论文，明确指出了这件装置所具有的重要性[②]。1972 年，他得到了一套伽马射线照片（优于以前得到的一般照片），使他有可能辨认出装置上的铭文和刻度。普赖斯最后证明，这是一架极其复杂的天文计算器，而且几乎是一件必定涉及许多民族传统习惯的仅存遗

[①] 安特基西拉是位于地中海东部、克里特（Kriti）西北的希腊岛屿。1901 年，从该岛附近的海底沉船上，打捞起了一件青铜齿轮传动装置。可是，没有人懂得这是件什么东西，它一直躺在雅典博物馆里。

[②] 普赖斯的这篇论文发表在《科学美国人》（1959 年 12 月）上，题目是《古希腊的计算器》。

科学学的历程　The Journey of 'Science of Science'

物,并于 1974 年,发表了自己的明确见解①。普赖斯的第二项有关钟表研究的发现,乃是对古希腊时雅典人民大会场所在地"温德塔"的运转机构的解释②。他再一次向人们证明,这座"温德塔"亦是一架由水力驱动的类似时钟机枢的装置,能显示出时辰和季节。

这里,我们看到了普赖斯在其科学生涯中所遇到的若干难点之一。他的这两项杰出发现表明,学校教学中一切传统习惯皆具有一种绝对偏向③。像其他任何文明一样,希腊文化同样是由它自身的科学技术传统所决定的。然而,学者们却完全忽视了这一点,他们承袭各自学科的传统,认为技术性的体力劳动低人一等,正是技术这个术语,意味着你无须费功夫去学会它。你可以雇工匠为你干技术性的工作。也正是政府中这种忽视技术的传统,曾严重地影响了政治家们对普赖斯后来提出的定量分析理论的理解。

预言家,尤其是技术预言家,在英国一直没有充分得到承认。比如,普赖斯极为推崇的 H.G 威尔斯（普赖斯几乎收藏了威尔斯的全部著作）,始终没有赢得官方授予的荣誉。又比如,A. 克拉克也没有得到什么荣誉,尽管他是一位地球卫星通讯系统的发明者,他对空间探索描述的准确程度,就如同十多年后人类实现了空间探索,一切都已变得家喻户晓一样。普赖斯收集科幻小说,有古怪的科学遐想,并且拥有许多科学技术方面的稀世珍品。他常常入迷地探究世间古怪的玄秘和奇想,一点一滴地寻找真理。对诸如费斯托斯盘子④、沃伊尼克手稿⑤、中国的铝⑥等所有历史之谜,普赖斯都考察过。

尽管普赖斯取得了伦敦大学物理学博士学位,并曾在美国普林斯顿大学担任过高级研究人员,但在 1947 年那年,他在英国还是没能找到工作。于是,他来到新加坡拉弗尔斯学院（现名新加坡国立大学）,在那里他任应用数

---

① 这是指普赖斯的一本书《古希腊的齿轮:安特基西拉装置——大约公元前 80 年的日历计算器》。起初,文章发表在 1974 年《美国哲学协会会报》上,翌年,美国科学史出版社出版了单行本。
② 关于"Tower of winads"的意义和译法,我们请教了作者马凯教授。他告诉我们,这是一座小塔楼,现在已荡然无存。考虑到该装置并非风力驱动,故译名采用音译。
③ 马凯教授告诉我们,这里的"classical tradition"指的是英国中学里只教授拉丁文、希腊文,以及公元前 5 世纪至公元前 1 世纪的历史等这样一种情况。
④ 费斯托斯盘子（Phaistos Disc）是约公元前 15 世纪古希腊米诺斯人制造的一件石器,上刻文字,然至今无人能理解这些文字的意思。马凯教授告诉我们,这是世上绝无仅有的一例。
⑤ 沃伊尼克手稿（Voynich Manuscript）是一篇以奇怪方式书写的文章,也许是 18 世纪的东西。无人能读懂,又是一个谜。
⑥ 这大约是指 1960 年我国有报道说,在江苏西汉古墓里发现了铝的带子。后来证明,这是弄错了。

学讲师。从此，他开始对发展中国家及非欧文化发生了兴趣。在新加坡，他和他的同事帕金森曾进行过启发思想的讨论。正是根据他们的讨论，帕金森提出了"帕金森定律"，而普赖斯则推出了他第一批论述科学指数增长的论文（文章递交给1950年于荷兰阿姆斯特丹举行的国际科学史大会）。普赖斯科学指数增长的发现，导致他进入了一个他后来最重要的研究领域，即逐步推进的"科学学"的研究。离开新加坡大学后，普赖斯来到美国，为斯密森学会规划建立一个新的美国科技史博物馆，并且主要从事科学史研究。在耶鲁大学，开始他做了一阵客座教授，1959年便成了该校的正教授。

普赖斯第一个发现了科学指数增长规律。这一发现乃是他研究新加坡拉弗尔斯学院购买的全套英国皇家学会《哲学汇刊》时做出的。这使得他成了一位文献计量学家，并且有机会同出席科学情报会议（1948年）的图书馆专家们进行接触。在这次会议上，科学家开始介入并用科学方法处理文献编集问题。尤其值得一提的是，普赖斯后来结识了创建《科学引文索引》的加菲尔德。这对普赖斯来说，真是重要之极，因为他赢得了使用全部当代科学的定量信息的机会。在他的晚年，普赖斯还曾用更复杂的方法探索这套数据资料。加菲尔德科学情报研究所能够提供最重要的计算机数据，并且该所的研究小组还拥有耶鲁大学所没有的仪器设备。普赖斯是加菲尔德科学情报研究所董事会成员。

1963年，普赖斯发表了他的名世之作《小科学，大科学》。该书漂亮地把定量方法应用于对科学自身及科学政策的研究上。虽然在政界人士看来，普赖斯的这本书"未免精明过度"，但是，这本书却流传极广，影响颇大。1965年3月25日，普赖斯曾经以"科学政策的科学基础"为题，在英国皇家协会做了首次科学学基金会讲演。他的这次讲演，促使英国《自然》杂志发表了充满溢美之词的长篇社论。更早些时候，即1952年11月28日，在皇家协会报告厅，普赖斯曾是"星期五之夜演讲"的最年轻的演说者之一。那次他演讲的题目是"论乔叟天文学"。科学学基金委（现在改名为科学政策基金会）的建立，是为了推进贝尔纳关于科学地研究科学自身及其社会功能的思想。而普赖斯正是承担这个系列讲座关键第一讲的理想人物。早些时候，他还为贝尔纳纪念文集[1]写过一篇题为《科学的科学》的论文。

---

[1] 指《科学的科学——技术时代的社会》。它是为纪念贝尔纳的《科学的社会功能》发表25周年而集体撰写的一部纪念文集。赵红州教授和我把它译成中文，并于1985年由科学出版社出版。

科学学的历程 The Journey of 'Science of Science'

　　总而言之，在普赖斯一生中，对科学和技术做定量研究一直是他的主要活动。他从加菲尔德《科学引文索引》中得到大量数据资料的同时，也使用从别处得来的财政数字和其他资料。普赖斯独自开辟了科学计量学这个领域，并使进入这一领域的后继者，只是在进一步精细地阐释和扩展他已做过的工作。由于对当代科学的定量研究所赖以建立的历史基础已变得广阔而又详尽，因而这一工作已具有一种非同一般的权威性。毫无疑问，科学家们都已接受普赖斯的工作，可是，要得到政界人士认可，则每前进一步，他都不得不与他们斗争。因此，普赖斯的研究所代表的权威程度，既是对他的首创研究的量度，亦是对他为使人们认识他的研究而不得不花费精力的量度。

　　普赖斯没有花太多时间去顾及哲学。即便是对库恩（Thomas Kuhn）的那套理论，也没有在他的文章中看到对他有什么大的影响。对自己已做的工作，他不喜欢做概括和总结。不过，他对纯粹事实顿悟的智慧在逐渐增加，因此，他晚年有几项综合性的工作，更富有哲学意味。这里，我愿意特别提到《封蜡和线绳》这篇文章。它原是普赖斯1983年在底特律为美国科学促进协会举办的萨尔顿纪念讲座发表的演说。这是他逝世前不久的一次讲演，其中颂扬了"机械传统"在奠定科学和哲学基础过程中的重要地位①。

　　在普赖斯的晚年，根据显现在科学结构中的逻辑网络结构，他一直在思考思想在大脑里可能的组织方式，以及如何才能按三维结构（不是二维平面），比如按新构想的计算机单元，来描述这些逻辑网络等问题。在两篇文章中，他曾反复琢磨过这类问题，然而还没有达到开始有所突破的地步。他在其中一篇文章的预印本上，标有"草稿——现在切勿引用"的字样。在人们恰好对日本第五代计算机的挑战做出反应的时候，普赖斯也曾写过几篇科普文章，但他一直没机会深入人工智能的专业领域。

　　政治是关于权力和谁行使权力的学问。F. 培根说过："Scientia ipsa potestas est"，即是说，"科学（知识）就是力量②"。因此，所谓科学政治学（Science Politics）乃是一门科学与科学家作为权力的工具应该为善还是为恶而斗争的学问。哲学家一直面临着这样的一个难题：他总是想找到一位国王，这位国

---

① 所谓"机械传统"（mechanic tradition），普赖斯指的是科学的仪器设备及其制造。
② "力量"这个词，在英语原文中与前一句的"权力"是同一个词，因此，有双关意思。这两句话也可译为："政治是关于权力和谁行使权力的学问。"培根说过："Scientia ipsa Potestas est"，即说，"科学（知识）就是权力。"

王愿意把他的思想付诸实施，并且能够听懂在耳边给予他的忠告低语。孔子、苏格拉底、亚里士多德（他曾是亚历山大大帝青少年时代的老师），甚至丘吉尔首相的顾问林德曼，都遇到过这个难题。比尔是成功了，可是他的"国王"阿连德却被赶下了台①。有好几次，普赖斯真的严肃思考过这个问题。他认为，他能找到一个这样的"国王"。然而，他始终没有被任用过，尽管有一次他满心以为他能出任科学部长。他的咨询建议曾受到过高度重视，有的甚至被写进了国会案卷，但是，"国王们"多半还是我行我素，单凭他们自己的经验行事。

尤其在肯尼迪时期，普赖斯常被召去华盛顿作咨询，可是，他并没有抵达真正的权力中心。他也曾多次为执行联合国教科文组织及其他机构的使命而奔走在世界各地，并且给所到之处皆有重大的影响。国际旅行同样成了普赖斯新思想的经常来源。无论走到哪里，他总要去寻访私人或国家收藏品，于是，他的关于器械装置的知识也就变得愈加全面而又权威。1976年，美国技术史学会授予普赖斯以"达·芬奇奖章"；1981年，美国科学社会研究学会（简称4S学会）授予他以"贝尔纳奖章（Bernal Prize）"②。由于这两种奖章均是以他所特别敬重的人物命名的，所以，这两次获奖曾使他十分欢欣愉快。

普赖斯因其专业成就而赢得了荣誉。可是，如同人们总是企盼预言家一样，他在国外因其科学学研究而更享盛名。正如关于人口问题的辩论表明的那样，英美两国的政治家都对数字有明显的反感情绪。对为救世主而拯救的灵魂，为某个政党而投的票，以及对今天核战争影响等所做的模糊估算，使一切与物质需求有关的精密计算都黯然失色。然而，有一个期刊，即《科学计量学》的创立，要归功于普赖斯的努力。此外，在匈牙利、波兰、印度，也都创办了科学学的期刊，在继续普赖斯的工作。

很长一个时期以来，特别是在1977年一次严重的心脏病发作以来，对健康状况的忧虑一直笼罩着普赖斯的生活。死神向他走来时，适逢他正处在兴趣的高涨时期。他要活下去，他必须泰然处之。

---

① 比尔（Stafford Beer）是一位推进了控制论研究的英国科学家。在智利阿连德执政时，他曾任总统顾问，把控制论应用于政府管理。
② Bernal Prize 1981：Earlier Bernal Prize Winners. https：//4sonline.org/1981_earlier_bernal_prize_winners.php.

普赖斯没有活到老态龙钟。然而，我们依然将他作为一位惯常充当的阐释者——解释未来的前景、现在的愚行、过去的珍宝——而怀念他。

和普赖斯交谈，就如同在访问古代雅典一样，那里"所有的雅典人和在雅典的异乡人，他们的全部时间都是在谈论新奇的事物"。结识普赖斯乃是一种殊荣，从某种意义上说，又是一种责任。这是因为，他的研究成果直接关系着人类的未来。

第 25 章　普赖斯与科学计量学术贡献述评[①]

现在，国际科学计量学界公认，"普赖斯充分代表了我们这个领域。他的科学的一生，乃是同定量科学研究的发展紧密相连的。也正因为他对该领域的影响，人们可以把他看作是科学计量研究的化身。他的各种独到的预见、众多的著述和大胆而富于创新精神的思想，使得他向来是一位不容忽视的'人物'：无论从他对当代科学计量学某些发展方向所给予的无法估量的影响，还是从他间接地鼓励探究、思索、怀疑和反批评来说，他一直是当代科学计量学的标志。"这是《科学计量学》杂志编辑部在 1984 年第 1 期上献给普赖斯的悼词。显然，这样的评价是具有权威性的。

普赖斯生活的年代（1922—1983），已经是科学学迅速成长、科学学大家林立的时代。在这样的环境中，他竟能毅然决然地离开传统物理学的大道，走向科学地图上交叉和边缘领域，先是潜入科学史研究，继而独辟蹊径，无惧种种势力，披荆斩棘，终于开拓出了科学计量学这块新天地。人们不难想象，他是一位具有远见卓识又富于非凡创造精神的科学革新家。

普赖斯一生的科学建树，是十分丰富而又多方面的。他独立撰写或与别人合作的著作共有 9 部，其中 6 部是科学史方面的，3 部是科学学方面的。他总共发表论文 250 余篇，还有 14 篇论文生前没来得及公开发表。他的第一部专著是科学史方面的，书名为《古老的手相术》（1953）；他发表的第一篇论文是物理学方面的，题目为《论横波波动模型》（1941）。

在他的 250 余篇论文之中，科学学方面的论文约占一半，其他诸如科学政策研究、科学结构学、科学哲学、科学组织学、科学管理学、科学社会学、科学教育学、科学医学、科学伦理学、科学情报学、科学仪器制造学、科学计量学和科学普及等，他均有涉猎，且均有独到的见解。

有趣的是，普赖斯发表的科学学论文的数量好像也是近乎指数增长的，

[①]　原载于《科学学与科学技术管理》1984 年第 9 期。收入本书时文字略有改动。

其转折点是 20 世纪 50 年代末和 60 年代初。在此以前，他发表的主要是科学史方面的论文。虽然他早在 20 世纪 40 年代就发表过科学学的论文，但在整个 40 年代和 50 年代，他发表的科学学方面的文章一共只有三四篇。

20 世纪 50 年代他在耶鲁大学讲演的成功，使他更加自觉、更加积极地去从事科学学的研究和探索。他认为自己有力量去迎接当代世界科学技术政策提出的挑战。如果说历史研究是为了对过去的预言做出解释，那么研究当代，可以预测和理解未来的各种科学政策问题。因此，直到他一生中最后一篇未经发表的论文，其论题依然是"科学指标在科学政策制定中的作用"。

在普赖斯看来，"科学学，就是科学计量学"。如果说科学学有众多的分支学科的话，科学计量学就是其中的一个核心分支学科。还是用普赖斯自己的话来说更好：他本人的科学生涯乃是与科学计量学相依成长、息息相关的。

早在 1949 年普赖斯在新加坡大学任教的时候，他就天才地发现了科学发展的指数规律。当时，他负责保管一整套伦敦皇家学会《哲学汇刊》（1662—1930）。由于十年一叠地放在床头书架上，杂志靠墙呈指数曲线，这个现象被普赖斯意外地捕捉到了。从此，他又从其他期刊去寻找这条指数曲线的普遍证据。最后，终于发现了有名的科学指数增长规律。

1950 年，普赖斯从亚洲回到了欧洲，并正式提交了他的第一篇科学计量学论文。这就是按"指数增长"这个题目，向在荷兰首都阿姆斯特丹举行的第六届国际科学史大会递交的那篇著名论文。这篇论文不仅标志他从数学和数理学转向了科学史研究，而且也成了他作为科学计量学开拓者的标志。可是在当时，该论文不仅没有引起人们的重视，而且在他进入剑桥大学，就这个新的研究方向攻读第二个博士学位时，甚至还招致了极大的麻烦。庆幸的是，暂时的挫折并没有使普赖斯就此却步。

1956 年，他又发表了进一步的科学计量学研究报告，题目叫作《科学的指数曲线》。

1959 年，当他取得耶鲁大学教授职位时，他便把"科学指数增长"的问题作为最末一篇讲演，编入了他就职伊始的系列讲座里。这次讲座共分五讲，于这年的 10 月和 11 月在耶鲁大学斯特林纪念图书馆举行。

这套讲演集于 1961 年出版问世，它就是《巴比伦以来的科学》（封面如

图25-1)①。出乎普赖斯本人预料，这本书不仅在书店里畅销，而且在科学界，尤其在世界科学学界影响极大。该书最后一章，即"科学的病态"，有人建议他加以扩充，另成新篇，去布鲁克海文做"佩格勒姆讲演"。普赖斯接受了这一邀请。

1962年6月19日至29日，普赖斯来到布鲁克海文国家实验室，做了一年一度的"佩格勒姆讲演"。这次讲演的主线，是定量地描述科学的发展。主要包含以下内容：第一讲，"科学学序幕"，主要论述科学文献和科研人员的指数增长定律和逻辑增长定律；第二讲，"从高尔顿谈起"，主要论述科学生产率分布、洛特卡定律和齐普夫定律，进而提出了著名的普赖斯定律；第三讲，"无形学院和大量的科学家之间的交流"，论述科学上多重发现和多人合著现象，布拉德福定律和科学论文的"半衰期"问题；第四讲，"大科学家的政治战略"，主要讲述饱和现象、语言分布、日本科学的崛起和大科学现象。

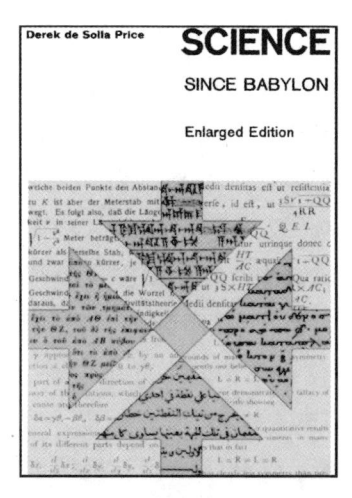

图25-1 《巴比伦以来的科学》封面

这套讲演集于1963年出版问世，它就是《小科学，大科学》（封面如图25-2）。《小科学，大科学》是普赖斯的得意之作，连同《巴比伦以来的科学》一起，在全面继承和发展近一个世纪以来先驱者们对科学进行定量研究成果的基础上，最终为科学计量学研究奠定了理论基础。出版20年来，这两本著作，如普赖斯本人在1975年《巴比伦以来的科学》一书再版时说的那样："引来了一系列旨在对诸如科学期刊数目、论文数目、作者数目以及引证数目等进行种种计量探索的定量研究。"普赖斯的这项

图25-2 《小科学，大科学》封面

---

① 《巴比伦以来的科学》电子版免费获取地址：http://derekdesollaprice.org/wp-content/uploads/2015/10/Science-Since-Babylon-opt.pdf.

研究，深深地吸引了苏联莫斯科大学的纳利莫夫和乌克兰科学院的多勃罗夫。也正因为他们两人的努力和推动，科学计量学才不仅在苏联，而且在世界许多国家（比如匈牙利）变成了一个迅速成长的新领域。

1965年，借助费城科学情报研究所加菲尔德的《科学引文索引》，普赖斯又发表了一篇著名的论文：《科学论文的网络》。在这篇论文中，他详细而又创造性地研究了科学论文之间的引证和被引证关系，以及由此形成的所谓"引证网络"。普赖斯研究证明，每篇论文平均引证参考文献数目是15篇；除评论性文章之外，凡每年被引证4次以上的论文，即可被列为"经典文献"；按此标准，在数学、地质学和植物学中，大多数是"经典"之作；在化学工程、机械工程、冶金工程和物理学中，大多是"昙花一现"之作；在化学和生理学中，则两者各半。根据网络分析的原理，他进而提出了能指明科学研究前沿的定量模型。普赖斯最后强调指出，第一流的科学家都应密切注视他的同事和同代人的工作，因为科学研究前沿依赖近期的研究成果：在网络图上，必有密集分布的小条或小块，如果把这些小条小块研究清楚，就可以绘制出当代科学的"地形图"（Topography）。随着这门"科学地形学"的建立，人们就可以指明各类期刊、各个国家、各国科学家、各种科学论文等在科学地图上所占有的位置、他们之间的相互联系和相对重要性。

美国德雷塞尔大学的格里菲思认为，《科学论文的网络》同样是科学计量学的奠基之作，"字里行间看来更令人信服"。因为这篇论文"第一次富有意义地用原始资料，编织出了一个明晰的科学模型，其结论是惊人的漂亮和富于睿智"。

此后，一直到20世纪70年代，普赖斯还发表过多篇科学计量学研究论文。

1978年，在普赖斯和匈牙利的贝克、苏联的多勃罗夫、美国的加菲尔德等共同担任《科学计量学》杂志主编的时候，他对科学计量学的自信和由内心升起的喜悦几乎达到了顶点。他认为从潜力上讲，科学计量学臻于成功的可能性要比经济计量学、社会统计学和普通文献统计学大得多。他甚至坚信，如果说来自遥远星球的天外来客总有办法弄懂诸如普朗克常数、光速和波动方程的话，那么，尽管他们的社会状况或许和我们决然不同，但他们亦会发现，与我们的科学计量学颇有某些相合和对应之处。

在普赖斯逝世之后，国际《科学计量学》杂志在 1984 年第 1 期上庄重宣布：设立"普赖斯纪念奖章"，定期颁发，旨在奖励在科学计量学上做出杰出贡献的科学学家。显而易见，《科学计量学》杂志的这一行动，客观上等于历史性地宣布，普赖斯作为科学计量学的奠基人是当之无愧的。

第 26 章　普赖斯与科学计量学研讨会综述[①]

为了纪念世界著名的科学学家、科学计量学的拓荒者普赖斯逝世一周年，为了推动我国科学学的学科建设，为了促进我国科学计量学成果的应用和发展，期刊《科学学与科学技术管理》与北京科学学研究会、中国科协现代管理知识讲师团一起，于 1984 年 7 月 19 日至 21 日联合在北京召开了"普赖斯与科学计量学学术讨论会"。

会议的三个议程是：第一，报告国际科学计量学的最新进展和普赖斯在科学计量学方面的巨大贡献；第二，研讨普赖斯的名著《小科学，大科学》；第三，报告中国科学计量学的研究成果和协调今后科学计量学的研究方向。

此次会议的特点是：人数较少（与会者总共 30 人），水平较高（大部分代表都是科学学研究队伍里的尖子），条件艰苦（会场设在只有 14 平方米的小平房之中），思想活跃（会议提出了国际科学计量学上许多全新的思想）。会议还在我国科学计量学的研究与国家科技指标体系的管理决策的结合方面，做了大胆的尝试。

这次会议收到了世界著名科学史家李约瑟教授、匈牙利杰出的科学学家布劳温教授、美国加利福尼亚大学心理学家西蒙顿教授、印度国家科学技术与发展研究所所长拉曼教授，以及美国东西方中心资源所副所长伦道夫教授寄来的纪念文章、学术论文和回忆信件。

在本刊主编何钟秀致开幕词后，首先由中国科学院高能物理所赵红州和北京市科学学研究室蒋国华，以"科学计量学与普赖斯"为题做了专题报告。他们认为，普赖斯之所以成为一门新生学科的开拓者，他的成功之路有许多独到的本质特征：第一，他不怕冒犯种种反对科学计量的顽固势力，从 27 岁到 61 岁逝世为止，终生不悔，坚持定量研究；第二，他并不只是作为科学史家单纯地集历史上从高尔顿、洛特卡、帕累托到齐普夫、布拉德福等人关于定量研

[①] 原载于《科学学与科学技术管理》1984 年第 9 期。收入本书时文字略有改动。

究科学的全部优秀成果之大成，特别可贵的是他与前人局部和零碎的探索不同，自一开始就高屋建瓴，从揭示科学整体发展的指数规律入手，来为科学计量学的建立奠基；第三，他始终创造性地坚持科学定量模型化的艰苦探索，并且令人信服地给以实际政策意义的科学解释。为此，他赢得了自然科学家和社会科学家的理解和同情，在他身后吸引了一大批科学计量学的热心追随者；第四，作为一个科学家，他尊重科学结论，从自己的科学定量研究出发，力排众议，早在20世纪50年代末60年代初就热情指出：中国科学定会强大起来；现在美苏之间开展的科学竞赛，将来很可能在美苏与中国之间进行。

接着，中国科学院图书馆符志良做了"布劳温与普赖斯"的专题报告。他介绍了布劳温教授作为硬科学家（化学博士）积极参加科学计量学研究的经过，着重评价了布劳温教授的科学计量研究成果。尤其令人感兴趣的是，布劳温教授十分尊敬普赖斯。在他看来，普赖斯是"科学计量学的一个最伟大的人物"。最后，符志良还热情称赞了布劳温教授与中国学者赵红州的学术友谊。

这次中国科学计量学学术讨论会（北京会议）所讨论的问题是相当广泛的。从知识的计量研究到社会经济、科技指标体系的研究；从关于纯科学计量的智力动力学方程研究，到应用科学计量学成果所做的科技人员管理模型，总共有25个议题。下面，把其中10个重要的议题报告如下。

一、水平科学

中国科学院武汉数学物理研究所副所长宋瑞玉，首次提出了"水平科学"的概念。它的水平函数，是衡量各类事物（如科学、技术、经济、社会等）发展水平的标志。

假定具体事物发展的函数形式为

$$Y = F(x_1 x_2 x_3 \cdots x_i)$$

如果该函数满足下列条件

$$\frac{\Delta Y}{Y} = \alpha \frac{\Delta x}{x}$$

其中，α 为弹性系数，则任何函数都可以写成下列形式

$$Y = A(x_1 \cdots x_i) X_a$$

其中，$A(x_1 \cdots x_i)$ 即为水平函数。当我们选定了特定时刻的 A_0（$x_{01} \cdots\cdots x_{io}$）

即为标准水平的话，我们原则上可以通过 $A(x_1\cdots\cdots x_i)$ 与 $A(x_{01}\cdots\cdots x_{io})$ 的比较，来显示任何时刻的发展水平。

二、技术转移加速律

辽宁社会科学院自然辩证法室康荣平等，根据中国《自然科学大事年表》、《日本科学技术百年大事记》、贝尔纳的《历史上的科学》等书所提供的大量历史资料，制成了人类历史上技术转移一览表。他们认为："技术转移所用的平均周期，随着历史的进展在不断地缩短，从远古的上千年，到古代的几百年，再到近代的百、十年，现代的几年，总的呈现出一种加速运动状态。对这种技术发展的历史现象，可以把它概括为技术转移加速律。"

三、科学发展的惯性

湖南谷兴荣提出，科学发展中存在着一种自然的惯性。其根据如下：

第一，从1550年至1960年的410年里，科学家创造因子（Q 值）增长了170倍，而科学成果量（W）却只增长了110倍，W 的增长速度比 Q 值慢10%。造成这个差距的原因，可能是科学的自然惯性不同。

第二，从1550年至1960年，科学劳动的智力常数的平均值由0.06发展到1.0，在410年内增长了16倍。这标志着科学发现的困难程度增长了16倍。这亦可能是科学的惯性所致。

第三，科学能力年平均增长5.5%，而科学成果每年平均增长只有3.5%。这2%的差别亦是科学发展的惯性造成的。

四、关于中国科学家队伍的研究

中国科学院自然辩证法通讯杂志社陈益升、周发勤和中国科学院心理所王极盛分别报告了他们近年来对中国科学家队伍创造力所做的统计分析和指标研究，引起了与会者的极大关注。陈益升、周发勤在对获诺贝尔自然科学奖的成果的研究取得重大进展的基础上，进而对我国自然科学家队伍进行了统计研究，并取得初步成果。王极盛的工作主要在推进科学家心理计量学的研究。他亲自调研了700余名中国科技工作者的创造心理学资料，获得了61 000个原始数据，并对它们进行了平均数、标准差、t 考验、F 考验、相关分析和聚类分析。

五、S 型发展规律[1]

六、"知识单元"与指数增长[2]

七、科学的采掘速度定律

赵红州与蒋国华在会上正式提出了"科学的采掘速度定律"。这一定律告诉我们，在层级平面上，人类的智力弧波（当采峰值）在相等时间扫过相等面积。

据有关文献资料，可知各个物质层次的规模大小与各种能量的级别高低（见表26-1）。

表 26-1　各个物质层次的规模大小与各种能量的级别高低分布

参数/层级	空间（cm）	能量（ev）
宏观层次	$10^7 \sim 10^{-4}$	$10^{-16} \sim 10^{-5}$
中位值	$10^{1.5}$	$10^{-10.5}$
分子层次	$10^{-4} \sim 10^{-8}$	$10^{-5} \sim 10^{-1}$
中位值	10^{-6}	10^{-3}
原子层次	$10^{-8} \sim 10^{-13}$	$10^{-1} \sim 10^{3}$
中位值	$10^{-10.5}$	10^{1}
核子层次	$10^{-13} \sim 10^{-15}$	$10^{4} \sim 10^{6}$
中位值	10^{-14}	10^{5}

由表 26-1 可知，对于任何物质层次来说，其空间规模的数量级与能量级的乘积相对守恒：

$$rXE = S$$

其中，r 为层次规律，E 为结合能，S 为常量，其值为：$S = 10^{-9}$（cm·ev）

考虑到每一级科学层次采掘周期（即试采—当采—回采的全过程时间）大约为 210~220 年，即（10^9 秒），那么，人类智力弧波在层级平面上扫过的

---

[1] 参见《普赖斯〈小科学，大科学〉一书对我们的启示》，刊于《科学学与科学技术管理》1984 年第 9 期。
[2] 参见《知识单元与指数规律》，刊于《科学学与科学技术管理》1984 年第 9 期。

速度的数量级则为：

$$|V| = \frac{S}{t} = \frac{10^{-9}}{10^9} = 10^{-18}(cm.\ ev.\ S^{-1})$$

八、智力波动方程

贵州教育厅的倪大成提出的智力波动方程可以表述为：

$$\frac{\partial^2 \omega}{\partial t^2} - \partial^2 \frac{\partial^2 \omega}{\partial L} = 0$$

其中，ω 为智力位移，L 为知识量，$0 < L < L_m$，L_m 表示科学家在平均寿命时，人类积累的总知识量。

当下列条件满足：

$$W|_{L=0} = 0;\quad W|_{L=L_m} = 0;\quad W|_{t=0} = \varphi(t)$$

$$\left.\frac{\partial \omega}{\partial t}\right|_{t=0} = \varphi(t)$$

则有：

$$W(L_1 t) = \sum_{k=0}^{\infty}\left(C_k \cos\left(\frac{K\pi\alpha}{L_m} \cdot t + B_k \sin\left(\frac{K\pi\alpha}{L_m} t\right) \cdot \sin\left(\frac{K\pi}{L_m} L\right)\right)\right)$$

其中，

$$C_k = \frac{2}{L_m}\int_0^{L_m} \phi(L)\sin\left(\frac{K\pi}{L_m}L\right)dL$$

$$B_k = \frac{2}{K\pi\alpha}\int_0^{L_m}\phi(L)\sin\left(\frac{K\pi}{L_m}L\right)dL$$

取级数中每一项 $W_k(L, t)$，并在初值条件 $W|_{t=0} = \phi(L)_{t=0}$；$\left.\frac{aW}{aL}\right|_{t=0} = \phi(L) = N$ 的情况下，可得到：

$$W_k(L_1 t) = \frac{4\sqrt{m}N_0 L_m}{K^{\frac{5}{2}} \cdot \pi^2} \cdot \sin\frac{k\pi}{t_m}L \cdot \sin\left(\frac{k\pi}{L_m}L\right) = G \cdot \sin\frac{k\pi}{t_m}t$$

其中，$G = \dfrac{4\sqrt{m}N_0 L_m}{K^{\frac{5}{2}} \cdot \pi^2} \cdot \sin\dfrac{k\pi}{t_m}L = \text{Const}$

据统计，1901 年至 1960 年全世界杰出科学家平均寿命为 71.5 岁，故

$t_m = 72$，代入上式中，则得 $t = \frac{1}{2}t_m = 36$ 岁。此时，$W_k(L_1 t) = G$（最大值）。这与最佳年龄定律相符。

九、科技队伍构成的变动流弹性模型

军事医学科学院科技部的张绍溥在科技队伍构成的恒稳流刚性模型的基础上，进一步提出了"变动流弹性模型"。

（1）年龄构成的数字模型：

$$t_i(T) = t_{i-1}(T) + \tau_i(T)$$

$$\bar{t}_i(T) = \frac{1}{2}(t_{i-1}(T) + \tau_i(T)) = t_{i-1}(T) + \frac{1}{2}\tau_i(T) = t_i(T) - \frac{1}{2}\tau_i(T)$$

其中，$t_i(T)$ 和 $t_{i-1}(T)$ 表示第 i 级职称人员的上限年龄和下限年龄。$T_i(T)$ 表示第 i 级职称人员平均在职年限。$i = 0, 1, 2, 3, 4$，分别表示研究生、实研、助研、副研、正研的职称。

（2）比例构成的数字模型：

$$N_i(T) = \frac{\dfrac{\tau_i(T)}{\tau_{i+1}(T)} + (a_{i+1}(T) + \beta_{i+1}(T \to T+1))\tau_i(T)}{a_i(T)} N_{i+1}(T)$$

$$Y_i(T) = \frac{\dfrac{\pi_i(T)}{\tau_{i+1}(T)} + (a_{i+1}(T) + \beta_{i+1}(T \to T+1))\tau_i(T)}{a_i(T)} Y_{i+1}(T)$$

其中，N_i、Y_i 分别为第 i 级人员的人数和比例。a_i 表示第 i 级人员的晋升率。$B_i(T \to T+1)$ 为第 i 级人员从第 T 年到第 $T+1$ 年的增长率。

十、科学、技术、经济、社会指标体系的探讨

在这次会议上，上海科学学研究所王宝琛等提交了论文《建立和完善社会统计指标体系的基本构思》，刘涌康等提交了论文《投入产出模型的软件实现》，宋瑞玉等人提交了《各国产业构成分析及其弹性方程》等论文。这些论文作为科学计量学的应用研究成果，引起与会者的极大兴趣。

此次会议与通常的传统会议开法不同，"注重精神建设"。住平房、吃便饭，以西瓜充饥、解渴，整个会议只花了 700 元，但是与会者个个精神饱满、情绪高昂。不交论文，只带资料，边报告、边讨论；思想活跃，畅所欲言，

效率极高。与会者普遍反映，这次会议"收获极大，思路广开"。

会议期间，北京正处于 36℃ 的高温季节，大家挤在只有 14 平方米的小屋里开会，条件很艰苦。但是与会者以追求真理为荣，以艰苦奋斗为上，以团结友谊为重。他们自称"西瓜学派"，并且一致同意，每年西瓜熟了的时候，继续举行这样的集会。

此次会议始终坚持以马列主义毛泽东思想为指导，并为自己确立了目标：在理论上，向普赖斯奖（国际水平）迈进；在应用上，为社会主义现代化建设做贡献。

第 27 章　普赖斯科学计量学奖[①]

普赖斯（1922—1983）是当代著名的科学学家、科学史家和科学计量学的奠基者。他科学的一生，为科学学的成长、为把科学计量变成一门科学，做出了卓越的贡献。在他去世后不久，国际权威出版物《科学计量学》杂志在 1984 年的第 1 期上庄重宣布，该杂志在全世界范围内设立"普赖斯纪念奖章（Derek de Solla Price Memorial Medal，见图 27-1）"，定期颁发，旨在奖励在科学计

图 27-1　普赖斯纪念奖章

量学方面做出杰出贡献的科学学家。1984 年 12 月 20 日，评奖委员会把首次普赖斯奖授予了美国费城科学情报所加菲尔德，以褒扬他在建立《科学引文索引》、推进国际科学计量学研究方面做出的积极贡献。与此同时，美国耶鲁大学（普赖斯生前工作的学校）亦传来消息，他生前的许多同事和友人已经建议并捐款，设立了又一个普赖斯科学学奖，奖励在"交叉科学领域和科学仪器史方面做出了杰出而又富于想象力贡献"的科学学家和科学史家。

普赖斯之所以在他身后能赢得如此高的荣誉，首先因为他是一位科学学的革新家。众所周知，普赖斯生活的年代已经是科学学迅速成长、科学学大家林立的时代。他没有上过正规大学。在读完地方公立中学后，1938 年便在西南埃塞克斯技术学院物理实验室当助理；同时，他一边工作，一边作为伦敦大学的校外生刻苦学习，并取得了学士学位。第二次世界大战期间，他又一边在成人教育学校和军人培训班教课（每天上课 8 小时），一边读伦敦大学校外博士学位。终于在 1946 年，他取得了物理学博士学位。20 世纪 40 年代末到 50 年代初，普赖斯曾在著名的诺贝尔奖获得者小布拉格处工作过，负责

[①]　原载于《光明日报》1986 年 7 月 23 日。收入本书时文字略有改动。

管理卡文迪什实验室的档案室和陈列室；他曾与著名科学史家李约瑟合作过，破译了我国宋代苏颂"水运仪象台"中的司行轮装置，从而证明，中国钟表司行轮的发明要比欧洲早 600 年！他有幸与贝尔纳结识，探讨并阐发了他对科学学的独到见解。那时，普赖斯年方 30 多岁，正是"而立之年"，而后两者则均是比他年长二三十岁的科学泰斗。正是在这样的环境下，他毅然离开传统物理学研究，走向科学地理图上尚待开垦的交叉领域。

在贝尔纳开创的通向科学学的道路上，普赖斯首次提出了"大科学"的科学概念，为现代科研管理奠定了理论基础；他天才地发现了科学指数增长规律，提出了著名的"普赖斯平方根定律"；他的《小科学，大科学》（1963）这部著作完美地表达了他关于科学模型化的思想，为科学计量研究构筑起了结构框架，奠定了基础，从而开辟了一个崭新的科学学研究领域，也就是科学计量学。因此，如果说科学学的奠基人是贝尔纳，奠基之作是《科学的社会功能》（1939），那么，科学计量学的奠基人就是普赖斯，其奠基之作就是普赖斯的《巴比伦以来的科学》（1961）和《小科学，大科学》（1963）。二十多年来，普赖斯的这两本著作已先后被译成俄文、意大利文、波兰文、日文、德文、罗马尼亚文、西班牙文、法文、葡萄牙文、匈牙利文和中文等十多种文字，一直在激励世界各国的科学学家、科学史家、科学社会学家和科学政策研究家，召唤和吸引他们涌到科学计量学这个研究领域里来。

普赖斯之所以能赢得身后如此高的荣誉，还因为他是一位新时代多才多艺的先驱、在许多交叉领域里放射出光芒的天才。他一生共撰写了六部著作和数百篇论文。他从物理学转向了科学史和科学学。尤其值得指出的是，他的著作和论文中，竟有一半之多是属于科学学的各分支领域的，诸如科学政策研究、科学结构学、科学哲学、科学组织学、科学管理学、科学社会学、科学教育学、科学医学、科学伦理学、科学情报学、科学仪器制造学、科学政治学、科学计量学和科学普及等。他的笔端触及哪个领域，哪里便闪耀着创造的火花。他使每一个听他演说、读他文章的人，都"感到力量、得到启迪、受到激励，从而生产了许许多多的成果"。难怪有的科学史家说，"普赖斯具有易于偶然发现珍宝的伟大天赋，或者至少可以说，他给人的印象总是仿佛有拾起伽利略从比萨斜塔扔下的羽毛的运气"。

普赖斯一生强调，"人类应该而且可以运用科学的方法，研究科学自身的整体结构及其演化"。他的关于"科学学"的思想,"尽管受到了某些人的许多次抨击,但他们所依据的理由和前提却往往是不正确的"。

普赖斯认为,科学学研究尤其要注意科学的技术方面的重要地位,研究科学的方向要转向科学仪器制造学的研究。因为在科学成功的过程中,科学仪器的重要性要比人们想象的大得多。

在科学政策研究方面,普赖斯认为,发展中国家一方面要重新认识本国的科学成就,另一方面一定要独立地建设起自己的科学引文数据库,独立地进行科学指标的研究。

普赖斯生前荣获过国际技术史学会授予的"达·芬奇奖"(1976),荣获过国际科学社会研究学会(即"SSSS学会")授予的"贝尔纳奖"(1981)。他逝世前不久,又荣幸地被选为瑞典皇家科学院外籍院士。

普赖斯是继贝尔纳之后又一位科学学领域的天才。"他同库恩和默顿一道,在某种程度上像库恩一样使科学的社会研究经受了一场猛烈的'革命'。他是一位新的科学政策研究纲领的建筑大师。"他身后赢得以他的名字命名的科学学国际奖的荣誉,是当之无愧的。

钱三强教授指出:"普赖斯科学学奖的设立,表示全世界对交叉科学的重视。"愿我国广大科学家,尤其是中青年科学家,为赢得诺贝尔奖、菲尔兹奖、图灵奖、贝尔纳奖、普赖斯奖等国际科学奖而努力奋斗!

第六篇　赵红州与中国科学学

哭红州

泪千行

生死两茫茫

苦酒伴凄凉

学苑英华一撒手

文坛惊悉皆悲伤

学问深

悟性强

三十年耕耘

硕果甚辉煌

天公应悯才华溢

留住人间著书郎

——冯之浚：《悼红州》

科学计量学在中国的兴起和发展，是同杰出的科学学家赵红州的名字联系在一起的。

——刘则渊

第 28 章　赵红州与科学学研究回顾[①]

这是一个盛夏时节。自武汉开往重庆的江渝 11 号轮，正轻快地行进在水势湍急的长江三峡上。在二等舱的甲板上，一位戴着近视眼镜、个子高高的中年人，正怀着崇敬的神情，与一位满头银丝的外国长者进行热烈的交谈。

他就是年轻的赵红州教授（如图 28-1），中国科学学研究所所长。

图 28-1　赵红州（右）与学生蒋国华（左）

外国长者则是英国著名学者马凯教授。马凯是世界著名的物理学家、科学学的奠基人贝尔纳的学生和同事，这次是应赵教授的邀请，偕夫人希拉来华访问讲学的。

此刻，宾主正在一边欣赏峡江两岸重峦叠嶂的秀色，一边讨论着科学学的过去、现在和将来。

"本世纪[②]到下一个世纪[③]之交，世界将会迎来一个交叉科学兴隆的新时代。我完全赞同我国著名物理学家钱三强教授的论断。"赵红州对马凯说，"因此，我打算把我的主要精力放在科学学的一门核心学科——科学计量学上。同时，也有兴趣探索诸如知识结晶学这样新奇的领域。"

赵红州，在中国交叉科学界，尤其在科学学界，已经是一位有一定知名度的学者。迄今为止，他发表的论文达 150 篇左右，已涉足的领域有物理学、科学学、科学计量学、科学哲学、知识结晶学、潜科学和科学创造的本质等等。他的代表作，则是中国科学出版社出版的他的第一本专著《科学能力学

---

① 原载于《中国建设》1986 年第 4 期。收入本书时文字略有改动。
② 这里指 20 世纪。
③ 这里指 21 世纪。

引论》。龚育之教授认为，赵红州的《科学能力学引论》是"我国第一部科学学的理论性专著"。

有人会问，赵红州通向他的《科学能力学引论》之路是怎样的呢？这还得从他的大学时代说起。

1964年，赵红州毕业于南开大学物理系。在学校时，他的老师和同学都认为他有一个物理学的好头脑，将来一定会成为一名出色的物理学家。他的关于位错理论的毕业论文（大胆地把量子场论用于解决位错源问题），曾受到中国著名物理学家葛庭燧教授（中国科学院合肥分院院长）的称赞。当时，葛教授曾力主中国物理学会把赵的论文推荐给联邦德国马普学会年会。在中国科学院物理所工作期间，赵红州在引力波实验室工作。

20世纪70年代初，赵红州的一部分兴趣便开始悄悄地从物理学转向了科学学。"看到了贝尔纳教授的两本书《科学的社会功能》和《历史上的科学》，我的学术兴奋点马上被吸引了过去，如同一颗小流星被一颗大行星俘获一样。"赵教授说，"贝尔纳教授对人类科学活动别开生面的构思和精湛深刻的分析，仿佛向我指明了一个我国还鲜有人至的崭新研究领域，即'科学的科学'。"事实上，赵红州之所以从硬科学转而涉足交叉科学，还有一个更重要的原因，那就是对伟大祖国母亲的热爱，出自一种民族的、历史的、科学家的社会责任感。有一次，他应邀去北京大学，为部分研究生做题为"科学结构与现代化"的讲演，那时就曾谈到过这一点。他说，三十而立，四十而不惑，他们这一代人已进入不惑之年，心里比谁都更清楚，祖国四个现代化的实现关键靠科学技术现代化，而科学技术现代化离不开一门新学问的指导，即科学学的指导。赵红州对研究生们说，他转向科学学研究是经过一番思考的，甚至是经过痛苦抉择的。同学们都是搞硬科学的，因而都能理解，要一个人离开自己熟悉而又似乎得心应手的领域，转而开赴科学地图上新的处女地去拓荒，心里总是不免对老领域有种依恋不舍之情。但是，祖国的四个现代化建设同样需要像科学学这样的交叉学科呀！

科学是历史的。历史也总是科学的。科学学的根本任务，就在于要去发现科学自身在历史发展过程中的运动规律。这是科学学成为一门真正学科的基础。在这个基础之上，才能建立起一切科学学的应用分支领域，诸如科研战略、科学政策、科学经济学、科学能力学等等。

赵红州的工作正是从定量地研究科学的历史开始的。那是1974年，赵红

科学学的历程 The Journey of 'Science of Science'

州回到了他的老家——河南罗山干校。此时此地，不要说外文资料，就是中文科技资料亦是难寻觅的。他好不容易弄到了一套上海《复旦大学学报》，上面刊登着《自然科学大事记》。他如获至宝。也许，伟大的美国科学家摩尔根的话是对的，他说："这些结论所根据的事实，其性质是枯燥无味而难以理解的，除了以忍耐和精密的研究而外，在这些事实中所包含的知识是无从探究的。"田间劳动归来，无事可做，赵红州就总是在煤油灯下摆弄《自然科学大事记》所提供的一堆"枯燥无味"的事实。这如同在漆黑的房间里摸索门把手一样。忍耐和精密的研究，终于使他成功地打开了大门。赵红州抵达了光明之域——借助数学方法，独立地发现了著名的"汤浅现象"。成功的光芒第一次沐浴着他，带给他无法形容的愉快和幸福。然而，赵红州当时还不知道，日本科学史家汤浅光朝（见图28-2）已经在先头摘取了"汤浅现象"的桂冠了。

图28-2　汤浅光朝（Yuasa Mitsutomo, 1909—2005）[1]

兵家说，初战必胜。这是很对的。初战的胜利，确实鼓舞了赵红州从物理学向科学学做战略转移的信心和勇气。这时，他的工作也由河南转回到了北京。著名物理学家钱学森教授见到了赵红州的工作，很是重视，建议他应当钻下去，开辟出一个新的科学学分支领域，叫作科学能力学。

方向明，然后决心大。从此，赵红州的生活节奏加快了，但方式却简单了。每天早晨7点半，他骑着自行车去北京图书馆；中午啃干面包；傍晚，几乎总是最后一个人离开图书馆回家。吃过晚饭，他又蜷伏在矮小的书桌前，继续工作，常常是凌晨一两点方才休息。

从河南罗山干校算起，凡十年光阴，赵红州共写下了原始资料卡片一万多张，积累原始数据五万余条，经过定性研究和借助小型计算机的定量计算，最后终于完成《科学能力学引论》一书。该书共361页，分为两大部分。

第一部分，赵红州首先从理论上定义社会的科学能力为特殊的生产力。它由五个基本要素组成：①科学家队伍的集团研究能力；②实验技术装备的

---

[1] 刘钝. 维多利亚科学大观. 2016-11-10. https://www.sohu.com/a/118656811_472886.

质量；③图书情报系统的效率；④科学劳动结构的最佳化程度；⑤全民族的科学教育水平。

此外，在这一部分里，赵红州还对影响科学能力的其余重要因素，诸如潜科学形态、心理与智力、协作与论争、学会与学派、科学战略、科学政策、科学领域里的人际关系和学术关系，以及作为特殊生产方式的科学实验等问题，均一一做了见解独到的探讨。

第二部分，赵红州用科学计量的方法，定量地研究了科学发展的若干规律性问题。毋庸置疑，其中有些结论是颇具独创性的。他用严密的统计结果分析了世界科学中心转移现象、科学家人数和科学家平均社会年龄之间的关系，从而发现了科学创造最佳年龄定律和科学劳动智力常数，提出了科学发现的采掘模型。

《科学能力学引论》问世近一年来，首先受到了中国老一辈科学家如钱学森教授、钱三强教授的关注和肯定。钱学森教授称赞这是"完成了一件很不错的工作，一件很大的工作"。本书第十六章，曾发表在国际权威杂志《科学计量学》1984第1期上。赵红州万万没有料到，要求该文抽印本的索取卡竟像雪片一样从世界各地飞来。一位在国际学术界尚籍籍无名的学者的一篇文章，引起了全世界包括苏联、匈牙利、美国、英国等27个国家、49个大学或研究所的科学家的关注，在国际科学史上也不一定是常见现象。

与此同时，国内不少科学评论家亦纷纷在《光明日报》、《人民日报》、《中国青年报》、《北京科技报》、《发展战略报》、《科技管理咨询》（上海科学学研究所主办）、《现代化》等报刊上对赵红州的这部著作撰文评说。概括起来，这些评论家认为，赵红州的《科学能力学引论》有三个特点使他超迈同俦：

第一，成功地探讨了科学发展的内在动力即社会的科学能力，进而阐明了一个国家为实现科学技术现代化而必须进行科技体制改革的理论依据和正确方向。在此以前，人们往往只把科学当成一个毫无自身结构的"几何点"。所谓科学的发展，不过是科学这个孤点在社会经济坐标平面上的运动轨迹而已。即使那些驰名世界的科学史家、科学哲学家和科学学家，也都是十分敬畏科学的内在动力论的。现在赵红州证明，推动科学发展和进步的，不仅仅有社会生产这一"主要动力"或"根本动力"，而且还有科学的内在动力。

第二，巧妙地把美国耶鲁大学已故普赖斯教授提出的"大科学"概念和毛泽东同志提出的"科学实验"的思想，有机地统一了起来。有趣的是两者都是在 20 世纪 60 年代初提出各自的概念的。赵红州敏锐地抓住了这个惊人的历史同时性，从而完成了这两个概念的统一工作。这为吸收西方先进科学思想、制定具有中国特色的科技政策奠定了理论基础。

第三，为解释近代五百年间世界科学中心的转移现象找到了线索，并为预测未来科学中心的转移提供了有力的判据。1980 年，当时已年近八十高龄的汤浅教授收到赵红州的部分工作论文时，表现出了由衷的喜悦，并且当即赐函，称颂赵红州的研究是对他本人工作的一个新发展。

有人曾经说过，幸福不在成功本身，而在对一种理想境界的追求。赵红州或许对此是颇有感触的，《科学能力学引论》一书的出版，只是他之前劳动汗水的粗糙总结。赵红州曾说：

"科学是没有疆界的。对一个科学家来说，一项科研成果一旦取得，它就马上转化为一个零，个人生涯的坐标轴也就得平移一次，把它作为新的原点。

我追求的理想境界是，我愿意同马凯教授这样关心科学学、科学计量学和科学社会学等交叉学科的世界各国的科学家紧密合作，相互交流，积极把自然科学方法应用到社会科学中去，为开辟一个又一个交叉科学新领域，为我们祖国的'四化'大业，贡献我的全部力量。"

第 29 章　赵红州与《科学计量学》杂志[①]

第一节　布达佩斯的飞鸿

1987年12月初的一天，中国管理科学研究院科学学研究所所长赵红州教授收到国际权威期刊《科学计量学》杂志主编布劳温教授的邀请信。他在信中热情洋溢地写道：

亲爱的赵红州教授：

　　谨代表本编辑部和出版者，我愉快地邀请您参加我们《科学计量学》杂志顾问编辑部。我们深信，您同本刊的合作，必将对其国际公认的高度的专业水平做出重要贡献。

化学教授 T. 布劳温

1987 年 11 月 25 日于布达佩斯

第二节　《科学计量学》杂志

众所周知，科学计量学是科学学的一门核心分支学科。它是一门对科学自身进行定量研究的学问。现在世所公认，已故美国耶鲁大学阿瓦隆讲座教

[①] 原载于中国管理科学研究院《学坛》1988年第24期；《自然信息》1988年第3期转载。收入本书时文字略有改动。

授普赖斯是"科学计量学之父"（默顿和加菲尔德语），其奠基之作是各国科学学工作者无人不晓的《巴比伦以来的科学》（1961）和《小科学，大科学》（1963）。

《科学计量学》杂志（封面见图 29-1）是在普赖斯等国际科学学界著名学者的倡导下，在匈牙利布劳温的直接组织下，于 1978 年正式创刊的。而今，它已是一家著名的享有国际声誉的科学学期刊（联合国教科文组织官员语）。它的出版宗旨，每期都鲜明地刊载在杂志的封面上：

本杂志乃是一家国际性期刊，旨在刊载科学学、科学交流、科学政策研究领域的一切定量研究成果。

图 29-1 《科学计量学》杂志封面

该杂志创刊时的主编有 4 位，他们是：普赖斯、多勃罗夫（苏联）、加菲尔德（美国）、贝克（匈牙利），布劳温任执行编辑。从 1987 年起，编辑部改组，由布劳温一人任主编。

该杂志还设有一个由国际著名科学学家、科学计量学家、文献情报学家组成的"国际顾问编辑委员会"。在 1987 年，该国际编委共有 54 人，其中美国 16 人、英国 5 人、匈牙利 4 人、罗马尼亚 4 人、苏联 3 人、波兰 2 人、民主德国 2 人、联邦德国 2 人、日本 2 人、澳大利亚 2 人、印度 2 人、加拿大 2 人、南斯拉夫 1 人、保加利亚 1 人、西班牙 1 人、以色列 1 人、卢森堡 1 人、巴基斯坦 1 人、荷兰 1 人、委内瑞拉 1 人。

1988 年是《科学计量学》创刊十周年。我们高兴地看到，从这一年起，在这个杂志的国际编委中，开始有了我们中国科学学工作者的代表。

第三节　布劳温其人

按照传统的学科分类，科学计量学是一门交叉学科。布劳温（1932—2022）是从事学科间交叉研究的典型学者。

首先，他是一位国际知名的核和放射分析化学家。比如，从他 1955 年发表第一篇化学论文起，到 1984 年，布劳温共发表了化学论文 63 篇，撰写或合作编写化学专著达 12 本之多。他还是《放射分析和核化学》国际杂志的创始者和主编。

其次，他又是一位驰名世界的科学学家（确切地说，是科学计量学家）。尽管他是 20 世纪 70 年代才开始涉足这个领域的，但是，有匈牙利科学院主要领导的支持，再加上他个人的才华，经过十多年的努力，终于创立起了世界一流水平的布达佩斯科学计量学学派。这个学派的首领，就是布劳温教授。

布劳温在科学计量学方面的论文和专著是令人惊异和赞叹的。他的《科学计量学指标》一书[①]已被译为多种文字，我国科学出版社在 1989 年即将出版该书的中译本。鉴于布劳温教授在科学计量学研究和组织两个方面的卓越贡献，他荣获了 1986 年度科学计量学的"普赖斯奖"。

第四节　出任科学期刊国际编委的意义

科学是国际的。

第一，从这个最一般意义上讲，出任科学期刊的国际编委是很有意义的。有关我国出任国际科学期刊编委的科学家人数统计，眼下没有见到这个资料。但是我知道，从科学学界来说，赵红州教授是我国出任国际期刊编委的第一人。在某种意义上说，这是我国科学学研究走向世界的一座里程碑。

第二，有利于提高我国科学的国际地位。澳大利亚著名科学社会学家希尔说过：如果你想度量一下某个国家科学能力的国际地位，首先，你可以运用这个国家拥有的科学家人数这一指标。除此之外，你还可以采用第二项指标，即该国科学家在国际期刊上发表论文的数量；可采用的第三项指标，是被国际文献引证过的该国论文数量；第四项指标，即吸收该国科学家为成员的国际权威协会或委员会的数量；也许还可采用第五项指标，即来到该国的

---

① 布劳温（Braun, T.）. 科学计量学指标：32 国自然科学文献与引文影响的比较分析 [M]. 赵红州，蒋国华，译. 北京：科学出版社，1989.

外国科学家的人数等等。倘若我国不是只有几十人或几百人参加国际科学协会或期刊编委，而是有数千人、上万人被吸收到各种国际学术机构中去，那时，我国的科学技术必将在世界上占有举足轻重的地位。由此足见，赵红州教授被吸收为国际期刊编委，是为国争光的。

第三，表征相应学科的国际水平。一般地说，在正常的国际环境下，一个国家某个学科的科学家能否被吸收为相应国际协会会员或国际期刊编委，以及被吸收的人数多寡，在一定意义上表征了这个国家该学科领域的研究水平和开放活跃程度。

赵红州教授之所以能享此殊荣，是和他在科学计量学研究方面十多年的辛勤耕耘分不开的。他的《科学能力学引论》，说到底，乃是用科学计量学的语言写成的。正因如此，该书出版五年，便享誉海内外科学学界。且不说国内老一辈科学家的关怀和爱护，且不说同代人以及后生后辈研究生、大学生的赞许，且不说该书拥有的较高引文率，仅从赵红州教授从该书抽出的某几章节在国际期刊上发表后所引起的反响就足以证明，他被选为《科学计量学》杂志的国际编委绝非偶然所致，而是理所当然和实至名归的。比如，有关《科学劳动的智力常数》那一节于1983年在《科学计量学》上发表后，全世界二十几个国家、五十来个大学或研究所来信，要求得到英文抽印本。又比如，《科学发现的采掘模型》一文在英国发表后，曾有一位澳大利亚学者热情洋溢地来信说："您这篇文章的水平，（某次国际科学会议）全部论文加起来也抵不上。"赵红州教授利用这一模型，对凝聚态物理学（作为"回采学科"）所做出的"近几年可能有突破性进展"的预言，已经被高临界温度超导的突破性进展所证实。1987年秋天，美国《名人传记》执行主编 J. 莱里斯来信说，他主编的《世界名人传》拟将赵红州列入"世界名人"。

清人诗云："茫茫来日烟如海，寄语羲和快着鞭。"愿有更多的中国科学家能被吸收为各种国际科学期刊的编委！

第 30 章　赵红州的《科学能力学引论》[①]

什么是科学学？怎样研究科学学？科学学研究要不要马克思主义的指导？这些问题，是近几年我国科学学界热烈讨论和争论的问题。赵红州教授的著作——《科学能力学引论》（封面见图 30-1），作为他十年心血的结晶，为马克思主义同现代科学的结合做了一次有益的理论尝试。

《科学能力学引论》的出版，首先得到了我国著名科学家钱学森、钱三强教授的肯定。钱学森教授指出，《科学能力学引论》是"一件完成得很不错的工作，一件很大的工作"。我国著名的马克思主义理论家、科学学家龚育之教授也指出，赵红州教授的这部著作乃是"我国第一部科学学的理论性专著"。

图 30-1　《科学能力学引论》封面

难能可贵的是，全书在系统分析现代大科学的社会功能，以及科学发展内在动力的过程中，作者自觉地运用了马克思主义的立场、观点和方法。在翔实地占有史料的基础上，作者进行了严密的逻辑分析，在某些基本理论问题上，为推进马克思主义哲学和政治经济学中某些基本理论问题的研究，做了大胆而有益的尝试，并且迈出了可喜的一步。

众所周知，科学在生产力结构中的地位问题，是马克思主义发展史上的一个极其重要的理论课题。一方面，自马克思提出"科学是一般社会生产力"的著名论断以来，一百多年过去了，对这个问题的研究尚不够深入。另一方面，现代科学的社会功能又如此巨大，它不仅改变了整整一个历史时代的社

[①] 原载于《红旗》杂志 1986 第 7 期，与刘吉教授合写。现在的题目是另加的，内容有一点补充。收入本书时文字略有改动。

会面貌，而且也为丰富和发展马克思主义提供了巨大的可能性。作者的胆略，正在于抓住了这个可能性。他勇敢地沿着马克思主义关于"科学是一般社会生产力""科学变成了直接生产力"的思想路线，审慎地研究了现代科学在宏观和微观上的规律性，历史地考察了科学技术与社会生产的相互关系及其变化趋势，尤其是在研究科学的相对独立性的基础上，提出了"社会的科学能力"这一全新的科学概念。

在作者看来，推动科学发展和进步的，不仅仅有社会生产这一"主要动力"或"根本动力"，而且还有科学内在的动力。如果说，前者作为科学的外部动力的话，那么后者则是科学的内部动力。"外因通过内因而起作用。"外部动力只有在内部动力上找到可靠的着力点时，才能充分起作用。这就是大科学时代科学与生产之间关系最显著的特点。社会的科学能力作为科学发展的内在动力，也包括五大要素：科学家队伍集团创造力，实验技术装备的质量，图书情报系统的效率，科学劳动结构的最佳程度，以及全民族的科学教育水平。这五大要素及其相互作用所产生的新质，乃是社会科学能力的真谛。

科学转变成直接生产力的秘密，正在于这种全新的社会能力。"科学能力把科学知识生产出来，技术能力把科学知识物化成一定的专业技术和生产技术，生产能力则最后完成科学技术向'直接生产力'的过度和转化。"在这里，作者把所谓科学向直接生产力的转化过程，看作是对一定社会的科学能力、技术能力、生产能力与自然界作用的连续发展过程的概括和总结。反过来说，所谓科学能力、技术能力、生产能力，则是科学转化为直接生产力的分解描述。这样，我们可以把马克思提出的"一般社会生产力"的概念，分解成连续相关的三种存在方式：社会的科学能力、社会的技术能力、社会的生产能力。这就如同把一个高阶的微分方程化为一组一阶齐次方程一样，作者给我们指出了一个寻找复杂的马克思生产力方程的关键性步骤。

社会科学能力概念的提出，同样是把马克思关于"科学变成直接生产力"的论断具体化和科学化。它具有较大的政策价值和实践意义。当前，我国的科学政策研究、科学战略研究、地区乃至国家规划研究中，都已经广泛地使用科学能力（或科学技术能力）这一概念。这就表明，赵红州教授的工作是经受了初步检验的，因而是有生命力的。

特别值得指出的是，本书较好地把西方学者的"大科学"理论和马克思主义关于"科学实验"的学说有机地结合起来。前者是美国科学学家普赖斯教授对当代资本主义条件下科学大规模社会化的形象描述；后者则是毛泽东同志依据马克思主义基本原理，把科学当作一种特殊的社会实践或特殊的生产方式而得出的科学结论。不论前者还是后者，恰都是在20世纪60年代初酝酿提出的。这种惊人的历史同时性，使作者顿悟到"大科学"概念只不过是"科学实验"学说的自然内容，而科学实验学说则是"大科学"理论的社会存在形式，两者正是同一个本质的不同反映。于是，作者在详细占有现代资本主义"大科学"所提供的丰富资料的基础上，大胆地指出，毛泽东同志所说的"科学实验"，不仅仅是科学家的实践活动，而且是广泛的社会活动，即所谓20世纪大科学产业方式。这种产业方式不是别的，就是马克思在一百多年前提出的"特殊的生产方式"。它由特殊的生产力和特殊的生产关系所构成，即社会的科学能力与科学领域里生产关系的对立统一。

马克思说，"人体解剖，对于猴体解剖是一把钥匙"。科学实验产业观点的提出，犹如找到了一把宝贵的钥匙，使许多长时间以来争论不休的难题（诸如近代科学中心转移现象，世界新的科学高潮在东方大陆崛起的可能性，科学规划中基础研究、应用研究及发展研究之间的最佳关系问题，科学技术现代化中的潜科学政策等），从此有了比较成功地进行解释的新的理论依据。据我们所知，这些解释和理论，其中有些曾在国际科学期刊上发表过，结果引起了全世界二十多个国家、五十多所大学或研究所的关注和好评。这就证明，在科学学研究中坚持马克思主义立场、观点和方法，至今仍然是一条有效的、成功的思想路线。

《科学能力学引论》一书中有的章节（比如前六章）还可以精炼些，第十二到十四章还可以论述得更充分些，关于科学创造的最佳年龄等问题也还可以讨论。希望有更多的同志来从事这方面的研究，使科学学理论在祖国四个现代化建设中发挥应有的作用。

第 31 章 赵红州的《大科学观》[①]

不久以前，红州送给我一本他的新著《大科学观》（封面见图 31-1）。这是作者继《科学能力学引论》之后，经过几年艰苦探索与创造，推出的又一部科学学理论专著。

从科学分类学的角度看，《科学能力学引论》属于建设科学学分支学科的基础著作。我国科学学研究的倡导者钱学森教授认为，科学学有三大分支学科：科学技术体系学、科学能力学和政治科学学。不仅如此，钱老在不少场合谈到科学学问题时，颇似当年"到处逢人说项斯"的精神，总要热情地推荐《科学能力学引论》。现在的这本《大

图 31-1 《大科学观》封面

科学观》，则属于科学学的一般理论范畴。或者，毋宁说属于科学的新思想、新观念范畴。毋庸讳言，大科学观和现代管理思想，以及我国正在展开的管理现代化进程，有着天然的密切联系。

第一节 《大科学观》的国际地位

在《大科学观》的"绪论"篇中，红州开宗明义地指出："'大科学（Big Science）'这个名词，第一次在普赖斯 20 世纪 60 年代所著的《小科学，大科学》一书中，真正形成一个科学的概念。"

事实上，《小科学，大科学》乃是一部用科学计量学语言写成的名著。现

[①] 原载于《管理世界》1988 年第 5 期，现在的题目是另加的。收入本书时文字略有改动。

在世界公认,该书是科学计量学的奠基之作,普赖斯则是"科学计量学之父"。在普赖斯1983年去世之后,世界科学学界为了纪念他,自1984年起,设立了"普赖斯奖"。这是一项已颇有影响的科学学(尤其是科学计量学)国际奖项。

读过《小科学,大科学》的人都会惊异地发现,作者在书中竟没有正面就什么是小科学或什么是大科学下过任何明确的定义。也许,这是西方的文化传统对科学修辞的影响所致。无论如何,普赖斯的兴趣只是在科学的定量描述上聚焦,而没有对大科学时代的思想和观念的变革施以笔墨。

究竟什么是大科学呢?普赖斯的本义指的是什么呢?通观《小科学,大科学》,只有一处较为集中介绍了"大科学"。普赖斯写道:鉴于我们现在从事的科学,远远超越了以往曾经有过的一切,显而易见,我们已经进入了一个新时代。除了历史的基本传统而外,这个时代已将一切荡涤干净。不仅现代科学的硬件表现形式是如此巨大雄伟,堪与埃及金字塔和中世纪欧洲的大教堂相媲美,而且国家用于科学的人力和财力亦是如此数目巨大,以至于在骤然间已使得科学成了我们国民经济的主要成分。现代科学显然拥有这种大规模性质(即新颖、璀璨和全能),人们便新造出了"大科学"这一恰当的术语以美誉之。大科学乃是新近出现的事物,我们中间的许多人都能记得其肇始之初;大科学又是如此规模巨大,以至于我们中间的许多人已开始为我们自己造出的这个庞然大物而忧心忡忡;大科学还与往昔的科学状况迥然不同,这使得我们可能(或许以怀旧的心情)去追忆一度曾是我们的生活方式的小科学。

由此看来,"小科学""大科学",乃是普赖斯进行历史大跨度宏观研究时得出的一个比较概念。它们所描述的是由近代或现代科学的社会功能所代表的一整个时代的形态特征。恐怕这是普赖斯使用这两个术语的原义之所在。

随着20世纪六七十年代科学学在全世界的复兴,"大科学"这一科学术语得到了科学家、政治家和管理专家的承认与运用。读者不难发现,有人从科学计量学的角度来研究它。比如美国著名的科学学家莫拉夫西克教授,就曾写过一篇题为《小科学和大科学时代的引文模式》的论文。莫拉夫西克证明,就科学引文计量的结果而言,大科学和小科学没有什么差异。这里必须说明,莫拉夫西克是遵从普赖斯的原义而把第二次世界大战作为分界线的:战前为小科学时代,战后则是大科学时代。有人则在科学政策的层次上来解释它，比如英国科学政策基金会（它的前身即贝尔纳于 1964 年创立的科学学基金会），曾于 1983 年主持编写过一本题为《英国的科学政策》的书。在该书中，科学政策基金会主席戈德史密斯博士把"大科学"作为与农业、国防、能源、生物技术等相并列的科学部门或领域而加以研究。"大科学"是该书的第二章，由英国著名的科学政策专家凯勒曼撰写。在凯勒曼看来，英国的大科学主要在天文学与物理学领域，诸如高能粒子物理、中能量核子加速器、天文学、天文物理学、空间科学和核聚变等。凯勒曼还强调指出："大科学乃是真正的科学前沿。"

总而言之，普赖斯提出了"大科学"的概念，但只是将其作为科学计量研究的结论而传之于世，并且由于他过早地谢世，也没有来得及展开研究。其次，普赖斯的西方后继者也只是在科学计量和科学政策两个方面来阐发普赖斯的"大科学"思想，他们要解决的是大科学的具体政策和战略问题。对大科学现象做思想和观念的考察和解析，这在世界科学学发展史上还是第一次。这是《大科学观》的一大功劳。我想，似乎还可以这样说，《大科学观》乃是普赖斯大科学思想问世以来的又一个逻辑发展。它预言并将引导人们去实现大科学时代各种思想观念的变革，尤其是赵红州提出的从"老赛先生"（小科学）到"新赛先生"（大科学）的演进和转折。

第二节　大科学观与当代的两大成果

从 20 世纪初开始，特别是第二次世界大战以来，有两个社会现象是极其举世瞩目的：一方面是现代科学本身发生了伟大的革命，另一方面是科学在当代社会中起到了同样巨大的革命作用。君不见半个多世纪以来，各国的国家政策乃至国际政策的制定者面临的，皆是日益增长而又数量巨大的复杂问题。这些问题的解决，在很大程度上有赖于现代科学知识和技术知识。自 20 世纪中叶起，各国相继兴起的政府科学顾问制即是极好的证明。与科学发现与科学应用相平行的，大科学亦在改变着人的思想和观念。换句话说，大科学的出现，迫使全人类对科学自身进行深刻的反思和重新认识。

这种反思和重新认识产生了 20 世纪两个极其重要的成果：一是诞生了一

门新生学科——科学学。贝尔纳作为科学学的奠基人，他称之为"科学的自我意识"。不仅如此，贝尔纳还预言："科学学，在20世纪下半叶，定会取得迅猛的发展。"二是出现了硬科学、软科学这样的对科学体系自身的新的认识。

现在，人们对科学学的了解已经比较清楚和一致。对硬科学和软科学的认识就不同了，特别是对软科学，几乎达到了诸说纷纭、莫衷一是的地步。当然，关于软科学的这种百家争鸣的局面，也许正是我国学术界近十年来活跃状况的最好尺度。

不言而喻，软科学是相对于硬科学而言的。红州与我自去年[1]开始曾驰函包括苏联、美国、英国、日本、澳大利亚、匈牙利等十多所大学和研究机构的国外同行（其中多数是著名学者），同他们探讨软科学、硬科学的起源和在大科学时代的应用和地位问题。尽管这场讨论还没有结束，但有些情况已经越发明朗了。从语源学上讲，究竟是谁创造出这个词的，恐怕已难以考证了。我们的一位美国锡拉丘兹大学的教授朋友，甚至曾为我们的问题打电话询问了哈佛大学的好几位著名社会学家和哲学家，结果得到的回答均是"NO"，都不知道首创"软科学"和"硬科学"这两个词的是何人[2]。在调研过程中，有一点是已经明确和肯定了的，即认为"软科学""硬科学"是从计算机的"软件""硬件"借来的，这一说法恐怕是站不住脚的。其实，早在20世纪初期，有位著名哲学家已经从学科分类上把人类对外部世界的全部认识分作"硬"知识和"软"知识了。1946年，有位心理学家则把文化形态分为"硬性"和"软性"两大类。1964年，世界著名物理学家、英国皇家学会会员马凯教授和戈德史密斯认为，贝尔纳撰写的科学学名著《科学的科学》，应属于"硬科学"而不是"软科学"的书。这就是说，"软"和"硬"之说由来已久，也许和商业上的"硬推销"和"软推销"亦不无关系。从今天的西方文献看，所谓硬科学乃是研究"硬"对象、"硬"问题的学问，属于客观、定量（精确）、少变量（简单）的科学门类，比如，物理学、化学、生物学等自然科学即属此类；所谓软科学，则恰好与此相对，乃是研究"软"对象、"软"问题的学问，是与主观性、难以定量化、多变量（复杂性）相联系的

---

[1] 指作者发表此文的前一年，1987年。
[2] 佩德森教授给赵红州、蒋国华的信，1987年。

科学门类，比如，社会科学即属软科学范畴。人们都很熟悉心理学这门学科，若以软科学、硬科学的分类角度来看，它是一门很特殊的学科：其传统描述心理学部分及社会学研究部分，隶属软科学；当前迅速发展起来的以实验为基础的认知心理学研究及心理生物学研究部分，则毫无疑问归属硬科学。关于心理学特殊的"两栖性质"，已经是当今国际科学共同体的普遍认识。

如若把人类创造的一切科学，按其不同的软硬程度从最软的科学排到最硬的科学，就可以得到一张表征软硬程度的特殊的科学图谱，如同包括赤橙黄绿青蓝紫的光谱图一样。这也许可以称作"普赖斯科学图谱"[①]。普赖斯是依据由他发现的"普赖斯指数"来描述他的科学结构图谱的；红州则是依据由他提出的"知识单元"理论来构思他的"知—智坐标"科学结构壳层模型的。倘若把红州的"壳层模型"做一下解释变换，那么我们可以看到，在知识硬核以内，即是硬科学；在知识幔层及由此往外的知识大气，则是软科学。科学知识系统的演化就是软科学形态不断向硬科学形态的转变过程。随着科学结构的硬核逐渐地把技术、医学、社会科学，乃至人学的绝大部分都包蕴其中并使之不断地硬化，人类将迎来马克思预言的"一门科学"的光辉时代。

---

① 戈德史密斯给赵红州的信，1987年。

第 32 章　赵红州是一位有理论勇气的科学家[①]

1998 年 4 月是著名科学学家赵红州教授逝世周年纪念。在去年今日为他写的悼文中，人们称他为"一位极富创造天赋的科学家""一位硕果累累的科学家""一位饮誉海外的科学家""一位为人师表的科学家""一位热爱共产党、热爱社会主义祖国的科学家"。记得他生前常说，科学需要反思，有反思才能有发展。他的这句话如果用到对他自己的评价上，那么经过一年的反思，我们觉得还应加上一句：赵红州还是一位具有理论勇气的科学家。

红州第一次表现出坚定的理论勇气，是离开他同样心爱的物理学，毅然走向新兴的但在他看来更加得心应手的交叉科学领域。他的主攻方向选在科学学，或称科学计量学。他这第一步发生在祖国改革开放之初期，因而使得他在中国硬科学的传统体制中遇到很多麻烦。且不说住房、职称等多方面遭遇的困难，更为甚者是传统硬科学当初对科学学这样的新生学科表现出了相当强的不相容性；就连他的立名之作《科学能力学引论》在 1987 年申报国家自然科学奖时，虽有钱三强、龚育之、席泽宗等著名科学家举荐，但据说在最后的评判会上还是因为科学学的出身问题被刷了下来，失去了参评资格。终于，他不得不悄然调离中国科学院，最后走上了科学学专业研究的道路。有一位知名自然科学史家在红州逝世后曾惋惜地说道："赵红州如果不离开物理所，也一定能做出好成绩的。"但这只是假设。我们知道红州，我们了解红州。他对自己所走的科学家之路是终生无悔的。如今人们怀念他，不仅证明了他当初选择科学学是正确的，而且也恰恰说明，他迈出的跨越传统学科疆界的第一步，当时是多么需要理论上的判断和勇气呀！

红州第二次表现出非凡的理论勇气，是 1980 年前后，他的两次对凝聚态物理的预测。据《光明日报》报道，在 20 世纪 70 年代末和 80 年代初那一个

[①]　原载于《中国软科学》1998 年第 5 期，与郑文艺合作。收入本书时文字略有改动。

时期，科学家们普遍认为，当代的"当采学科"是粒子物理，"当采层次"是夸克层次。而红州根据自己的研究成果，半定量地预测到凝聚态物理作为"回采学科"的重要地位，并且进一步指出，"从本世纪末[①]到下世纪初[②]的30至50年内，核物理可能以几个重要的直接换能效应（如核—化学换能效应、核—电磁换能效应等）的发现而进入全面利用换能的新时代"。作为一个科学学工作者，面对有几百年伟大传统并作为近现代硬科学基础的物理学，要对其前沿进展提出某种预测，哪怕是在一个微小领域或方向上，如果没有理论判断的自信和无畏的科学精神，显然是无法想象的。

红州第三次表现出惊人的理论勇气，是对差不多十年前发现的室温下核聚变（即冷核聚变）的理解、支持、解释和预测。众所周知，1989年3月23日，英、美科学家弗里施曼和庞斯宣布发现室温下核聚变现象的时候，一方面仿佛向国际科学界投下了一颗真正的核弹，其冲击力量之大，使全世界震惊不已；另一方面招致了包括中国在内的绝大多数国家的权威科学家的反对，他们纷纷断然宣布：所谓室温下核聚变是一种"病态科学"或"伪科学"！正是在这一形势和压力之下，赵红州却在兴奋中始终保持着理论上的坚定。1989年，他按捺不住内心的激动，亲自给当时任中国科学院院长的周光召院士写信，建议中国科学界要充分重视"冷核聚变"带给人类的信息，"如果我国不能在核物理（尤其是在核换能效应）的研究方面实行正确的政策，那将会失去一次十分可惜的机会"。翌年，我们还一同根据钱老（学森）的指示，又写了一篇《"冷核聚变"的科学学思考》。现在令人感到振奋的是，室温下核聚变的研究近十年来，不仅似"野火烧不尽，春风吹又生"，而且在稳步地取得令人鼓舞的进展，"起码比当初乱哄哄的1989年的成就要巨大得多"。如果说辩证法等待历史检验有时需要很久，那么，冷核聚变在慢慢改写着的历史新篇章（已改写了近十年），似乎已经在证实赵红州的解释和预见了！九泉果有知，红州该含笑！

众所周知，自我国改革开放以来，中国科学界有一件大事早已载入史册——这就是软科学群在中国的诞生和发展，软科学在实现四个现代化的伟大事业中，发挥着日益引人注目的作用。赵红州的理论勇气，恰恰还表现在

---

① 这里指20世纪末。
② 这里指21世纪初。

为这个软科学群中若干新生学科的奠基和成长,付出了巨大的努力,做出了重要贡献。这些新生学科有:科学能力学、潜科学、领导科学、社会物理学、知识结晶学、科学计量学、政治科学学、科学文艺学、科学学,等等。赵红州的软科学研究成果在我国科研管理和政策中有着广泛的应用。正因为此,人们称他为我国"从事软科学研究的专家"(《光明日报》编者按)。今天我们怀念他,正是充分证明,软科学研究大有可为。

江泽民主席近几年多次号召我们,中华民族之振兴,归根到底要靠中国人民的"自主创新能力"搞上去。"创新是一个民族进步的灵魂。"而创新是需要理论勇气的。

科教兴国呼唤创新精神,创新精神呼唤有理论勇气的科学家。

第 33 章　赵红州科学学的学术历程[①]

我国著名科学计量学家赵红州教授离开我们已经整整 20 年了。2017 年 10 月 28 日在福州大学召开的"第十三届中国科技政策与管理学术年会暨中国科学学与科技政策研究会理事会"上，专门拿出半天分会场时间，召开了"赵红州科学学思想学术研讨会"，可见红州学问之深与品格之高。一个科学家身后能赢得同行的尊敬与怀念已经是非常了不起了，而在他逝世 20 年后还举办其科学思想纪念会，则表明他必定有超群拔类之处。

一、初识红州

赵红州（1941.4.24—1997.4.9），原名赵庆和，河南省温县林肇乡人。

第一次见到红州，记得是在 1978 年的春天，那是 1978 年 3 月 18 日中共中央在北京人民大会堂召开全国科学大会之后，又是在 5 月初研究生考试之前。

佛经云："随其器量，善应机缘"。40 年前拜红州为师，遂与之相识、相知、相随，如师、如兄、如友，凡 20 年，是机亦是缘，是缘亦是机。追随红州，改变的不仅是我的专业方向，更是人生境界。

当时，红州在中国科学院物理研究所第十三研究室，即当时新成立的引力波实验室工作（20 世纪 80 年代中，这个实验室转设到中国科学院高能物理研究所）。引荐者是我江苏省梅村中学的同班同学、终生挚友王榴泉博士，他是中国科学院为了补充新生力量，约在 1970 年前后，从上海交通大学毕业生中择优挑选的六七位优秀毕业生之一。王榴泉分配过来后，我们在十三室。这是机缘之一。

机缘之二是当时于光远、龚育之、何祚庥、查汝强、李宝恒、罗劲柏等导师在中国科学院研究生院联合招收 10 名自然辩证法研究生。众所周知，

[①] 原载于《科学学研究》2017 年第 12 期。收入本书时文字略有改动。

1977年10月，国务院批转教育部《关于高等学校招收研究生的意见》，"1977年10月22日，电台广播了中央招生工作会议的精神，要恢复研究生培养制度，号召青年报考"。记得原定是这年年底举行研究生招生考试的，我从清华大学电机工程系毕业，1970年分配到了北京二七机车车辆厂。因为在京工作，没有积极考研借以调工作转户口的需求和动力，所以，我对第一次报名招考没有理会。后来，因故这次招考研究生的时间推迟到了1978年5月5日，且报名时间亦顺延到了1978年2月。在我的同学王博士的再三建议下，他陪我到北京大学校园看了一圈贴在纤维板上、斜靠在人行道旁小叶黄杨树墙上的招生专业设置及招收人数。一圈看下来，由于考试时间紧迫，便只得选考于光远等为导师的自然辩证法专业，自认为政治、哲学、数学、外语这四门课，准备准备有考取的可能性。在正式报名并准备参加自然辩证法研究生考试之际，同学王博士力荐见见他们研究室的赵红州，因为科学大会之后，赵红州与何祚庥、郭汉英联名在《光明日报》上发表了多篇论述科学技术是生产力的文章，影响颇大。总之，王博士认为见见赵红州对我考研究生很有利。在引力波实验室第一次拜见，赵红州给我的印象是身材魁梧，为人和蔼，自信，一派学者风范，他鼓励我好好复习，努力备考。

机缘之三，考试成绩出来，据说还不错，总分第三，外语在中国科学院系统全国第一，进入复试。遗憾的是，结果还是落第了，理由是政审不合格。有两位导师知道后直接当面对我说："不上那个研究生，一样搞研究！"导师们的这句话，深深地铭记在我的脑海里。红州则一边安慰和鼓励我，一边径直问："跟我一起搞科学学，怎么样？"我立马点头表示："我愿意！"尽管那是我第一次听说还有"科学学"这么一门学问。

1979年，北京技术经济和管理现代化研究会成立全国第一个科学学研究组，有十六七个成员。其时，该研究会的会长为清华大学管理工程系霍俊教授，这是开创我国科学学走向组织化、机构化的原点，霍俊教授的这一功劳在中国科学学史上是不应被忘却的。我荣幸地成为该研究组成员之一，也是我师从赵红州教授学习和研究科学学的起点。

二、科学贡献

近40年来，在科技界人们常提的一句几乎成了口头禅的口号就是"出成果出人才"。其实，这句话是有毛病的，因为经验和现实已经告诉我们，由于众所周知的原因，在"出成果出人才"的大旗下，人们往往是强"人才"虚"成果"，甚至只见"人才"，不见"成果"。所谓人才，关键的关键、重点的重点、根本的根本，是要由其成果来表征的。这也是古今中外概莫能外的一条铁律。史料表明，1929年那会儿，上海《时报》曾搞过一个《文坛点将录》，模仿水浒一百单八将的模式，对当时的文化界大腕大咖们做了个排行榜，其中排在首位的是章太炎。就是这个章老先生在评价清华大学国学导师时给出了一个指标：若辈"有一字能入史耶？""有一字能入史者"，研究成果也。有成果的才是人才，有大成果的是大才，有小成果的是小才，没有什么成果的乃是无才或庸才。

红州就是以其卓著的诸多科研成果来表征的人才，且是大才，是中国科学学界的旷世奇才。现在大家纪念他，称他为"中国科学学与科技政策研究会的创立者之一，是我国科学计量学的奠基人，是我国最早取得重要成果的科学学家"（张碧晖语）、"中国科学学理论家、科学计量学奠基人"（刘则渊语）、"科学学和科技政策研究的学术大家，是中国科学计量学的奠基者，也是引领我，步入科学计量学殿堂的恩师"（梁立明语），就是因为他的成果，或科学学理论，或科学学概念，高拔于世、卓尔不群。

作为我国科学界一位极富创造性的人物，红州是中国当代众多交叉科学领域当之无愧的先驱和学科带头人，诸如科学学、科学计量学、科学能力学、潜科学、领导科学、政治科学学、社会物理学、科学文艺学等，他本人则最愿意被人称为科学计量学家。终其一生，其学术成就有：

（1）独立发现了世界著名的科学中心转移现象，即以日本科学史家汤浅光朝的名字命名的"汤浅现象"。连汤浅先生本人亦曾在1980年用中文来信，称赞"赵的工作是对他本人工作的一个新的发展"。

（2）发现了"科学发现最佳年龄定律"，为我国特别是改革开放初头20年的科学家队伍年轻化和科技政策制定提供了有力判据。

（3）提出了科学发现采掘模型，成功预言并解释了20世纪七八十年代凝聚态物理（如高温超导发现）的新进展。

（4）首次发现科学知识的波谱结构，可为科学的知识分类和人才选择提供参考。

（5）创造性地定量论证了"科学能力学"这一学科概念，曾受到著名科学家钱学森的高度赞赏。

（6）首次提出知识单元概念，为科学增长的指数规律及后来的知识计量学给出了有意义的基础性概念和解释。

（7）我国"马克思主义领导科学"概念的首倡者，为后来引导科学在我国的普及和发展，起到了引领和铺路的作用。

由于红州的这些创造性的科研论文与著述，先后曾受到钱学森、钱三强、普赖斯（Derek de Solla Price）、马凯（Alan Mackay，贝尔纳学生、著名物理学家、英国皇家学会会员）等国内外学者的高度评价。他曾任两家国际著名期刊 Scientometrics 和 Technology Analysis & Strategic Management 国际编委；曾在 1981 年、1983 年两度应普赖斯特别邀请，以"权威科学家"身份出席在夏威夷东西方中心举办的科学规划和理解大自然的国际研讨会。

红州的主要著述有《科学能力学引论》（1984）、《科学的科学——技术时代的社会》（英文合译，1985）、《大科学观》（1988）、《计划未来》（合著，1992）、《政治科学现象》（合著，1993）、《科学和革命》（1994）、《现代教育》（合著，1999）、《科学史数理分析》（2001）、《在科学的交叉处探索科学》（合著，2002）等。

《论科学基金会》获北京市科技情报所三等奖（1985）、中国科学学与科技政策研究会优秀论文奖（1989）；《苏步青效应》获全国记协优秀评论二等奖（1985）；《大科学的惯性问题》获《科学学与科技管理》杂志优秀论文二等奖（1987）；《科学能力学引论》获科学出版社 1984—1985 年度优秀图书奖；《科学的科学》获科学出版社 1984—1985 年度优秀图书奖；《大科学时代更需要科学的帅才》获《领导科学》杂志优秀论文一等奖（1990）；《大科学年表》获湖南省第二届优秀图书奖（1993）。他还获得了 1993 年度国际科学计量学普赖斯奖提名。

三、创新引领

自党的十八大以来，习近平总书记反复指出："创新是引领发展的第一动力。抓创新就是抓发展，谋创新就是谋未来。"总书记关于创新引领发展的思想，对国家发展是这样，对科学家成长和发展也是这样，是具有普遍性的。

赵红州之所以成为赵红州，通观其一生，恰好证明了总书记关于创新引领发展的思想是极其正确而又深邃的。一般人们只是从他公开发表的文字和著述中了解和认识其新颖的观念、思想和概念的，其实，以我追随并常伴左

科学学的历程 The Journey of 'Science of Science'

右20年的观察和体会看，红州在其学术活动、日常生活乃至整个思维活动过程中，亦是反复比较，充满肯定否定、思辨和创意的。完全可以认为，创新精神既是红州思想的根，也是他思想的魂；他既善于创新，亦敢于创新。

对红州公开发表的论著进行有关其创新思想的解读、解构，特别是刘则渊教授带领的大连理工大学科学学研究团队所做的系统而又满怀深情的科学计量学分析，在这次福州大学举办的全国科学学年会的"赵红州科学学思想学术研讨会"上已经有了充分的展示。本文则试图从另外的角度，来介绍、认识和学习红州的创新精神。

红州第一次表现出非凡而又果敢的创新精神是他在改革开放之初科学的春天里的一次艰难决定，即是否从物理学转向新生的、承受来自传统科学的巨大压力的、前景尚不明确的科学学。比较完整的聊天是在1985年7月14~19日在武汉至重庆的长江轮船上，那是我俩陪同马凯夫妇告别华中工学院党委张碧晖副书记，经重庆去成都访问四川社会科学院科学学研究所胡世禄所长的路上。他对我说，从河南罗山干校回来，他婉拒了当时领导要调他去中国科学院政策研究室搞物理研究的提议；经过在干校（1974年）摆弄《复旦学报》所载的"自然科学大事记"，大量数据卡片的积累及"独立地发现过这一现象（世界科学中心转移，即史称'汤浅现象'）"，他坚定地认为，科学学这片处女地"不仅可以打出水，一定还可以打出油来"。现在年轻一代听起来转换研究方向是轻而易举的，但在当时却有体制机制的坚硬壁垒，比如，他的《科学能力学引论》在1987年由科学出版社申报国家自然科学奖时，虽有钱三强、龚育之、席泽宗等著名科学家署名举荐，但据说在最后专家组评议会上还是被刷下来了，原因就是科学学当时在传统科学殿堂里是无处安放的。我国著名科学史家席泽宗院士曾对我说过："赵红州如果不离开物理所，也一定能够做出好成绩的。"这当然是假设。但由此亦从反面证明，红州离开他"同样心爱的物理学，毅然走向新兴的交叉学科——科学学"，这在当时需要多大的理论自信和勇气呀！

红州第二次理论勇气是在1980年前后，那段时间他常常把我作为一个交流和讲学的对象，给我讲他关于凝聚态物理的预测问题。其时物理学界一般认为，主要科学前沿是探索和发展粒子物理，且主要是在夸克层次，认为是"当采学科"。而红州依据独自创立的物质换能效应原理及半定量研究成果却大胆预言，凝聚态物理才是重要的"回采学科"，是研究的主要方向。后来，世界科学在铁基超导体、拓扑量子材料、反常量子霍尔效应、量子通信、量子计算机、非晶态物理、石墨烯等研究及取得的成就上，无不证明红州作为科学预言家的天才与勇气。

红州第三次表现出创新的兴奋和预言则是对"1989年3月23日，美国犹他大学的庞斯和英国南安普敦大学的弗里施曼宣称的在实验室的小型装置上，用钯作阴极电解重水，实现了常温常压下的'冷核聚变'"这一事件的理解、支持、解释和预测。在两位科学家的发布会之后，一方面对世界科学界产生了巨大冲击，"仿佛向世界科学界投下了一枚真正的核弹"，另一方面，也招致绝大多数科学家的反对，认为这是"伪科学""是骗局"。正是在这种情形下，红州给时任中国科学院院长的周光召院士写了一封建议信，其中写道："如果我国不能在核物理（尤其在核换能效应）的研究方面实行正确的政策，那将会失去一次十分可惜的机会"。一年后（1990年），钱老（学森）给我们写信，希望我们写一篇从科学学看冷核聚变的文章；是年7月17日，我们在《中国科学报》上发表了整整一版的《"冷核聚变"的科学学思考》。迄今为止，尽管冷核聚变距离为人类真正认识和服务还很远，但是，"野火烧不尽，春风吹又生"，美国、意大利、德国、日本、以色列等国的科学家依然在继续这项实验，"起码比当初乱哄哄的1989年的成果要巨大得多"；他们甚至联合起来，成立了一个"国际冷聚变科学协会（ICCF）"，每隔一年半组织一次学术研讨会。所有这些进展，正在和必将证明红州当年给周光召院长写信建言的意义。

四、不厌创新

古人云："士不厌学，故能成其圣。"红州的一生正是如此，不厌学习，不厌创新。在他身后，大家对他最多的评价就是"一位极富创造天赋的科学家"。而成就他这一称号的并非他一朝一夕之所为，也非是因他一两部天才的著作，而是几乎融化在他血液里的创新、创新、再创新的精神。

刚和他在一起学习不久，我最常听到的他的口头禅就是"哪里有知识就到哪里去！"那是指不辞远近，骑车或坐公交拜访知名学者，特别是外地来京的学者，他更是千方百计地联络和拜访，以求交流和指教。拜访早期是自然辩证法同仁，后来是科学学同仁，知己自不必说，特别是刘吉和冯之浚、天津何钟秀、哈工大关士续、东北大学陈昌曙、大连理工大学刘则渊、四川省社会科学院刘茂才和胡世禄、华中科技大学张碧晖等等。我印象较深刻的，是他曾拜访过华东师大的哲学家冯契、南京大学物理学家冯端、上海社会科学院哲学所纪树立等，其中有一次，纪树立教授住在如今北五环外小营他妹妹家，我们还是骑车去的，蛮辛苦的。红州这句话，既表明他内心深处对知识的渴求，又是在告诫我拜师要舍得吃苦，不嫌路途远。

在追随他并常伴左右的20年中，还有两件事同样能表征他的思想创新和组织创新。

红州的一生，始终葆有杜甫名句"为人性僻耽佳句，语不惊人死不休"的豪情。或为文，或演讲，每每总有新词、新句、新意，从不随大流，更不落俗套。他常对我说："捡麦穗的事自有人做，我们要做点新的、别人没做过的事。"多数时候，他总是先把构思和我讨论、分析，然后再写成文章。当然，无论谁起草，最后都是经他之手，定稿发表。比如，知识结晶学那两篇同名文章，最初在长江轮船上议过，到了成都，应胡世禄之请为科学学研究所做报告的题目就是"知识结晶学"，据说（我陪马凯夫妇游览，不在场），讲演非常成功，震撼全场，因为或许包括胡所长在内的所有在场人员都是第一次听说有"知识结晶学"这个词、这门学问，有这么一套有理有据、条分缕析的理论！后来，我俩都用"知识结晶学"为题，写了两篇文章，分别发表在《光明日报》和新华社主办的《科技新闻报》上。事后不久的一次会议间，陈益升等还跟我俩打赌竞猜这两篇同名文章的实际起草者，结果他们都猜错了。前者是红州起草的，后者才是我写的。这是其一，说的是红州的思想创新。

其二，是红州的组织创新。我们写过一篇关于科学帅才的文章，在全国政协教科文卫全体会议上受到钱老的表扬和力荐。钱老一表扬，我们应邀为当时七机部和三机部研究院所的科研人员，今天说来皆为航天科学家们，做过多场报告。其实，红州本身就是一位非典型的科学组织家，特别是科学创新驱动组织和发展的帅才！在武夷山教授、梁立明教授等的回忆中，都不同程度地提及我们组织的"无形学院"的活动，认为非常受益。红州的这份遗产，连我本人也没有继承好。自打我认识红州开始，红州就非常推崇英国皇家学会早期无形学院这一种学术沙龙形式。每当他构思足具新颖的想法或选题时，我俩总要反复研讨和论证，然后组织若干主题报告人和论文，再有就是借用场地；实在没处可借用，他家窄小的空间也能凑合开会。由于讨论主题新颖，诸如科学计量学的由来和发展、领导科学与艺术、政治科学学、从毛主席批示支持的社办企业到乡镇企业、中国发展的绿色道路等等，这在科学春天之后的 20 世纪 80 年代非常诱人，特别是对当时的大学生和研究生来说更是如此。

五、立德立言

历史表明，"立德""立言"之说，最早文献记载是春秋时鲁国大夫叔孙豹，他称"立德""立功""立言"为"三不朽"。自此以后，所谓"三不朽"之论，乃是我国伦理思想史上的一个传统命题。

红州热爱传统文化，酷爱唐诗宋词。记得在考虑接纳面试我的那次谈话中，自然而然地，他考了考我的古文特别是唐诗宋词的功底。还好，勉强通过。他常常跟我聊人生追求的大目标，常滔滔不绝，旁征博引，尤其推崇古人之"三不朽"，即"立德、立功、立言"。他说，共产党打了 28 年的仗才建立了新中国。我们在和平时期，为国沙场立功是没有机会了，所以，他时常把立德立言挂在嘴上。

记得 1987 年 4 月 19~20 日，我国首届交叉科学学术讨论会在北京友谊宾馆主楼举行。这次会议因为有全国人民非常尊敬的"三钱"——钱学森、钱三强、钱伟长一同出席，而被传为当代中国科学界的一段佳话。对于红州来说，让他感到尤为兴奋和珍贵的是，借会议休息间隙，有一充分的时段，就那么五六个人围坐在钱老（学森）周围（清华大学系统科学家魏宏森教授在场），得以聆听钱老的谆谆教诲。在谈到当代交叉科学研究时，钱老语重心长地告诫我们："你们这代人，单个都还矗不起来。"

钱老的这句告诫语对红州的刺激和激励巨大，以致在之后很长一段时间里，我俩聊天时，他总会情不自禁地反复提起。

为了践行钱老的告诫，他常常借吟古人诗句，诸如"红尘不向门前惹"（马致远）、"不及林间自在啼"（欧阳修），来勉励自己，决意心无旁骛，潜心科研，决不做那些无用之功。

为了践行钱老的告诫，他发起、策划、落实、出版了四套丛书：

（1）《交叉科学文库》，光明日报出版社，2 辑，16 本，1987 年。

（2）《毛泽东与科学丛书》，中共中央党校出版社，7 本，1993 年。

（3）辞书类，诸如《大科学年表（科学卷）》《大科学年表（技术卷）》

《交叉科学词典》，1993 年。

（4）"交叉科学新视野"丛书，河北教育出版社，8 本，1996—2001 年。

为了践行钱老的告诫，他真心想发挥团队的集体力量以支撑正在建筑中的中国科学学大厦，如果"单个都蠢不起来"的话，那就要借助集体的力量。我俩曾去天津拜访天津纺织研究所所长张国玉，是张所长的慷慨赞助使这套丛书得以顺利付梓出版。在组织"交叉科学文库"第一、第二辑 16 本之候选作者的时候，他又毅然决然地选择了"立德"为上，把首批"立言"的机会，让给了其他的他所尊敬和爱戴的老师、学兄和学弟们。所以，第一辑"交叉科学文库"的 8 本书的著者是龚育之、王兴成、夏禹龙、刘吉、冯之浚、张念椿、卢继传、何钟秀、张碧晖、张国玉；第二辑 8 本的著者是孙小礼、钟义信、柳树滋、朱松春、夏禹龙、刘吉、冯之浚、张念椿、胡乐真等。红州自己则不在其列。试问，若无"立德"之心，何来道德之勇乎？

六、红州遗产

文天祥诗云："人生自古谁无死，留取丹心照汗青。"我们今天怀念红州，是因为他始终有一颗充满家国情怀的、滚烫的"丹心"。这是方新名誉理事长在福州红州纪念会上致辞时着重强调的一点。

习近平总书记在党的十九大报告中指出："加快建设创新型国家。创新是引领发展的第一动力，是建设现代化经济体系的战略支撑。要瞄准世界科技前沿，强化基础研究，实现前瞻性基础研究、引领性原创成果重大突破。加强应用基础研究，拓展实施国家重大科技项目，突出关键共性技术、前沿引领技术、现代工程技术、颠覆性技术创新，为建设科技强国、质量强国、航天强国、网络强国、交通强国、数字中国、智慧社会提供有力支撑。加强国家创新体系建设，强化战略科技力量。深化科技体制改革，建立以企业为主体、市场为导向、产学研深度融合的技术创新体系，加强对中小企业创新的支持，促进科技成果转化。倡导创新文化，强化知识产权创造、保护、运用。培养造就一大批具有国际水平的战略科技人才、科技领军人才、青年科技人才和高水平创新团队。"

习近平总书记代表十八届中央委员会所作的报告，是开创习近平新时代中国特色社会主义思想的政治宣言和行动纲领，把原来设想 21 世纪中叶基本实现现代化的目标提早到 2035 年，整整提前了 15 年！到 2050 年将把中国建成富强民主文明和谐美丽的社会主义现代化强国。宏伟蓝图鼓舞人心，施行方案可触可摸。积 40 年改革开放的历史经验，只要未来二三十年，世界科技还未到发生颠覆性的重大突破的关键转折，或者这个突破幸运地发生在华夏 960 多万平方公里土地上，那么，谱写社会主义现代化强国的壮丽诗篇在我们这一代手里一定会提前实现！

今天我们纪念红州，学习他的创新精神就更增添了伟大的时代意义。作为他的学生和挚友，我想，他的最可贵的遗产就是创新精神，继承这笔宝贵的遗产就是对红州最好的纪念。

愿中国科学学工作者在习近平新时代中国特色社会主义思想旗帜下，创新、创新、再创新！